westermann

FiNALE Prüfungstraining

Bayern

Qualifizierender Abschluss der Mittelschule 2023

Mathematik

W0182623

Bernhard Humpert
Dr. Martina Lenze
Dr. Bernd Liebau
Ursula Schmidt
Peter Welzel

Beraterin:
Siglinde Fichtl

FiNALEonline.de

Liebe Schülerin, lieber Schüler,

sobald die Original-Prüfungsaufgaben zur Veröffentlichung freigegeben sind, können sie unter **www.finaleonline.de** zusammen mit ausführlichen Lösungen kostenlos heruntergeladen werden. Gib dazu einfach diesen Code ein:

MA2w4Tr

Einfach mal reinschauen: www.finaleonline.de

Bildquellennachweis
Arbeitsbuch:
|Alamy Stock Photo, Abingdon/Oxfordshire: Muller, Moritz 46.2; PA Images 46.3. |Alamy Stock Photo (RMB), Abingdon/Oxfordshire: Mellmann, Bernd 54.1. |fotolia.com, New York: selensergen 80.1. |Griese, Dietmar, Laatzen: 3.1, 6.1, 6.3, 8.1, 8.2, 8.3, 9.1, 9.3, 9.4, 10.1, 34.1, 34.2, 34.3, 35.1, 35.2, 35.3, 35.4, 36.2, 36.3, 36.4, 37.1, 37.2, 37.3. |Imago, Berlin: Hettrich, Arnulf 75.4. |Lenze, Dr. Martina, Berlin: 42.1, 55.1, 73.1. |Liebau, Dr. Bernd, Leipzig: 75.3. |Microsoft Deutschland GmbH, München: 66.2. |Miller, Carla, Dortmund: 6.2, 9.2, 10.2, 15.1, 19.1, 24.1, 25.1, 27.1, 31.1, 31.2, 31.3, 36.1, 37.4, 37.5, 37.6, 37.7, 39.1, 39.2, 40.1, 45.1, 46.1, 48.1, 50.1, 56.1, 57.1, 63.1, 63.2, 64.1, 64.2, 65.1, 65.2, 65.3, 65.4, 65.5, 66.1, 67.1, 67.2, 67.3, 67.4, 67.5, 67.6, 71.1, 71.2, 81.1, 83.1, 84.1, 84.2, 86.1, 86.2, 86.3, 87.1, 87.2, 87.3, 95.1, 95.2, 95.3, 95.4, 96.1, 96.2, 96.3, 96.4. |Peter Wirtz Fotografie, Dormagen: Titel. |Picture-Alliance GmbH, Frankfurt a.M.: AP Photo 43.1; dpa 110.1; dpa Themendienst 83.3; dpa-Zentralbild 49.1, 75.2; Godong 75.1. |stock.adobe.com, Dublin: dipego 33.1, 33.2, 33.3, 33.4; Teister, Erich 83.2.

Lösungsheft:
|Griese, Dietmar, Laatzen: 43.1, 43.2.

westermann GRUPPE

Druck A[1] / Jahr 2022
Alle Drucke der Serie A sind im Unterricht parallel verwendbar.

Redaktion: Dr. Heike Bütow
Kontakt: finale@westermanngruppe.de
Layout: LIO Design GmbH, Braunschweig
Umschlaggestaltung: Gingco.Net, Braunschweig
Umschlagfoto: Peter Wirtz, Dormagen
Zeichnungen: Peter Langner; Illustrationen: Carla Miller, Dietmar Griese
Druck und Bindung: Westermann Druck GmbH, Georg-Westermann-Allee 66, 38104 Braunschweig

ISBN 978-3-7426-**2342**-3

westermann

FiNALE Prüfungstraining

Bayern

Qualifizierender Abschluss der Mittelschule 2023

Mathematik

Lösungen und Formelsammlung

Bernhard Humpert
Dr. Martina Lenze
Dr. Bernd Liebau
Ursula Schmidt
Peter Welzel

Beraterin
Siglinde Fichtl

ISBN 978-3-7426-2342-3

Quadrat

$A = a^2$

$u = 4 \cdot a$

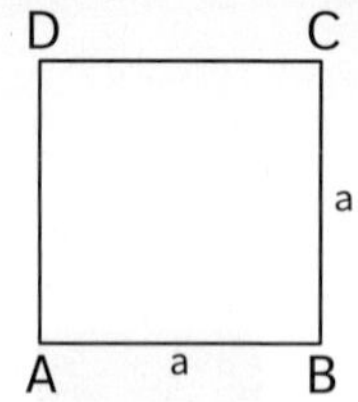

Rechteck

$A = a \cdot b$

$u = 2 \cdot a + 2 \cdot b$
$u = 2 \cdot (a + b)$

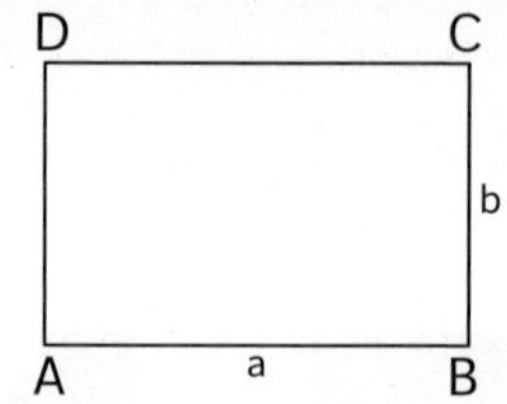

Dreieck

$A = \frac{g \cdot h}{2}$

$u = a + b + c$

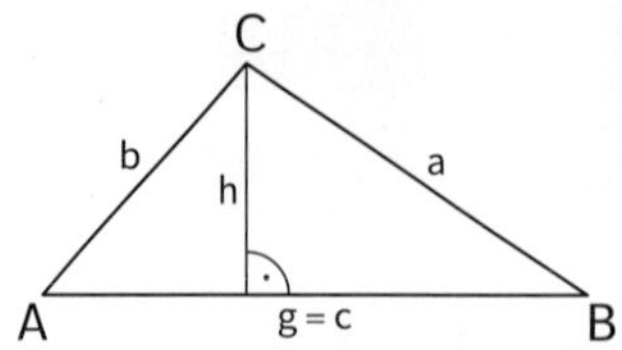

Parallelogramm

$A = g \cdot h$

$u = 2 \cdot a + 2 \cdot b$
$u = 2 \cdot (a + b)$

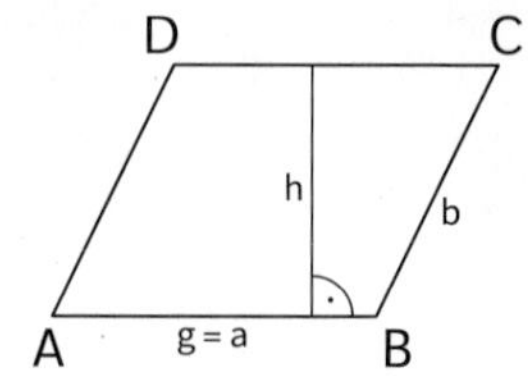

Trapez

$A = \frac{a + c}{2} \cdot h$

$u = a + b + c + d$

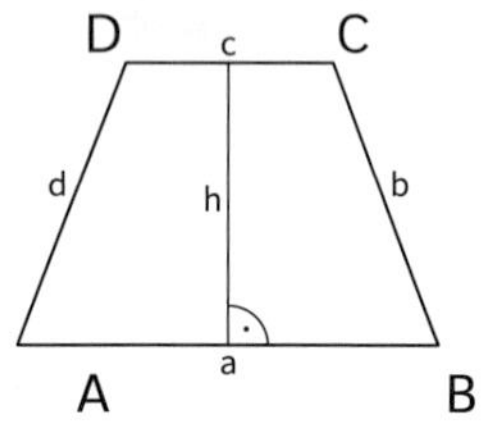

Kreis

$A = r^2 \cdot \pi = \frac{d^2}{4} \cdot \pi$

$u = 2 \cdot r \cdot \pi = d \cdot \pi$

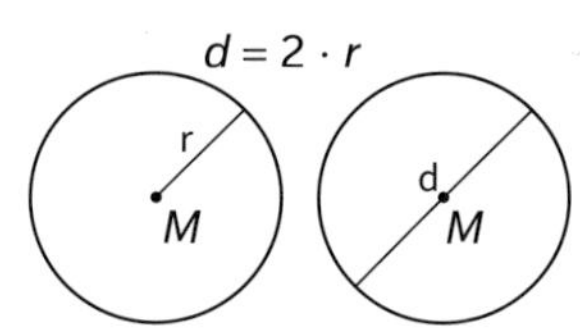

Kreissektor und Kreisbogen

$A = \frac{r^2 \cdot \pi \cdot \alpha}{360°}$

$u = \frac{r \cdot \pi \cdot \alpha}{180°}$

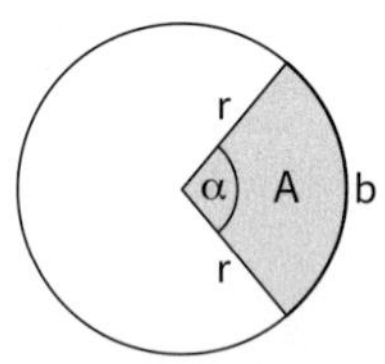

Kreisring

$A = r_a^2 \cdot \pi - r_i^2 \cdot \pi$

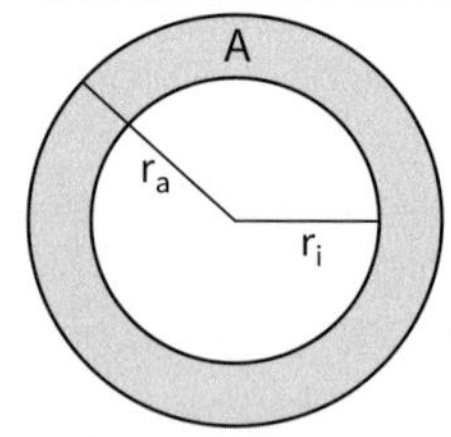

Würfel

$A = a^3$

$O = 6 \cdot a^2$

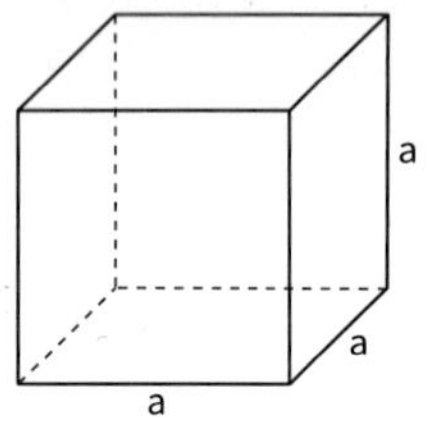

Quader

$V = a \cdot b \cdot c$

$O = 2 \cdot a \cdot b + 2 \cdot a \cdot c + 2 \cdot b \cdot c$
$O = 2 \cdot (a \cdot b + a \cdot c + b \cdot c)$

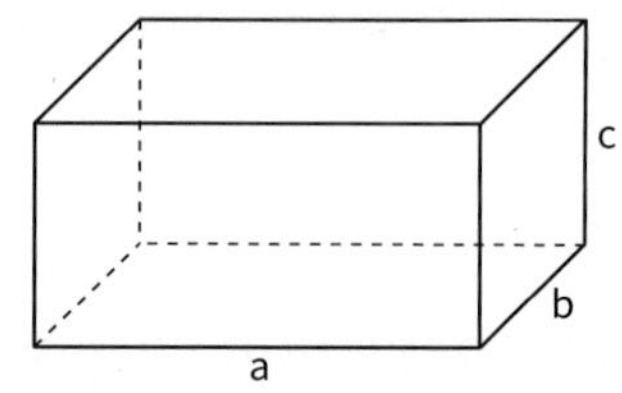

Prisma (Säule)

$V = G \cdot h_k$

$O = 2 \cdot G + M$

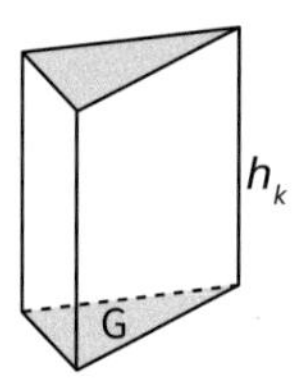

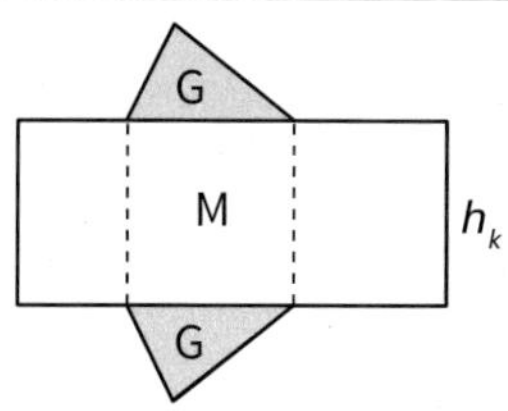

Zylinder

$V = r^2 \cdot \pi \cdot h_k$

$O = 2 \cdot r^2 \cdot \pi + 2 \cdot r \cdot \pi \cdot h_k$

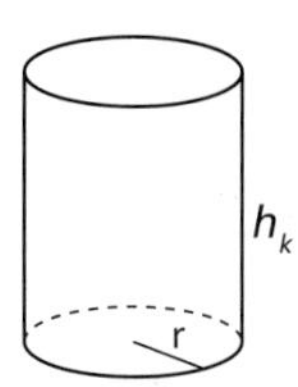

Quadratische Pyramide

$V = \frac{1}{3} \cdot a^2 \cdot h_k$

$O = a^2 + 2 \cdot a \cdot h_s$

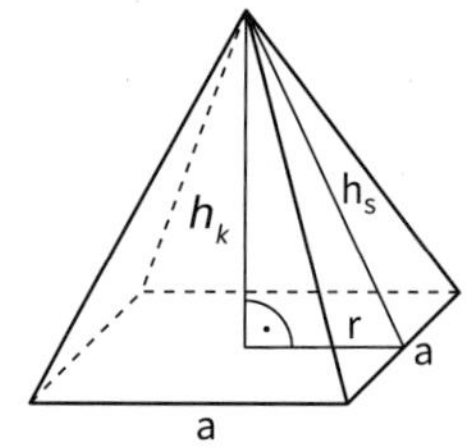

Kegel

$V = \frac{1}{3} \cdot r^2 \cdot \pi \cdot h_k$

$O = r^2 \cdot \pi + r \cdot \pi \cdot s$

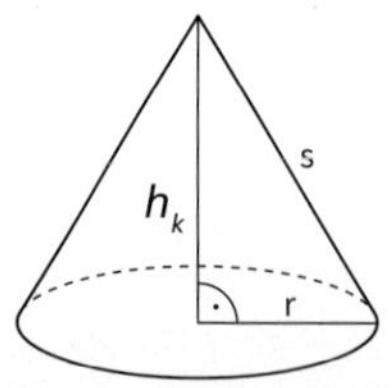

Kugel

$V = \frac{4}{3} \cdot r^3 \cdot \pi$

$O = 4 \cdot r^2 \cdot \pi \quad O = d^2 \cdot \pi$

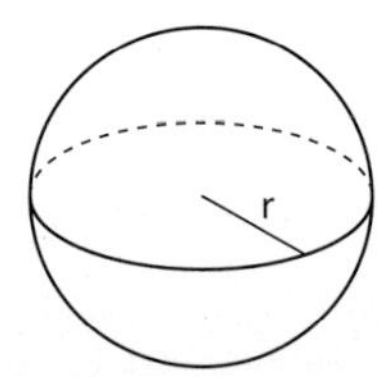

Winkelsumme im Dreieck

Die Summe der Innenwinkel ist in jedem Dreieck 180°.

$\alpha + \beta + \gamma = 180°$

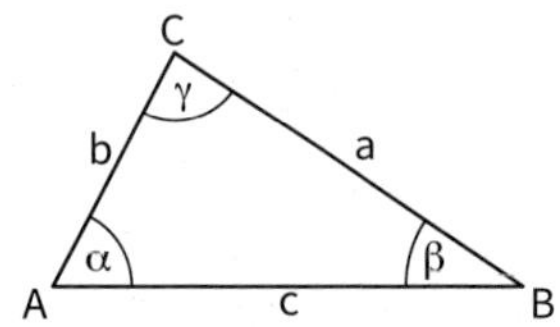

Satz des Pythagoras

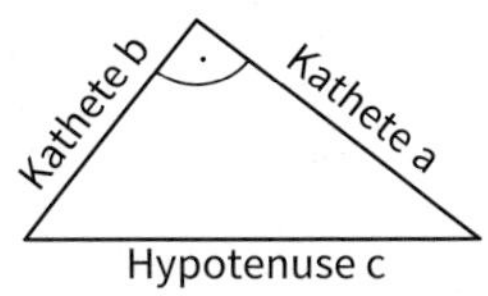

In jedem *rechtwinkligen Dreieck* sind die Quadrate über den beiden Katheten zusammen so groß wie das Quadrat über der Hypotenuse.

$a^2 + b^2 = c^2$

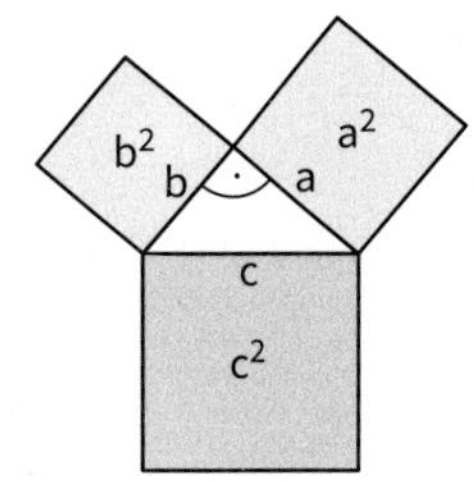

Prozentrechnung

G: Grundwert
W: Prozentwert
p %: Prozentsatz/Zinssatz

$W = \frac{G \cdot p}{100}$

Zinsrechnung

K: Kapital
Z: Zinsen
t: Anzahl Tage

$Z = \frac{K \cdot p}{100} \cdot \frac{t}{360}$

Vermehrter Grundwert

Verminderter Grundwert

G: Grundwert *E:* Endwert

$E = G \cdot \left(1 + \frac{p}{100}\right)$

$E = G \cdot \left(1 - \frac{p}{100}\right)$

Häufigkeit

Absolute Häufigkeit: Anzahl des Auftretens eines bestimmten Wertes

Relative Häufigkeit: $\frac{\text{Absolute Häufigkeit eines Wertes}}{\text{Gesamtzahl aller Werte}}$

Arithmetisches Mittel (Durchschnitt; Mittelwert)

der Datenreihe (Stichprobe) $x_1, x_2, ..., x_n$: $\overline{x} = \frac{\text{Summe aller Werte}}{\text{Anzahl aller Werte}}$ $\overline{x} = \frac{x_1 + x_2 + ... + x_n}{n}$

Spannweite (Intervallbereich):

Unterschied aus größtem Wert (x_{max}) und kleinstem Wert (x_{min}): $w = x_{max} - x_{min}$

Zentralwert (Median):

Zuerst die Daten der Größe nach in einer **Rangliste** ordnen.

ungerade Anzahl → Zentralwert ist der Wert auf dem mittleren Platz der Rangliste
gerade Anzahl → Zentralwert ist der Mittelwert aus den beiden mittleren Werten

Laplace-Wahrscheinlichkeit

Laplace-Experimente sind Zufallsexperimente, bei denen jedes Ergebnis gleich wahrscheinlich ist.

Für die Wahrscheinlichkeit P eines Ereignisses E gilt dann: $P(E) = \frac{\text{Anzahl der günstigen Ergebnisse}}{\text{Anzahl der möglichen Ergebnisse}}$

Hier im Lösungsheft befinden sich **Kurzlösungen** zu den Aufgaben des Eingangstests (S. 6 – 11).
Ausführliche Lösungen zum Eingangstest befinden sich im Arbeitsbuch selbst (S. 14 – 33).

Kurzlösungen – Eingangstest Teil 1 Basisaufgaben

Arithmetik/Algebra (Eingangstest)

S. 6

1 Rechnen und Ordnen

a) (1) 0,5 (2) $-0{,}7$ (3) 0,6 (4) $1\frac{3}{5}$ (5) $\frac{3}{4}$ (6) $-\frac{1}{2}$

b) $-0{,}7 < -\frac{1}{2} < 0{,}5 < 0{,}6 < \frac{3}{4} < \frac{4}{3} < 1\frac{3}{5}$

2 Schätzen

a) 2,05 m b) 1,4 t c) 21,7 cm d) 40 dm^3

3 Lineare Gleichungen

a) $x = 12$ b) $x = 21$

S. 7

4 Prozente

a) 75 € b) 5 % c) 200 kg d) 24,80 €

Funktionen (Eingangstest)

5 Zuordnungen

Richtig anzukreuzen ist jeweils ...

1) p (proportional)
2) k (keines von beiden)
3) p (proportional)
4) a (antiproportional)
5) k (keines von beiden)
6) a (antiproportional)

6 Radfahren

In einer Stunde legt Mareike 15 km zurück.

7 Graphen und Gleichungen

g_1: $y = -x + 2$ g_2: $y = -x - 1$ g_3: $y = x + 1$ g_4: $y = 2x - 1$

S. 8

8 Passend dargestellt

Zu (1) passt am besten der Graph C, zu (2) passt am besten der Graph D.

9 Sanduhr

Graph (3)

10 Lineare Funktion – Füllmenge

a) 150 *l* b) Abnahme pro Minute: 2 *l* c) $y = -2x + 150$

Geometrie (Eingangstest)

11 Flächeninhalt und Umfang eines Rechtecks

a) $A = a \cdot b = 8\text{ cm} \cdot 6\text{ cm} = 48\text{ cm}^2$

b) $u = 8\text{ cm} + 6\text{ cm} + 8\text{ cm} + 6\text{ cm} = 28\text{ cm}$

S. 9

12 Kreisverkehr

a) $A = r^2 \cdot \pi = (20\text{ m})^2 \cdot \pi \approx 1\,257\text{ m}^2$
$u = d \cdot \pi = 40\text{ m} \cdot \pi \approx 125{,}7\text{ m}$

b) Radius der Grünfläche: $r = 20\text{ m} - 7\text{ m}$
Flächeninhalt: $A = (13\text{ m})^2 \cdot \pi \approx 531\text{ m}^2$

13 Zylinder

a) Oberflächeninhalt: $O = 2 \cdot r^2 \cdot \pi + 2 \cdot r \cdot \pi \cdot h = 2 \cdot (14\text{ cm})^2 \cdot \pi + 2 \cdot 14\text{ cm} \cdot \pi \cdot 8\text{ cm} \approx 1935\text{ cm}^2$
Volumen $V = r^2 \cdot \pi \cdot h = (14\text{ cm})^2 \cdot \pi \cdot 8\text{ cm} \approx 4\,926\text{ cm}^3$

b) Masse des Zylinders: $4\,926 \cdot 7{,}8\text{ g} \approx 38{,}4\text{ kg}$

14 Schiffscontainer

$V = a \cdot b \cdot c = 12{,}03\text{ m} \cdot 2{,}35\text{ m} \cdot 2{,}39\text{ m} \approx 67{,}57\text{ m}^3$

15 Winkelbestimmung

$\alpha = 180° - 81° - 44° = 55°$

$2\gamma = 180° - 104° = 76° \rightarrow \gamma = 38°\ (= \beta)$

S. 10

16 Flächenberechnung

$A = 12\text{ cm} \cdot 5\text{ cm} = 60\text{ cm}^2$
$\overline{AD} = \sqrt{(4\text{ cm}^2) + (5\text{ cm})^2} \approx 6{,}4\text{ cm}$
Umfang $u = 2 \cdot 12\text{ cm} + 2 \cdot 6{,}4\text{ cm} = 36{,}8\text{ cm}$

17 Dreieck im Koordinatensystem

a) P (2 | 3); Q (6 | 3); R (5 | 6)

b) $A = 6\text{ cm}^2$

c) PQSR ist ein Parallelogramm

d) $\overline{PR} = \sqrt{(3\text{ cm})^2 + (3\text{ cm})^2} \approx 4{,}2\text{ cm}$
$u = 2 \cdot 4\text{ cm} + 2 \cdot 4{,}2\text{ cm}$
$u = 16{,}2\text{ cm}$

Daten und Zufall (Eingangstest)

18 Tablet

a) Zentralwert: 269 € Spannweite: 68 € arithmetisches Mittel: 275,20 €

b) Zentralwert unverändert: 269 € arithmetisches Mittel kleiner: ≈ 274,17 €

S. 11

19 Werbung

a)

	Rang 1	Rang 2	Rang 3
Medium	Fernsehen	Tageszeitungen	Anzeigenblätter
Einnahmen (in Mio. €)	4 420	2 650	1 810

b) ca. 29 %

c) Längen im Streifendiagramm
Fernsehen: 20 mm
Tageszeitungen: 17 mm
Zeitschriften: 7 mm
Online und Mobile: 9 mm
Anzeigeblätter 12 mm
Sonstige: 26 mm

20 Hausaufgaben

a) $P = \frac{1}{24}$

b) $P = \frac{9}{24} = \frac{3}{8}$

Übungsaufgaben Teil 1 Basisaufgaben

Arithmetik/Algebra (Übungsaufgaben)

S. 14

1 a) $30{,}57 - 7{,}8 = 22{,}77$ b) $20 - 2{,}5 + 0{,}05 - 5{,}25 = 12{,}3$ c) $12 \cdot 7{,}6 = 91{,}2$

d) $0{,}45 \cdot 105 = 47{,}25$ e) $19{,}54 : 100 = 0{,}1954$ f) $0{,}27 : 9 = 0{,}03$

2 a) $\frac{2}{5} + \frac{3}{10} = \frac{4}{10} + \frac{3}{10} = \frac{7}{10}$ b) $\frac{1}{3} \cdot \frac{2}{5} = \frac{2}{15}$ c) $\frac{1}{3} + \frac{2}{5} = \frac{5}{15} + \frac{6}{15} = \frac{11}{15}$ d) $\frac{1}{3} : \frac{2}{5} = \frac{1}{3} \cdot \frac{5}{2} = \frac{5}{6}$

3 a) $\frac{2}{4} - \frac{3}{4} = -\frac{1}{4}$ b) $0{,}5 + 1{,}5 = 2$ c) $-\frac{2}{4} + \frac{5}{4} = \frac{3}{4}$

d) $0{,}7 - 2{,}2 = -1{,}5$ e) $-0{,}25 + 2{,}75 = 2{,}5$ f) $1{,}5 - 0{,}25 = 1{,}25$

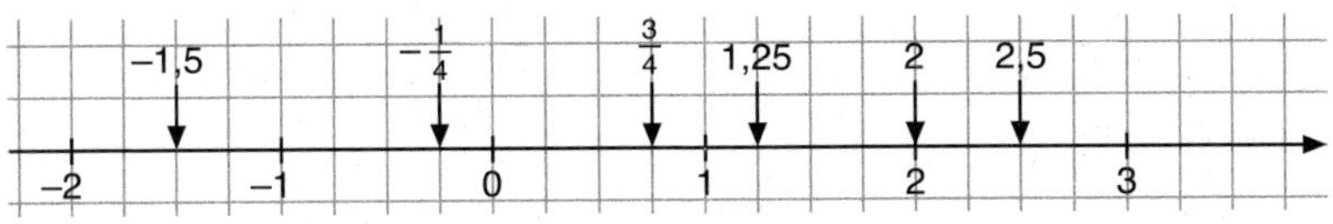

4 Es ist sinnvoll, die Zahlen zum besseren Vergleich dezimal zu schreiben.

a) $0{,}4$ $\frac{3}{6} = 0{,}5$ $0{,}38$ $\frac{1}{4} = 0{,}25$ $\frac{3}{5} = 0{,}6$ $0{,}2$

$0{,}2 < \frac{1}{4} < 0{,}38 < 0{,}4 < \frac{3}{6} < \frac{3}{5}$

b) $-1\frac{1}{2} = -1{,}5$ $-\frac{7}{5} = -1{,}4$ $-\frac{3}{4} = -0{,}75$ $-0{,}8$ $-1\frac{1}{4} = -1{,}25$ $-1{,}3$

Bei negativen Zahlen hat die größere Zahl den kleineren Betrag.

$-1\frac{1}{2} < -\frac{7}{5} < -1{,}3 < -1\frac{1}{4} < -0{,}8 < -\frac{3}{4}$

c) $0{,}7$ $-\frac{3}{4} = -0{,}75$ $-1{,}3$ $\frac{4}{5} = 0{,}8$ $-1\frac{1}{2} = -1{,}5$ $\frac{9}{10} = 0{,}9$

$-1\frac{1}{2} < -1{,}3 < -\frac{3}{4} < 0{,}7 < \frac{4}{5} < \frac{9}{10}$

d) $2{,}8$ $-0{,}41$ $-\frac{2}{5} = -0{,}4$ $\frac{29}{10} = 2{,}9$ $-\frac{9}{2} = -4{,}5$ $2{,}805$

$-\frac{9}{2} < -0{,}41 < -\frac{2}{5} < 2{,}8 < 2{,}805 < \frac{29}{10}$

S. 15

1 Hier muss man überschlagen: Die Schülerin ist 6 Zeitstunden pro Tag, 5 Tage in der Woche, 40 Wochen im Jahr und 10 Jahre lang in der Schule.
$6\text{ h} \cdot 5 \cdot 40 \cdot 10 = 12\,000\text{ h}$; $12\,000\text{ h} = 12\,000 \cdot 60 \cdot 60\text{ s} \approx 43$ Mio. s
Von den Auswahllösungen kommen nur 36 000 000 s in Frage.

2 Ein 20 €-Schein ist 133 mm lang und 72 mm breit.
$A = 133\text{ mm} \cdot 72\text{ mm}$, $A = 9576\text{ mm}^2$ (= $95{,}76\text{ cm}^2$ bzw. $0{,}9576\text{ dm}^2$)
Von den Auswahllösungen passt nur 9576 mm^2.

3 a) Die Größe gibt man in m^2 an.
$720\text{ dm}^2 = 7{,}2\text{ m}^2$, $720\,000\text{ mm}^2 = 0{,}72\text{ m}^2$, $7\,200\text{ cm}^2 = 0{,}72\text{ m}^2$
Weniger als 1 m^2 kann nicht zutreffend sein. 72 m^2 ist zu groß.
Richtig kann also nur die Angabe $7{,}2\text{ m}^2 = 720\text{ dm}^2$ sein.

b) Um die Mengen besser vergleichen zu können, rechnet man alle Angaben in die Einheit „m^3" um.
$37\text{ hl} = 3{,}7\text{ m}^3$, $370\,000\text{ ml} = 0{,}37\text{ m}^3$, $37\,000\ l = 37\text{ m}^3$
$3{,}7\text{ m}^3$ oder gar 37 m^3 sind sicherlich zu viel, $0{,}037\text{ m}^3$ sind gerade einmal $37\ l$ und sicherlich zu wenig. Es passt nur die Angabe 370 000 ml ($370\ l = 0{,}37\text{ m}^3$).

4 a) 500 g = 0,5 kg c) 25 ha = $250\,000\text{ m}^2$ e) $4\,500\ l = 4{,}5\text{ m}^3$ g) 1,2 h = 72 min

b) 1,8 t = 1 800 kg d) $4\,600\text{ cm}^2 = 0{,}46\text{ m}^2$ f) 180 s = 3 min

5 a) 35 cm = 350 mm b) $2{,}5\text{ m}^2 = 250\text{ dm}^2$ c) 85 min = 5 100 s

6 a) 56 000 mm = 5 600 cm b) $5\,050\text{ m}^2 = 50{,}5$ a c) 150 min = 2,5 h

S. 16

1 a) $3x - 7 = 35 \quad |+7$
$3x = 42 \quad |:3$
$x = 14$

b) $9 - 4x = 13 \quad |-9$
$-4x = 4 \quad |:(-4)$
$x = -1$

c) $7(3x - 2) + 1 = 50$
$21x - 14 + 1 = 50$
$21x - 13 = 50 \quad |+13$
$21x = 63 \quad |:21$
$x = 3$

d) $8 - (2x + 6) - 5x = 16$
$8 - 2x - 6 - 5x = 16$
$2 - 7x = 16 \quad |-2$
$-7x = 14 \quad |:(-7)$
$x = -2$

2 (1) Preis der Kinokarte für eine Person: x
Preis für Popcorn: 17 €
Gleichung: $5x + 17 = 57$. Passt.
(2) Preis für 1 Flasche Wein: x; Preis für 1 Flasche Sekt: y
Gleichung: $5x + 17y = 57$. Passt nicht.
(3) Hierzu lässt sich keine sinnvolle Gleichung aufstellen.
(4) Ladung des kleinen Lkw: x; Ladung des großen Lkw: 17
Gleichung: $5x + 17 = 57$. Passt.
(5) Länge des Rechtecks: x; Breite des Rechtecks: 5
Gleichung: $5x + 17 = 57$ Passt.

3 a) $9x - 7 = 47 \quad |+7$
$9x = 54 \quad |:9$
$x = 6$

b) $\frac{x}{3} + 17 = 30 \quad |-17$
$\frac{x}{3} = 13 \quad |\cdot 3$
$x = 39$

c) $8x - 9 + 3 = 26$
$8x - 6 = 26 \quad |+6$
$8x = 32 \quad |:8$
$x = 4$

S. 17

1 a) $0{,}4 \cdot 650\text{ €} = 260\text{ €}$

b) $0{,}23 \cdot 40\text{ m} = 9{,}20\text{ m}$

2 a) $\frac{374}{800} = 0{,}4675 = 46{,}75\,\%$

b) $\frac{35\text{ €}}{1\,400\text{ €}} = 0{,}025 = 2{,}5\,\%$

3 Gesucht ist jeweils der Grundwert G.
a) $0{,}2 \cdot G = 100\text{ €} \mid :0{,}2$

$G = \frac{100\text{ €}}{0{,}2}$ $\quad G = 500\text{ €}$ — 20 % von 500 € sind 100 €.

b) $0{,}45 \cdot G = 288\text{ m} \mid :0{,}45$

$G = \frac{288\text{ m}}{0{,}45}$ $\quad G = 640\text{ m}$ — 45 % von 640 m sind 288 m.

4 a) $Z = 0{,}005 \cdot 3\,200\text{ €} = 16\text{ €}$

b) $Z = 0{,}012 \cdot 560\text{ €} = 6{,}72\text{ €}$; $\frac{1}{2}$ Jahr: 3,36 €

5 $16\text{ ha} = 160\,000\text{ m}^2$
$W = 13\,\% \cdot 160\,000\text{ m}^2$
$W = 0{,}13 \cdot 160\,000\text{ m}^2$
$W = 20\,800\text{ m}^2$ — Das Fußballstadion nimmt $20\,800\text{ m}^2$ ein.

6 $\frac{43}{827} \approx 0{,}052$, also ca. 5,2 %

5,2 % der kontrollierten Fahrzeuge waren mit Mängeln versehen.

7 a) $0{,}035 \cdot 550\text{ €} = 19{,}25\text{ €}$

b) $550\text{ €} + 19{,}25\text{ €} = 569{,}25\text{ €}$

Funktionen (Übungsaufgaben)

S. 18

1 Zuordnung (A) ist proportional, weil zum Doppelten der Ausgangsgröße das Doppelte der zugeordneten Größe gehört bzw. weil der Preis pro Stück immer konstant ist.
Zuordnung (B) ist nicht proportional, weil z. B. der Summe der beiden Ausgangsgrößen 2 und 3 nicht die Summe der jeweils zugeordneten Größen (1 200 m + 1 800 m = 3 000 m) zugeordnet wird.

2 a) Bei proportionalen Zuordnungen ist der Quotient aus Ausgangs- und Eingangsgröße stets gleich. Beim ersten Zahlenpaar beträgt dieser Quotient 4,5 : 1,5 = 3.

Also:

x	1,5	3
y	4,5	**9**

$3 \cdot 3$

b) Bei antiproportionalen Zuordnungen ist das Produkt aus Ausgangs- und Eingangsgröße stets gleich. Beim ersten Zahlenpaar beträgt dieses Produkt $20 \cdot 7{,}5 = 150$.

Also:

x	7,5	2,5
y	20	**60**

150 : 2,5

3 (1) Verdoppelt man die Menge an Eiern, so verdoppelt sich nicht die Kochzeit; also weder proportional noch antiproportional.
(2) Verdoppelt man die durchschnittliche Geschwindigkeit, so verdoppelt sich auch die zurückgelegte Strecke; also proportional.
(3) Zwischen dem Gewicht eines Menschen und seiner Schuhgröße besteht kein Zusammenhang; also weder proportional noch antiproportional.
(4) Verdoppelt man die Anzahl der Kinder, so halbiert sich die Menge an Eistee, die jeder bekommt; also antiproportional.
(5) Verdoppelt man die Menge an Kartoffeln, so verdoppelt sich auch der Preis dafür; also proportional.

4 a) Da die Kerze gleichmäßig abbrennt, verliert sie jede Stunde 0,5 cm (= 10 cm – 9 cm)

Brenndauer (in h)	Höhe der Kerze (in cm)
0	10
1	9,5
2	$9{,}5 - 0{,}5 = 9$
3	$9 - 0{,}5 = 8{,}5$
6	$10 - 0{,}5 \cdot 6 = 10 - 3 = 7$
8	$10 - 0{,}5 \cdot 8 = 10 - 4 = 6$

b) Um den Graphen der Zuordnung zu zeichnen, wählst du zwei Wertepaare aus der Tabelle aus, markierst die zugehörigen Punkte im Koordinatensystem und legst durch sie eine Gerade.

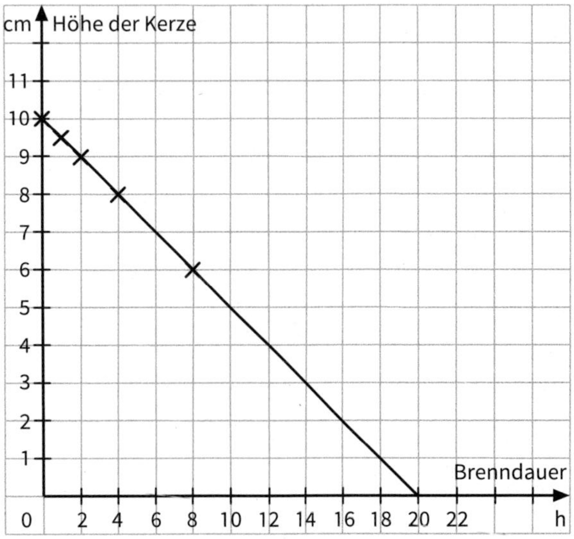

S. 19

1 a) 3 Äpfel kosten 1,50 €.
6 Äpfel kosten 3,00 €.

b) 4 Liter Saft kosten 8,20 €.
2 Liter Saft kosten 4,10 €.

c) 10 kg Mehl kosten 12,40 €.
20 kg Mehl kosten 24,80 €.

d) 12 Brötchen kosten 7,20 €.
3 Brötchen kosten 1,80 €.

2 a) (: 4, · 6)

4 Personen	2000 g
1 Person	500 g
6 Personen	**3000 g**

b) Tomatenmark: (: 4, · 6)

4 Personen	40 g
1 Person	10 g
6 Personen	**60 g**

Butter: (: 4, · 6)

4 Personen	30 g
1 Person	7,5 g
6 Personen	**45 g**

Öl: (: 4, · 6)

4 Personen	4 EL
1 Person	1 EL
6 Personen	**6 EL**

Schlagsahne: (: 4, · 6)

4 Personen	150 ml
1 Person	37,5 ml
6 Personen	**225 ml**

3 a)

3 kg	36 €
1 kg	**12 €**
5 kg	**60 €**

b)

24 *l*	72 €
1 *l*	**3 €**
7 *l*	**21 €**

c)

40 Stück	18 €
1 Stück	**0,45 €**
9 Stück	**4,05 €**

d)

200 g	4,20 €
1 g	**0,021 €**
40 g	**0,84 €**

4 (: 3, · 7)

3 km	18 min
1 km	6 min
7 km	42 min

Für die Umrundung des Sees (7 km) benötigen sie 42 Minuten.

5 Sportcenter Megafit: 30 Minuten kosten 3,50 €. Dann kosten 90 Minuten (= 3 · 30 Minuten) den dreifachen Preis, also 3,50 € · 3 = 10,50 €.
Sportoase: 45 Minuten kosten 5,50 €. Dann kosten 90 Minuten (= 2 · 45 Minuten) den doppelten Preis, also 5,50 € · 2 = 11,00 €.
Das Angebot des Sportcenters Megafit ist günstiger.

S. 20

1 a)

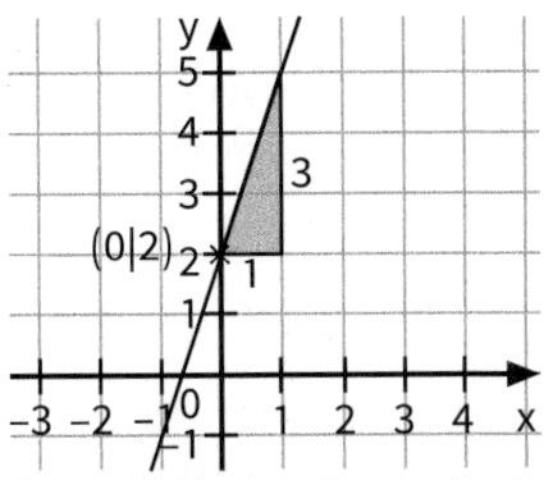

Der y-Achsenabschnitt ist 2, die Steigung ist + 3.
Die zugehörige Funktionsgleichung lautet also: $y = 3x + 2$

b)

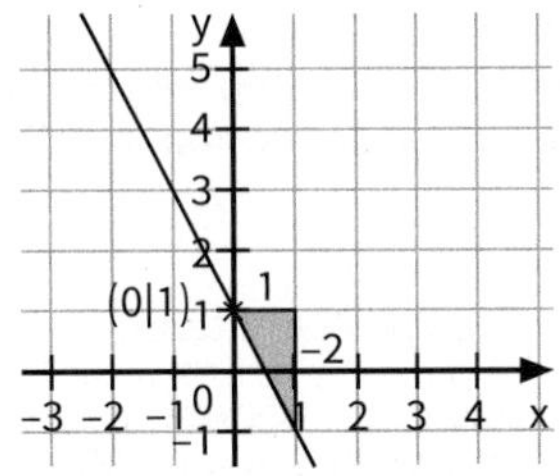

Der y-Achsenabschnitt ist 1, die Steigung ist – 2.
Die zugehörige Funktionsgleichung lautet also: $y = -2x + 1$

c)

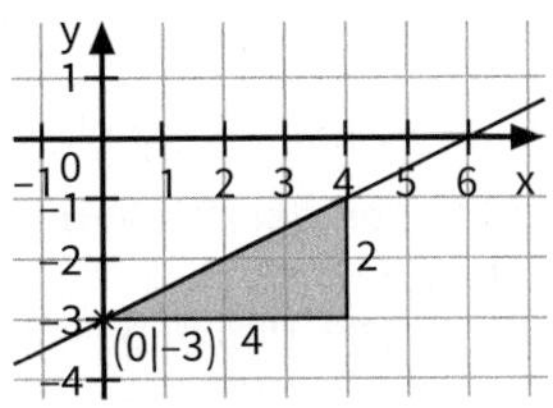

Der y-Achsenabschnitt ist – 3, die Steigung ist $+\frac{1}{2}$.
Die zugehörige Funktionsgleichung lautet also: $y = \frac{1}{2}x - 3$

d)

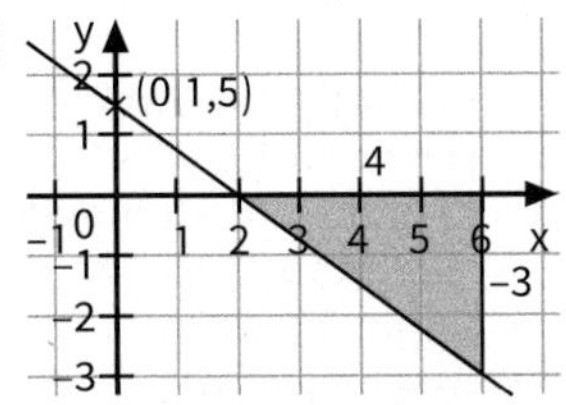

Der y-Achsenabschnitt ist 1,5. Die Steigung ist $-\frac{3}{4}$. Die zugehörige Funktionsgleichung lautet also: $y = -\frac{3}{4}x + 1,5$

2

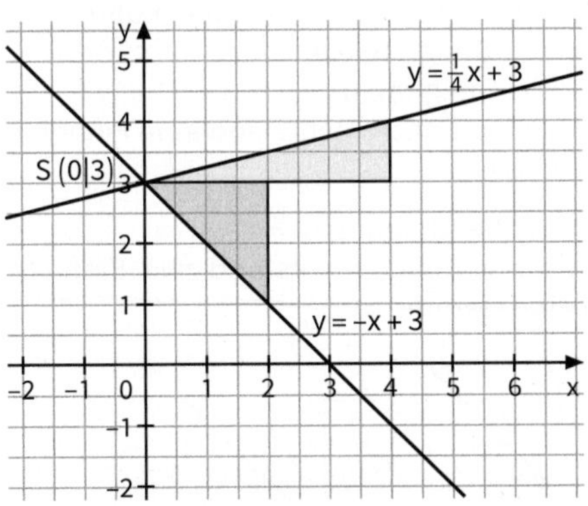

Beide Funktionsgleichungen haben denselben y-Achsenabschnitt t = 3. Die Koordinaten des Schnittpunkts S lauten also: S (0 | 3).
Bei der ersten Funktion beträgt die Steigung $m = \frac{1}{4}$. Vom Punkt (0 | 3) geht man vier Einheiten nach rechts und eine Einheit nach oben. Bei der zweiten Funktion ist die Steigung m = – 1. Hier kann man von (0 | 3) aus eine Einheit nach rechts und eine Einheit nach unten gehen, genauer wird es, wenn man das Steigungsdreieck größer zeichnet, z. B. zwei Einheiten nach rechts und zwei Einheiten nach unten.

3 a) *Zeichnerische Lösung:*
Wenn du die beiden Punkte A (– 2 | 5) und B (3 | 2,5) ins Koordinatensystem einzeichnest, kannst du die Funktionsgleichung mithilfe des y-Achsenabschnitts und der Steigung bestimmen.
Aus der Darstellung im Koordinatensystem ist abzulesen:

Der y-Achsenabschnitt ist 4. Die Steigung ist $-\frac{1}{2}$.

Die zugehörige Funktionsgleichung lautet also:

$y = -\frac{1}{2}x + 4$

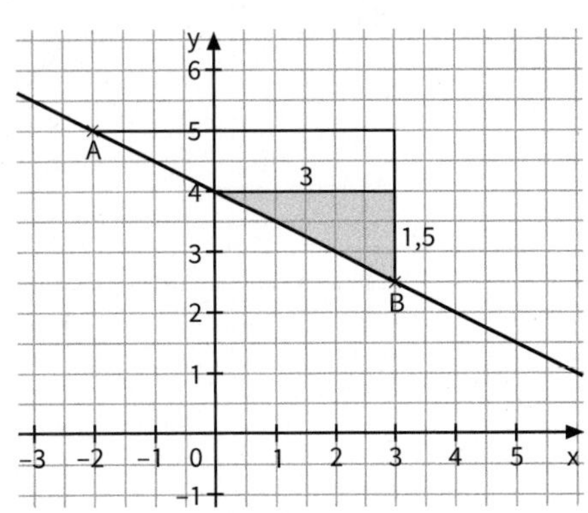

S. 20

b) *Rechnerische Lösung:*
Die Steigung m kannst du berechnen, indem du den Unterschied der y-Werte geteilt durch den Unterschied der x-Werte der beiden Punkte A (−2 | 5) und B (3 | 2,5) bestimmst.

$m = \frac{5 - 2{,}5}{-2 - 3} = \frac{2{,}5}{-5} = -\frac{1}{2}$

Du weißt jetzt, dass der Funktionsterm $y = -\frac{1}{2}x + t$ lauten muss.

Den y-Achsenabschnitt t kannst du bestimmen, indem du die Koordinaten eines der beiden Punkten A oder B in die halb fertige Funktionsgleichung $y = -\frac{1}{2}x + t$ einsetzt und dann die Gleichung nach t auflöst.
Für den Punkt A (−2 | 5) sieht das so aus:
$5 = -\frac{1}{2} \cdot (-2) + t$ | zusammenfassen
$5 = 1 + t$ | −1
$4 = t$
Die zugehörige Funktionsgleichung lautet also: $y = -\frac{1}{2}x + 4$

4 a) Du findest die passenden Funktionsgleichungen, indem du für jeden der drei vorgegebenen Graphen den y-Achsenabschnitt und die Steigung bestimmst.
- Für g_1 ist der y-Achsenabschnitt $t = +1$ und die Steigung m negativ. Hierzu passt nur die Funktionsgleichung $y = -x + 1$.
- Für g_2 ist der y-Achsenabschnitt $t = +1$ und die Steigung m positiv. Hierzu passt nur die Funktionsgleichung $y = 2x + 1$.
- Für g_3 ist der y-Achsenabschnitt $t = -2$ und die Steigung m positiv. Hierzu passt nur die Funktionsgleichung $y = x - 2$.

b) Die Graphen der beiden übrigen Funktionen (2)und (5) zeichnest du in das Koordinatensystem mithilfe des jeweiligen y-Achsenabschnitts und der Steigung ein.
Für $y = x + 2$ ist der y-Achsenabschnitt $t = 2$ und die Steigung $m = 1$.
Markiere den y-Achsenabschnitt und gehe eine Einheit nach rechts und eine Einheit nach oben. Dann verbinde die beiden Punkte durch eine Gerade.

Für $y = 2x - 1$ ist der y-Achsenabschnitt $t = -1$ und die Steigung $m = 2$.
Markiere den y-Achsenabschnitt und gehe eine Einheit nach rechts und zwei Einheiten nach oben. Dann verbinde die beiden Punkte durch eine Gerade.

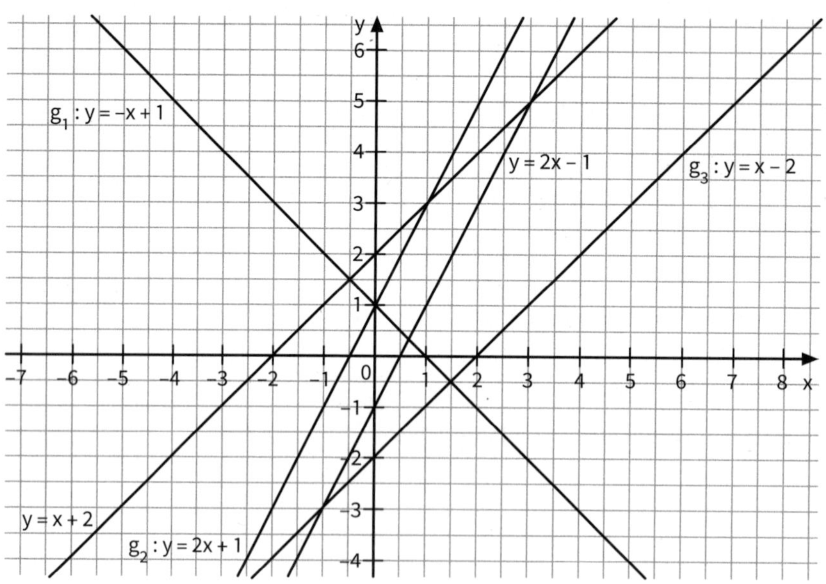

S. 21

1 Darstellung (1) zeigt eine Gerade, die nicht durch den Ursprung (0|0) des Koordinatensystems verläuft. Die Gerade ist also der Graph einer linearen Zuordnung x → y. Die zugeordnete Größe y nimmt in gleichen Abständen immer um den gleichen Betrag zu. Hierzu passt nur B (Handytarif mit Grundgebühr und sekundengenauer Abrechnung).
Darstellung (2) zeigt eine stückweise lineare Funktion, die zugeordnete Größe y nimmt „in Sprüngen" zu. Hierzu passt nur C (Eintrittspreise ins Schwimmbad gestaffelt nach Aufenthaltsdauer).
Darstellung (3) zeigt eine Kurve mit sehr wechselhaftem Verlauf. Hierzu passt nur A (Wertentwicklung einer Aktie).
Darstellung (4) zeigt eine Gerade, die durch den Ursprung (0|0) des Koordinatensystems verläuft. Die Gerade ist also der Graph einer proportionalen Zuordnung x → y. Zum Doppelten der Eingangsgröße x gehört das Doppelte der zugeordneten Größe y. Hierzu passt nur D (Preis für getankte Bezinmenge).

2 Die Wertetabelle(A) gehört zu einer linearen Funktion, deren Graph den y-Achsenabschnitt 3,60 hat und steigt. Dazu passt nur der Graph g_3.
Die Wertetabelle(B) gehört zu einer linearen Funktion, deren Graph den y-Achsenabschnitt 20 hat und fällt. Dazu passt nur der Graph g_4.
Die Wertetabelle (C) gehört zu einer proportionalen Zuordnung. Der zugehörige Graph ist ein vom Ursprung ausgehender Strahl. Dazu passt nur der Graph g_2.
Die Wertetabelle (D) gehört zu einer antiproportionalen Zuordnung. Der zugehörige Graph ist eine Hyperbel. Dazu passt nur der Graph g_1.

3 a) Hatice startet um 11:50 Uhr.

b) Die Wartezeit an der Ampel erkennst du daran, dass Hatice in dieser Zeit keinen Weg zurücklegt und der Graph daher parallel zur x-Achse verläuft.
Hatice wartet 5 Minuten an der Ampel.

c) Die Geschwindigkeit von Hatice ist dann am größten, wenn sie pro Minute die größte Entfernung zurücklegt. Dies ist in der Zeit von 12:00 Uhr bis 12:15 Uhr der Fall. Am Graph ist dies das Teilstück mit der größten Steigung.

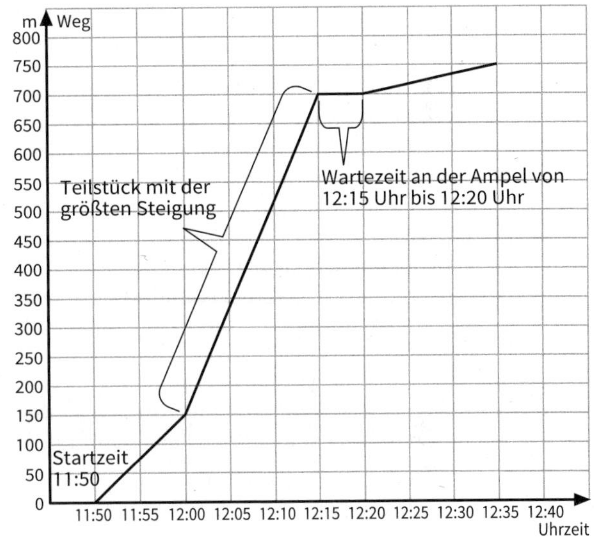

S. 22

1 Die Graphen zeigen den zurückgelegten Weg des Steins in Abhängigkeit von der Zeit. Grundsätzlich muss der Punkt (0|0) auf dem passenden Graphen liegen, denn in 0 Sekunden fällt der Stein 0 Meter. Damit scheiden die Graphen (A) und (C) aus.
Graph (B): Je mehr Zeit vergeht, desto schneller wächst der vom Stein zurückgelegte Weg.
Graph (D): Je mehr Zeit vergeht, desto kürzer ist der Weg, den der Stein in einer Zeiteinheit zurückgelegt hat. Der Stein fällt allmählich immer langsamer. Dies widerspricht jeglicher Alltagserfahrung. Die richtige Antwort lautet also (B).

S. 22

2 Die Graphen geben den Abstand a des Segelboots zur Küste an.
Graph (1): Der Graph ist unsinnig, da man zu ein und demselben Zeitpunkt zwei Angaben zum Abstand des Segelboots von der Küste erhält.
Graph (2): Anfangs bewegt sich das Segelboot auf die Küste zu, denn sein Abstand hierzu wird immer geringer. Dann entfernt sich das Boot wieder von der Küste und segelt zum Ende des Kurses parallel (mit gleichbleibendem Abstand) zur Küste.
Graph (3): Anfangs entfernt sich das Segelboot von der Küste, nähert sich ihr dann wieder und segelt zum Ende des Kurses parallel (mit gleichbleibendem Abstand) zur Küste.
Der abgebildete Dreieckskurs führt vom Start aus zunächst zu einer weiter von der Küste entfernten Boje. Die nächste Boje, die umrundet werden muss, liegt etwa gleich weit von der Küste entfernt wie die Start- und Zielboje. Der letzte Kursabschnitt bis zur Zielboje verläuft daher parallel zur Küste.
Diesen Verlauf gibt nur einer der drei Graphen wieder. Die richtige Antwort lautet daher Graph (3).

3 a) Die Graphen zeigen die Veränderung der Kerzenhöhe während des Brennvorgangs.
Die Kerze 1 hat die Form eines Kegels. Zu Beginn des Brennvorgangs nimmt die Kerzenhöhe schnell ab, diese Veränderung verlangsamt sich von Stunde zu Stunde, da der Durchmesser der Kerze zunimmt. Zur kegelförmigen Kerze passt daher am besten Graph C.
Die Kerze 2 hat die Form einer Kugel. Ihre Höhe nimmt bis zum Erreichen des größten Durchmessers von Stunde zu Stunde immer langsamer ab, bis sie nahezu unverändert bleibt. Unterhalb der Stelle ihres größten Durchmessers nimmt von Stunde zu Stunde die Kerzenhöhe immer stärker ab. Zur kugelförmigen Kerze passt daher am besten Graph B.
Die Kerze 3 hat die Form eines Zylinders. Ihre Höhe nimmt pro Zeiteinheit linear ab. Zur zylinderförmigen Kerze passt daher am besten Graph A.

b) Die richtige Funktionsgleichung lautet $y = 6 - 2x$, wobei x die Brenndauer in Stunden und y die Höhe der Kerze in Zentimetern angibt. Der Wert 6 in der Funktionsgleichung entspricht der Höhe der Kerze (6 cm), bevor sie angezündet wird. Der Term $-2x$ beschreibt die stündliche Abnahme der Kerzenhöhe um 2 cm.

S. 23

1 Bei der Sachsituation (A) wird eine Grundgebühr von 4 € verlangt, dazu passt der Graph g, der den y-Achsenabschnitt von 4 hat.
Bei der Sachsituation (B) handelt es sich um eine proportionale Zuordnung, da der doppelten Menge von Äpfeln der doppelte Preis zugeordnet wird. Hierzu passt der Graph h, der im Ursprung beginnt.

2 a) Der Graph schneidet die y-Achse an der Stelle 100.
Am Anfang sind 100 kg Futter vorhanden.

b) Der Graph schneidet die x-Achse an der Stelle 20.
Nach 20 Tagen ist das Futter aufgebraucht.

c) Bei der Funktionsgleichung $y = mx + t$ steht t für den y-Achsenabschnitt und m für die Steigung.
Aus a) ist bekannt: $t = 100$
Aus c) kann man folgern: $m = -5$
Die Funktionsgleichung lautet also: $y = -5x + 100$

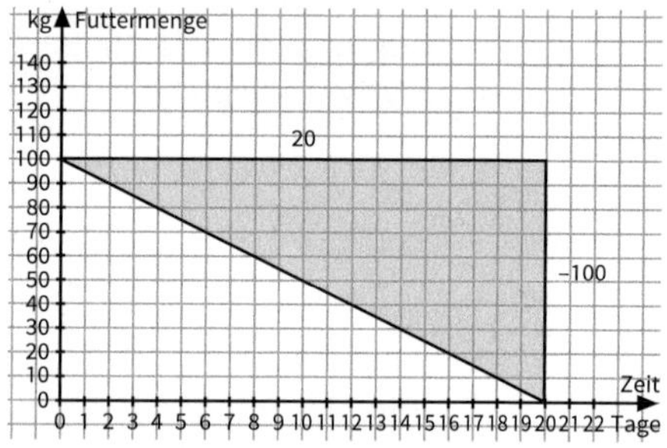

S. 23

3 *1. Schritt:*
Um die Graphen der beiden linearen Funktionen in ein Koordinatensystem einzuzeichnen, kann man aus den Funktionsgleichungen den y-Achsenabschnitt und die Steigung ablesen:
Bei $y = -3x + 4$ ist der y-Achsenabschnitt 4 und die Steigung -3.
Bei $y = 4x - 3$ ist der y-Achsenabschnitt -3 und die Steigung 4.

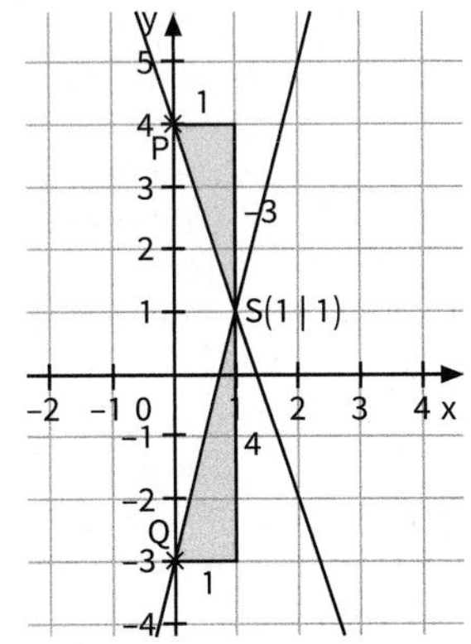

2. Schritt:
Dann stellt man die Steigungen als Bruch dar.

Bei $y = -3x + 4$: $m = -3 = \frac{-3}{1}$

Bei $y = 4x - 3$: $m = 4 = \frac{4}{1}$

3. Schritt:
Markiere jeweils den y-Achsenabschnitt und trage von dem markierten Punkt die zugehörige Steigung ab.
Bei $y = -3x + 4$: Gehe vom Punkt P (0 | 4) um 1 nach rechts und um 3 nach unten. Verbinde dann diesen Punkt mit dem Punkt P durch eine Gerade.
Bei $y = 4x - 3$: Gehe vom Punkt Q (0 | –3) um 1 nach rechts und um 4 nach oben. Verbinde dann diesen Punkt mit dem Punkt Q durch eine Gerade.
Den Schnittpunkt der beiden Graphen kannst du aus dem Koordinatensystem ablesen: S (1 | 1)

Geometrie (Übungsaufgaben)

S. 24

1 $a = 7\text{ cm}$; $b = 7\text{ cm} + 3\text{ cm} = 10\text{ cm}$
$A = 7\text{ cm} \cdot 10\text{ cm} = 70\text{ cm}^2$ $u = 2 \cdot 7\text{ cm} + 2 \cdot 10\text{ cm} = 34\text{ cm}$

2 Die folgende Tabelle zeigt alle ganzzahligen Möglichkeiten.

Breite	Länge
2 cm	10 cm
4 cm	8 cm
5 cm	7 cm
6 cm	6 cm
1 cm	11 cm
3 cm	9 cm

3 Man kann die Fläche in zwei Rechtecke zerlegen.
$A = 5\text{ m} \cdot 65\text{ m} + 8\text{ m} \cdot 35\text{ m} = 605\text{ m}^2$
$u = 5\text{ m} + 30\text{ m} + 8\text{ m} + 35\text{ m} + 13\text{ m} + 65\text{ m}$
$u = 156\text{ m}$

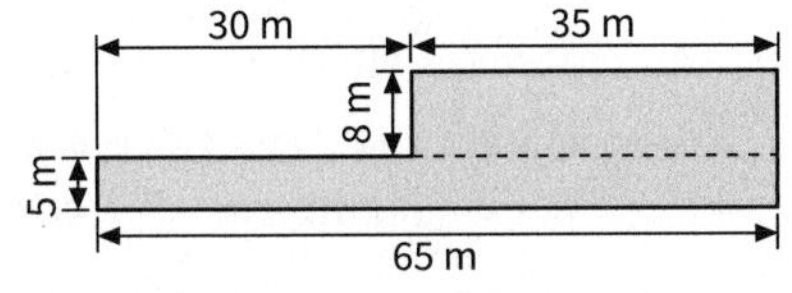

4 a) $A = 32\text{ m} \cdot 24\text{ m}$
$A = 768\text{ m}^2$

b) Wenn 1 m² 75 € kostet, dann kosten 768 m²
$75\text{ €} \cdot 768 = 57\,600\text{ €}$.

5 a) Es muss der Umfang des Sportplatzes berechnet und davon drei Meter abgezogen werden (3 Türen von je 1 m Breite).
$u - 3\text{ m} = 2 \cdot 45\text{ m} + 2 \cdot 26\text{ m} - 3\text{ m} = 139\text{ m}$ Es werden 139 m Zaun benötigt.

b) Flächeninhalt = Länge · Breite
$A = 26\text{ m} \cdot 45\text{ m} = 1\,170\text{ m}^2$ Es müssen 1 170 m² neu belegt werden.

S. 25

1 Gegeben: $r = 9{,}15\text{ m}$
Umfang: $u = 2 \cdot r \cdot \pi$ $u = 2 \cdot 9{,}15\text{ m} \cdot \pi \approx 57{,}49\text{ m}$
Flächeninhalt: $A = r^2 \cdot \pi$ $A = (9{,}15\text{ m})^2 \cdot \pi \approx 263\text{ m}^2$

S. 25

2 a) Der Durchmesser eines Reifens beträgt 26 Zoll. Dann ist $d = 26 \cdot 2{,}54\text{ cm} = 66{,}04\text{ cm}$.
Umfang: $u = d \cdot \pi$ $\quad u = 66{,}04\text{ cm} \cdot \pi \approx 207{,}5\text{ cm}$

b) Wenn der Reifen sich einmal dreht, legt das Rad eine Strecke zurück, die dem Umfang entspricht. Zu berechnen ist, wie oft der Umfang in den 4,6 km langen Schulweg passt.
Da 4,6 km = 4 600 m und 207,5 cm = 2,075 m, gilt:
4 600 m : 2,075 m = 2 217.
Jeder Reifen dreht sich auf dem Weg zur Schule ungefähr 2 200 mal.

3 a) Das Quadrat ist $6\text{ cm} \cdot 6\text{ cm} = 36\text{ cm}^2$ groß. Davon muss der Flächeninhalt des weißen Kreises subtrahiert werden. Dieser hat einen Durchmesser von 6 m und damit einen Radius von 3 cm.
Flächeninhalt des Kreises: $A_{Kreis} = r^2 \cdot \pi = (3\text{ cm})^2 \cdot \pi \approx 28{,}27\text{ cm}^2$
Inhalt der blauen Fläche: $36\text{ cm}^2 - 28{,}27\text{ cm}^2 = 7{,}73\text{ cm}^2$

b) Das Quadrat ist ebenfalls 36 cm^2 groß. Die kleinen Kreise haben einen Durchmesser von 3 cm und damit einen Radius von $r = 1{,}5\text{ cm}$.
Flächeninhalt der vier kleinen Kreise: $A = 4 \cdot r^2 \cdot \pi = 4 \cdot (1{,}5\text{ cm})^2 \cdot \pi \approx 28{,}27\text{ cm}^2$
Inhalt der blauen Fläche: $36\text{ cm}^2 - 28{,}27\text{ cm}^2 = 7{,}73\text{ cm}^2$

Die beiden blauen Flächen sind gleich groß.

4 a) Eine mittlere 34-cm-Pizza hat einen Radius von $r = 17\text{ cm}$ und einen Flächeninhalt von $A_{mittel} = r^2 \cdot \pi = (17\text{ cm})^2 \cdot \pi \approx 908\text{ cm}^2$.
Eine kleine 24-cm-Pizza hat einen Radius von $r = 12\text{ cm}$ und einen Flächeninhalt von $A_{klein} = r^2 \cdot \pi = (12\text{ cm})^2 \cdot \pi \approx 452\text{ cm}^2$. Das ist etwa halb so groß wie der Flächeninhalt der 34-cm-Pizza. Emily hat recht.
Die Mädchen sparen $2 \cdot 4{,}95\text{ €} - 6{,}95\text{ €} = 2{,}95\text{ €}$.

b) Die große 42-cm-Pizza hat einen Radius von $r = 21\text{ cm}$ und einen Flächeninhalt von $A_{groß} = r^2 \cdot \pi = (21\text{ cm})^2 \cdot \pi \approx 1\,385\text{ cm}^2$
1 cm^2 dieser Pizza kostet $10{,}95\text{ €} : 1\,385 \approx 0{,}0079\text{ €}$
1 cm^2 der mittleren Pizza kostet $6{,}95\text{ €} : 908\text{ cm}^2 \approx 0{,}0076\text{ €}$, ist also preiswerter.

S. 26

1 a) Der Mantel ist ein Rechteck mit der Höhe 7 cm. Die Länge entspricht dem Umfang eines Kreises.
Größe der Mantelfläche: $M = 2 \cdot r \cdot \pi \cdot h$ $\quad M = 2 \cdot 5\text{ cm} \cdot \pi \cdot 7\text{ cm} \approx 219{,}9\text{ cm}^2$

b) Die Oberfläche setzt sich aus den beiden Kreisen und der Mantelfläche zusammen.
Oberflächeninhalt: $O = 2 \cdot r^2 \cdot \pi + M$ $\quad O = 2 \cdot (5\text{ cm})^2 \cdot \pi + 219{,}9\text{ cm}^2 \approx 377\text{ cm}^2$

2 a) Der Mantel ist ein Rechteck, siehe nebenstehende Abbildung.
$M = 2 \cdot r \cdot \pi \cdot h$
$M = 2 \cdot 4\text{ cm} \cdot \pi \cdot 15\text{ cm}$
$M \approx 377\text{ cm}^2$

b) $O = 2G + M$ $\quad O = 2r^2 \cdot \pi + M$
$O \approx 2 \cdot (4\text{ cm})^2 \cdot \pi + 377\text{ cm}^2$ $\quad O \approx 477{,}5\text{ cm}^2$

c) Wegen $1\ l = 1\text{ dm}^3$ wird bei der Volumenberechnung mit der Einheit „dm" gearbeitet.
$r = 0{,}4\text{ dm}$; $\quad h = 1{,}5\text{ dm}$
$V = r^2 \cdot \pi \cdot h$ $\quad V = (0{,}4\text{ dm})^2 \cdot \pi \cdot 1{,}5\text{ dm}$ $\quad V \approx 0{,}754\text{ dm}^3$, also $V \approx 0{,}754\ l$

3 a) $1\,000\text{ ml} = 1\,000\text{ cm}^3$
Bei der Volumenberechnung wird deshalb mit der Einheit „cm" gearbeitet.
$r = 10{,}4\text{ cm} : 2 = 5{,}2\text{ cm}$; $h = 12\text{ cm}$
$V = r^2 \cdot \pi \cdot h$ $\quad V = (5{,}2\text{ cm})^2 \cdot \pi \cdot 12\text{ cm}$ $\quad V = 1\,019\text{ cm}^3 \approx 1\,000\text{ cm}^3$
Die Inhaltsangabe trifft zu.

b)

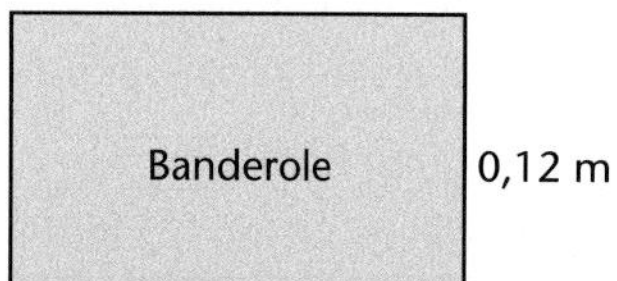

Da der Papierbedarf in „m²" angegeben werden soll, wird mit der Einheit „m" gerechnet. Die Banderole entspricht dem Mantel der zylinderförmigen Dose.
$M = 2 \cdot r \cdot \pi \cdot h = d \cdot \pi \cdot h$
$M = 0{,}104\text{ m} \cdot \pi \cdot 0{,}12\text{ m} \approx 0{,}039\text{ m}^2$
$50\,000 \cdot M = 50\,000 \cdot 0{,}039\text{ m}^2$
$M \approx 1\,950\text{ m}^2$
Es werden ungefähr $1\,950\text{ m}^2$ Papier benötigt.

S. 26

4 a) Der Umfang der kreisförmigen Grundfläche beträgt 1,5 dm = 15 cm.
Da u = dπ, folgt für den Durchmesser d:
$d = \frac{u}{\pi}$
$d = \frac{15\ \text{cm}}{\pi} \approx 4{,}77\ \text{cm},\ r \approx 2{,}39\ \text{cm}$

b) $V = r^2 \cdot \pi \cdot h \quad V = (2{,}39\ \text{cm})^2 \cdot \pi \cdot 8\ \text{cm} \quad V \approx 143{,}56\ \text{cm}^3$

c) $m = 143{,}56\ \text{cm}^3 \cdot 8{,}9\ \frac{\text{g}}{\text{cm}^3} \quad m \approx 1278\ \text{g}$

S. 27

1 $V = 2\ \text{m} \cdot 4{,}5\ \text{m} \cdot 5\ \text{m} \qquad V = 45\ \text{m}^3$

2 Da 1 *l* = 1 dm^3 gilt, rechnet man am besten in der Einheit dm.
$V = 8\ \text{dm} \cdot 4{,}5\ \text{dm} \cdot 5{,}5\ \text{dm}$ Höhe: 6 dm – 0,5 dm = 5,5 dm
$V = 198\ \text{dm}^3 = 198\ l$
Es befinden sich 198 *l* Wasser im Aquarium.

3 Das Schwimmbecken ist 8 · 1,50 m, also 12 m breit. Für die Wassermenge gilt die Formel für das Volumen eines Quaders: $25\ \text{m} \cdot 12\ \text{m} \cdot h = 750\ \text{m}^3$
Die Höhe h entspricht hier der Wassertiefe, sodass man diese Gleichung nach h umstellen kann.
$300\ \text{m}^2 \cdot h = 750\ \text{m}^3 \quad |: 300\ \text{m}^2$
$h = \frac{750\ \text{m}^3}{300\ \text{m}^2}$
$h = 2{,}5\ \text{m}$

Das Schwimmbecken ist 2,5 m tief.

4 a) großer Karton: $V_{groß} = 23\ \text{cm} \cdot 17\ \text{cm} \cdot 10{,}1\ \text{cm} = 3\,949{,}1\ \text{cm}^3$
mittlerer Karton: $V_{mittel} = 15\ \text{cm} \cdot 11\ \text{cm} \cdot 7{,}3\ \text{cm} = 1\,204{,}5\ \text{cm}^3$
kleiner Karton: $V_{klein} = 7\ \text{cm} \cdot 5\ \text{cm} \cdot 4{,}5\ \text{cm} = 157{,}5\ \text{cm}^3$

b) Auf den Boden des großen Kartons kann man neun von den kleinen Kartons legen (siehe Skizze). Darüber passt noch eine Schicht kleiner Kartons, also passen insgesamt 18 kleine Kartons in den großen.

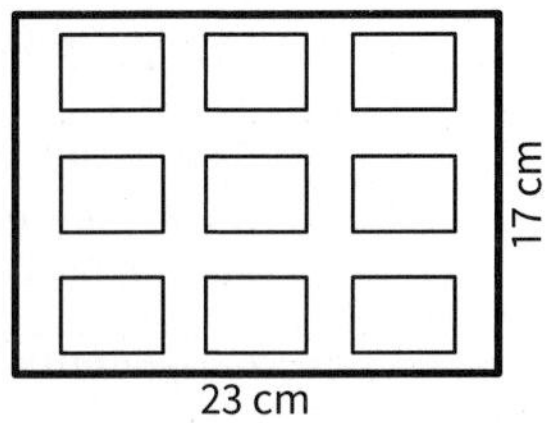

5 ① Man findet die Lösung durch Probieren:

Breite	Länge	Höhe	Volumen
1 cm	2 cm	3 cm	6 cm^3
2 cm	4 cm	6 cm	48 cm^3

② Man kann die Breite x nennen, dann beschreiben die Terme 2x die Länge und 3x die Höhe – und es gilt die Gleichung:
$x \cdot 2x \cdot 3x = 48$
$6x^3 = 48 \quad |:6$
$x^3 = 8$
$x = 2$

Beide Wege führen zur Lösung: Der Quader ist 2 cm breit.

S. 28

1 Der Winkel ∢AMC ergänzt die beiden Winkel 46° und 52° zur Winkelsumme 180°.
∢AMC = 180° – 46° – 52° = 180° – 98° ∢AMC = 82°

2 a) Es gilt: 90° + 38° + γ = 180°, der fehlende Winkel beträgt also γ = 180° – 90° – 38° = 52°.

b) In einem gleichschenkligen Dreieck sind die Basiswinkel gleich groß, also β = 75°. Zusammen betragen sie 150°. Um auf 180° zu kommen, muss der fehlende Winkel γ also 30° groß sein.

3 Es gilt $\beta = \alpha + 20°$ und $\gamma = \beta + 26°$, also $\gamma = \alpha + 20° + 26° = \alpha + 46°$
$\alpha + \beta + \gamma = 180°$
$\alpha + (\alpha + 20°) + (\alpha + 46°) = 180°$
$3\alpha + 66° = 180° \quad |-66°$
$3\alpha = 114° \quad |:3$
$\alpha = 38°$
$\beta = 58°\ (38° + 20°) \qquad \gamma = 84°\ (58° + 26°)$

Man könnte auch probieren, z. B. $\alpha = 40° \rightarrow \beta = 60°$ und $\gamma = 86°$; $40° + 60° + 86° = 186°\ (> 180°)$
$\alpha = 35° \rightarrow \beta = 55°$ und $\gamma = 81°$; $35° + 55° + 81° = 171°\ (< 180°)$

Es muss $35° < \alpha < 40°$ gelten. Durch weiteres Probieren kommt man auf die Lösung $\alpha = 38°$

S. 28

4 Im Parallelogramm sind gegenüberliegende Winkel gleich groß. Man kann das begründen über den Stufenwinkelsatz und den Wechselwinkelsatz (s. Zeichnung)
Der Winkel β im Parallelogramm ist ein Nebenwinkel zu 50°, also 180° – 50° = 130° groß. Der gegenüberliegende Winkel δ ist dann ebenfalls 130° groß.

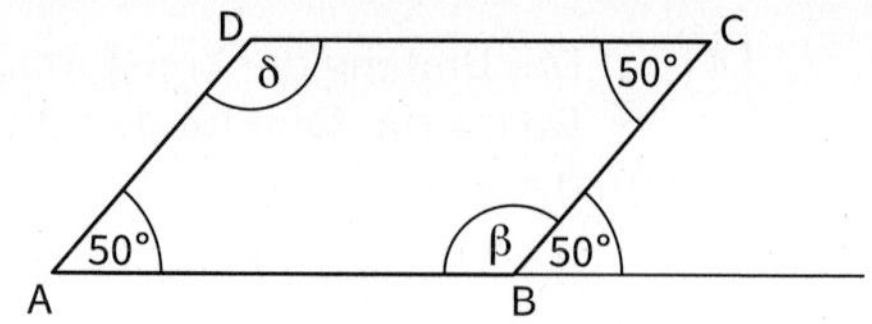

Ein anderer Lösungsweg benutzt, dass die Summe der Innenwinkel in einem Viereck 360° beträgt. Subtrahiert man davon die Summe der beiden spitzen Winkel (50° + 50° = 100°), erhält man die Summe der beiden stumpfen Winkel: 360° – 100° = 260°. Da beide Winkel gleich groß sind, ist jeder Winkel 130° groß.

5 Da in einem Viereck für die Summe der Innenwinkel gilt: $\alpha + \beta + \gamma + \delta = 360°$, folgt:
$\delta = 360° - 60° - 114° - 105° \rightarrow \delta = 81°$.

S. 29

1 a) Die Figur kann in zwei Rechtecke zerlegt werden. Das untere ist 18 mm lang und 6 mm breit, hat also einen Flächeninhalt von $A_1 = 18\text{ mm} \cdot 6\text{ mm} = 108\text{ mm}^2$. Das obere Rechteck hat die Seitenlängen 12 mm und 3 mm und den Flächeninhalt $A_2 = 12\text{ mm} \cdot 3\text{ mm} = 36\text{ mm}^2$. Damit hat die gesamte Figur den Flächeninhalt $A = 108\text{ mm}^2 + 36\text{ mm}^2 = 144\text{ mm}^2$.

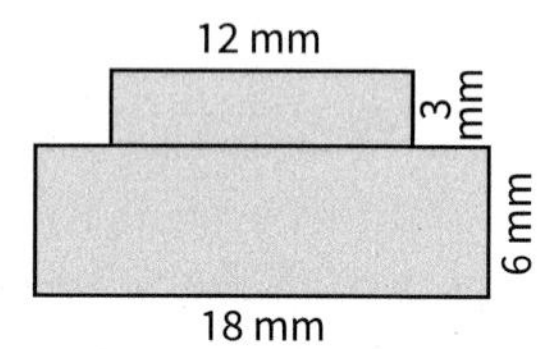

b) Das große Rechteck hat die Seitenlängen 18 mm und 6 mm + 3 mm = 9 mm. Es hat einen Flächeninhalt von $A_R = 18\text{ mm} \cdot 9\text{ mm} = 162\text{ mm}^2$. Davon müssen die beiden Quadratflächen subtrahiert werden. Diese haben jeweils einen Flächeninhalt von $(3\text{ mm})^2 = 9\text{ mm}^2$. Der Flächeninhalt der gefärbten Figur ist dann $A = 162\text{ mm}^2 - 2 \cdot 9\text{ mm}^2 = 144\text{ mm}^2$.

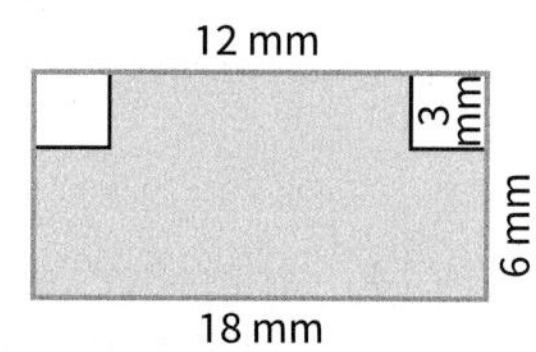

2 a) Es handelt sich um ein Parallelogramm mit der Grundseite g = 2 cm + 4 cm = 6 cm und der Höhe h = 4 cm. Sein Flächeninhalt beträgt $A = g \cdot h = 6\text{ cm} \cdot 4\text{ cm} = 24\text{ cm}^2$.
Für die fehlende Seitenlänge c gilt nach dem Satz des Pythagoras

$c = \sqrt{(2\text{ cm})^2 + (4\text{ cm})^2} = \sqrt{20\text{ cm}^2} \approx 4{,}5\text{ cm}$

Der Umfang beträgt damit $u = 2 \cdot 6\text{ cm} + 2 \cdot 4{,}5\text{ cm} = 21\text{ cm}$.

b) Es handelt sich um ein symmetrisches Trapez mit a = 42,8 cm, c = 37,5 cm und h = 15 cm. Der Flächeninhalt ist

$A = \frac{a + c}{2} \cdot h = \frac{42{,}8\text{ cm} + 37{,}5\text{ cm}}{2} \cdot 15\text{ cm} = 602{,}25\text{ cm}^2$

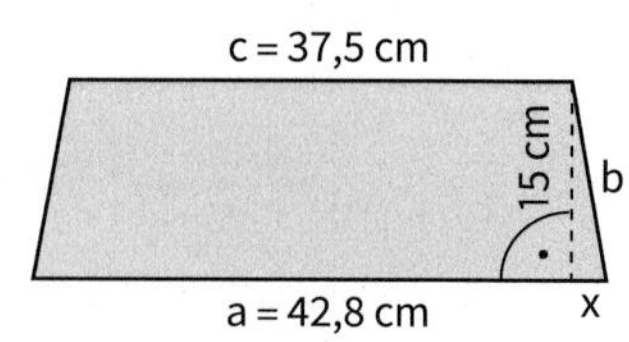

Für den Umfang wird die Länge der Seite b mit dem Satz des Pythagoras berechnet. Für die Kathete x gilt:
$x = (42{,}8\text{ cm} - 37{,}5\text{ cm}) : 2 = 2{,}65\text{ cm}$.

$b = \sqrt{(2{,}65\text{ cm})^2 + (15\text{ cm})^2} \approx 15{,}23\text{ cm}$

Der Umfang beträgt damit $u = 2 \cdot 15{,}23\text{ cm} + 42{,}8\text{ cm} + 37{,}5\text{ cm} = 110{,}76\text{ cm}$.

c) Es handelt sich um ein gleichschenkliges Dreieck mit einer Grundseite g = 1,5 cm + 1,5 cm = 3 cm und einer Höhe h = 1 cm. Der Flächeninhalt ist

$A = \frac{g \cdot h}{2} = \frac{3\text{ cm} \cdot 1\text{ cm}}{2} = 1{,}5\text{ cm}^2$.

Im rechten Teildreieck gilt mit dem Satz des Pythagoras:

$a = \sqrt{(1{,}5\text{ cm})^2 + (1\text{ cm})^2} \approx 1{,}8\text{ cm}$.

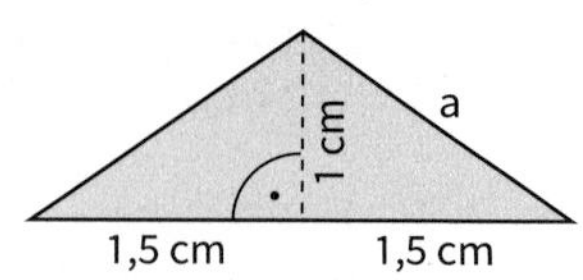

Der Umfang beträgt: $u = 3\text{ cm} + 2 \cdot 1{,}8\text{ cm} = 6{,}6\text{ cm}$.

d) Es handelt sich um eine Raute. Alle vier Seiten sind gleich lang und die Diagonalen halbieren sich in der Mitte. Für die Seitenlänge gilt nach dem Satz des Pythagoras:

$a = \sqrt{(3\text{ m})^2 + (4\text{ m})^2} = 5\text{ m}$.

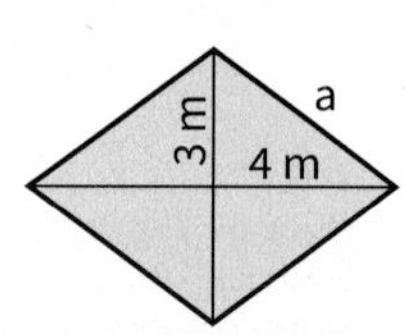

Der Umfang beträgt $u = 4 \cdot 5\text{ cm} = 20\text{ cm}$.
Die vier Teildreiecke haben jeweils den Flächeninhalt $A_\Delta = \frac{4\text{ m} \cdot 3\text{ m}}{2} = 6\text{ m}^2$. Die Raute hat einen Flächeninhalt von $4 \cdot 6\text{ m}^2 = 24\text{ m}^2$.

S. 30

1 und 2

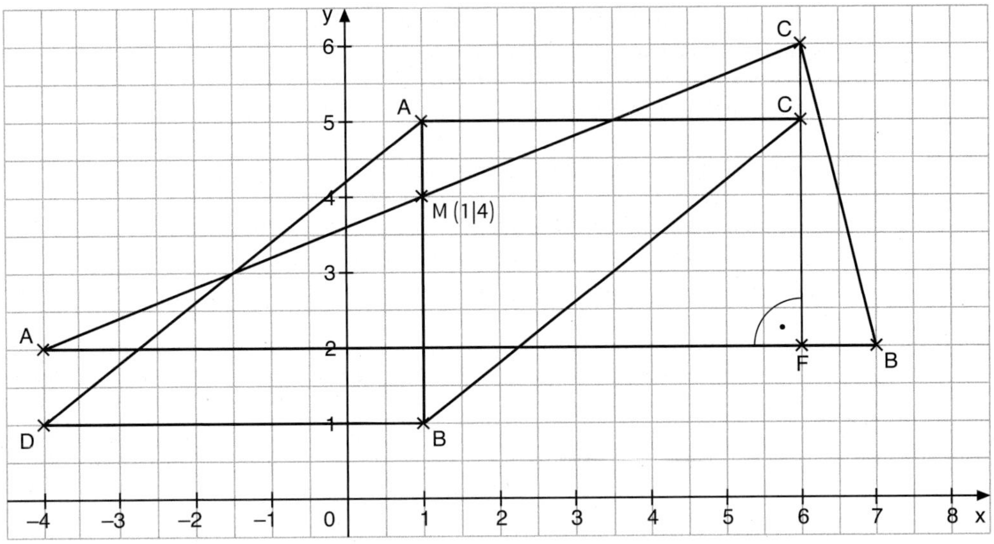

1 a) Das Dreieck ist ein halbes Rechteck: $A_\Delta = \frac{4\text{ cm} \cdot 5\text{ cm}}{2} = 10\text{ cm}^2$.

b) s. Zeichnung

c) ABCD ist ein Parallelogramm. Der Flächeninhalt beträgt $A = g \cdot h = 5\text{ cm} \cdot 4\text{ cm} = 20\text{ cm}^2$.

2 a) Da die Teildreiecke AFC und FBC rechtwinklig sind, kann man die Strecken $\overline{AC}$ und $\overline{BC}$ auch mit dem Satz des Pythagoras berechnen.

$\overline{AC} = \sqrt{\overline{AF}^2 + \overline{FC}^2} = \sqrt{(10\text{ cm})^2 + (4\text{ cm})^2} \approx 10{,}8\text{ cm}$

$\overline{BC} = \sqrt{\overline{FB}^2 + \overline{FC}^2} = \sqrt{(1\text{ cm})^2 + (4\text{ cm})^2} \approx 4{,}1\text{ cm}$

Da außerdem $\overline{AB} = 11$ cm lang ist, beträgt der Umfang: $u = 11\text{ cm} + 10{,}8\text{ cm} + 4{,}1\text{ cm} = 25{,}9\text{ cm}$.

b) M(1 | 4)

c) (1) ΔABC: $A_1 = \frac{11\text{ cm} \cdot 4\text{ cm}}{2} = 22\text{ cm}^2$

(2) ΔABM: $A_2 = \frac{11\text{ cm} \cdot 2\text{ cm}}{2} = 11\text{ cm}^2$

(3) ΔBCM: $A_3 = A_1 - A_2 = 11\text{ cm}^2$

Daten und Zufall (Übungsaufgaben)

S. 31

1 a) Daten der Größe nach geordnet: 65,80 €; 84,30 €; 99,70 €; 107,20 €; 111,40 €
Spannweite ist die Differenz zwischen größtem und kleinstem Wert:
111,40 – 65,80 € = 45,60 €.
Der Zentralwert ist bei ungerader Anzahl der Wert in der Mitte: 99,70 €
arithmetisches Mittel:

$\frac{65{,}80\text{ €} + 84{,}30\text{ €} + 99{,}70\text{ €} + 107{,}20\text{ €} + 111{,}40\text{ €}}{5} = 93{,}68\text{ €}$

b) Daten der Größe nach geordnet: 4,20 m; 4,50 m; 4,60 m; 4,80 m; 5,10 m; 5,30 m
Spannweite: 5,30 m – 4,20 m = 1,10 m
Der Zentralwert ist bei gerader Anzahl der Mittelwert der beiden Werte links und rechts von der Mitte:

$\frac{4{,}60\text{ m} + 4{,}80\text{ m}}{2} = 4{,}70\text{ m}$

arithmetisches Mittel:

$\frac{4{,}20\text{ m} + 4{,}50\text{ m} + 4{,}60\text{ m} + 4{,}80\text{ m} + 5{,}10\text{ m} + 5{,}30\text{ m}}{6} = 4{,}75\text{ m}$

2 Zunächst ist es sinnvoll, die Gewichte der Größe nach zu ordnen:
54,5 kg; 56,8 kg; 67,5 kg; 72,2 kg; 73,8 kg; 78,2 kg; 78,5 kg; 81,4 kg; 84,3 kg; 93,4 kg; 96 kg; 98,6 kg
Das arithmetische Mittel (Summe aller 12 Gewichte, geteilt durch 12) ist $77{,}9\overline{3}$ kg.
Der Durchschnitt von 80 kg wird also unterschritten.

S. 31

3 In der Liste der Laufzeiten sind 5 Werte größer als 4 h 10 min, ein Wert ist kleiner. Damit 4 h 10 min der Median der Laufzeiten wird, müssen 4 Werte hinzugefügt werden, die kleiner als 4 h 10 min, also noch vier, selbst ausgedachte Zeiten unter 4 h 10 min, z. B. 2 h 40 min, 2 h 55 min, 3 h 10 min, 4 h 5 min.

S. 32

1 Man kann anhand der abgebildeten Skala die Werte für die verschiedenen Bereiche ungefähr ablesen.

Bekleidung:	42 %	$0{,}42 \cdot 128{,}6$ Mio. € ≈ 54,0 Mio. €
Elektrogeräte:	10 %	$0{,}10 \cdot 128{,}6$ Mio. € ≈ 12,9 Mio. €
Spielwaren:	20 %	$0{,}20 \cdot 128{,}6$ Mio. € ≈ 25,7 Mio. €
Lebensmittel:	28 %	$0{,}28 \cdot 128{,}6$ Mio. € ≈ 36,0 Mio. €

2 Auf der Hochachse steht 1 cm für 100 Schülerinnen/Schüler. Gerundet sind die Säulen also 3,9 cm, 2,5 cm, 2,1 cm und 1 cm hoch.

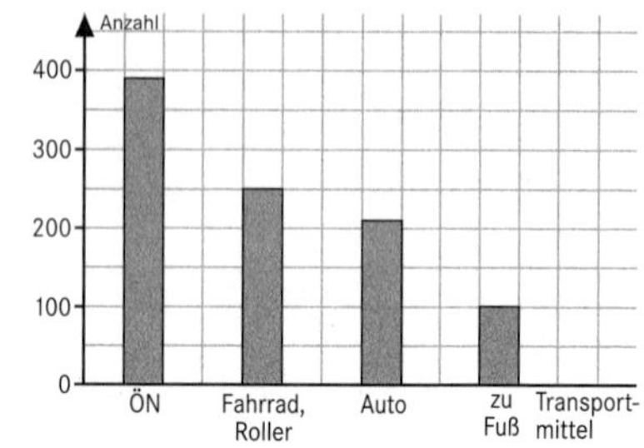

3 Um den Anteil einer Verbrauchsart am Gesamtverbrauch zu berechnen, wird die Literzahl durch 126 dividiert, z. B. $\frac{45}{126} = 0{,}36 = 36\,\%$.

126 Liter entsprechen 100 %.

Wenn der Streifen 10 cm lang ist (= 100 mm), entspricht jedes Prozent 1 mm.

Verbrauchsart	Verbrauch	Anteil
Baden/Duschen	45	ca. 36 %
Toilette	34	ca. 27 %
Wäsche	15	ca. 12 %
Sonstiges	32	ca. 25 %

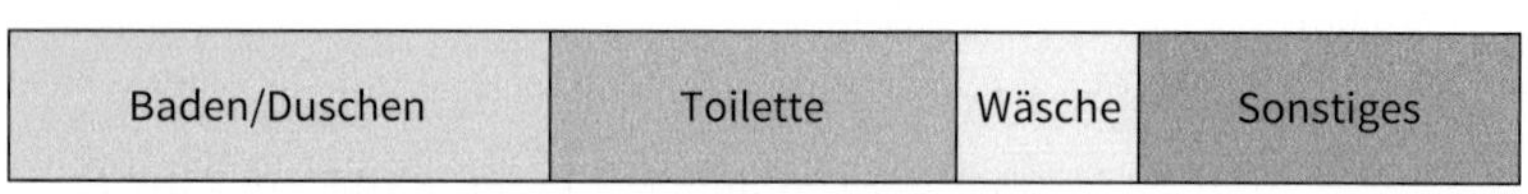

S. 33

1 $\text{Wahrscheinlichkeit} = \frac{\text{Anzahl der günstigen Ergebnisse}}{\text{Anzahl der möglichen Ergebnisse}}$

a) A: Günstige Ergebnisse: 2; 4; 6 — $P(A) = \frac{3}{6} = \frac{1}{2}$

B: Günstige Ergebnisse: 5; 6 — $P(B) = \frac{2}{6} = \frac{1}{3}$

C: Günstige Ergebnisse: 6 — $P(C) = \frac{1}{6}$

b) Das Ereignis muss zwei günstige Ergebnisse haben, z. B. Augenzahl ist kleiner als 3 (günstig: 1;2).

2 Das Skatblatt hat 32 Karten.

(1) 4 Damen, also $P(\text{Dame}) = \frac{4}{32} = \frac{1}{8} = 12{,}5\,\%$

(2) 16 schwarze Karten, also $P(\text{schwarze Karte}) = \frac{16}{32} = \frac{1}{2} = 50\,\%$

(3) 8 Pik-Karten, also $P(\text{Pik-Karte}) = \frac{8}{32} = \frac{1}{4} = 25\,\%$

(4) 4 Buben und 4 Asse, also $P(\text{Bube oder Ass}) = \frac{8}{32} = \frac{1}{4} = 25\,\%$

(5) 8 schwarze Zahlen, also $P(\text{keine schwarze Zahl}) = \frac{24}{32} = \frac{3}{4} = 75\,\%$

(6) 16 rote Karten abzüglich 2 Buben, also $P(\text{rote Karte, aber kein Bube}) = \frac{14}{32} = \frac{7}{16} = 43{,}75\,\%$

3 100 % ≙ 360°
1 % ≙ 3,6°

Farbe	Winkel	Wahrscheinlichkeit
rot	90°	25 %
gelb	144°	40 %
blau	126°	35 %

360° – 90° – 144° | 144° : 3,6 | 100 % – 25 % – 40 %

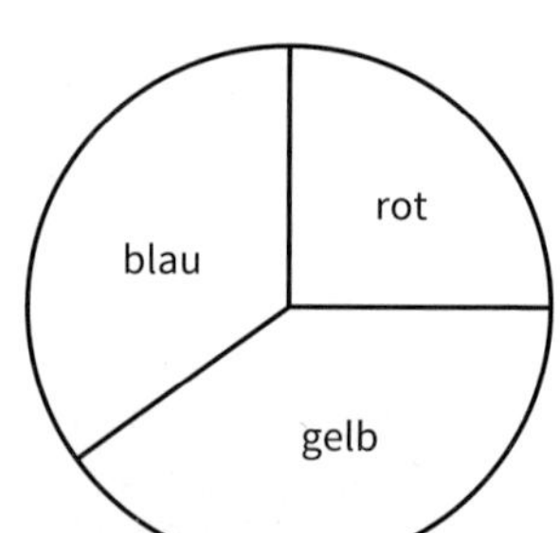

Abschlusstest Teil 1 Basisaufgaben

S. 34

1 Rechnen und Ordnen

a) (1) $(2 + 3 \cdot 4) : 28 = 0{,}5$ (2) $2{,}4 - 3{,}2 = -0{,}8$ (3) $5^2 : 100 = 0{,}25$

(4) $-\frac{1}{8} + \frac{1}{4} - \frac{1}{2} = -\frac{3}{8}$ (5) $1{,}5 - \frac{3}{4} = 0{,}75$ (6) $\frac{60 : 4 - 3}{1 + 2 + 3 + 4} = \frac{12}{10} = \frac{6}{5} = 1\frac{1}{5}$

b)

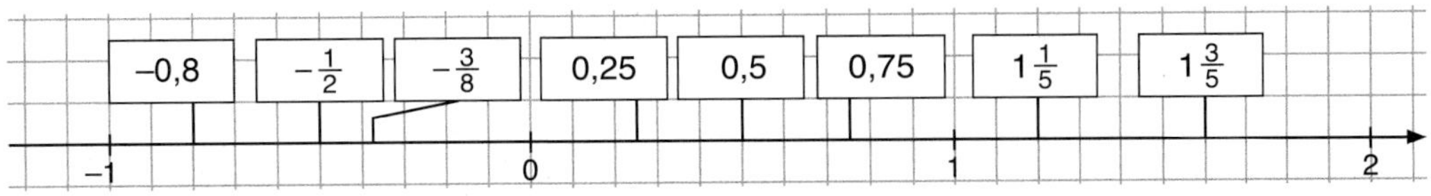

2 Quadrat und Rechteck

a) u = Summe aller Seitenlängen
Seitenlänge: $\sqrt{36\text{ cm}^2} = 6$ cm
$u = 4 \cdot 6$ cm $= 24$ cm

b) Der Flächeninhalt ist das Produkt der beiden Seitenlängen. Gesucht sind deshalb alle Paare von zwei Seitenlängen a und b, deren Produkt 36 cm^2 beträgt. Ganzzahlige Möglichkeiten sind z. B. a = 1 cm, b = 36 cm; a = 2 cm, b = 18 cm; a = 3 cm, b = 12 cm usw.

3 Abschlussfahrt

a) Für Venedig ist jeder Vierte, das sind 20 Schülerinnen und Schüler (80 : 4 = 20).
20 % sind für Paris, das sind 16 Schülerinnen und Schüler ($80 \cdot 0{,}2 = 16$).
Nach London oder Prag wollen somit 80 – 20 – 16 = 44 Schülerinnen und Schüler.
Diese teilen wir im Verhältnis 3 : 1 auf:
44 : 4 = 11 $11 \cdot 3 = 33$ (London)
$11 \cdot 1 = 11$ (Prag)

Nach London wollen 33 Schülerinnen und Schüler, nach Prag 11.

b) Venedig: $\frac{1}{4} = 25\,\%$

Paris: 20 %

London: 33 von 80 $= \frac{33}{80} = 0{,}4125 \approx 41\,\%$

Prag: 11 von 80 $= \frac{11}{80} = 0{,}1375 \approx 14\,\%$

	relative Häufigkeit (in %)
Venedig	25 %
Paris	20 %
London	41 %
Prag	14 %

c) Das Streifendiagramm ist insgesamt 10 cm lang, sodass 1 mm genau 1 % entspricht.

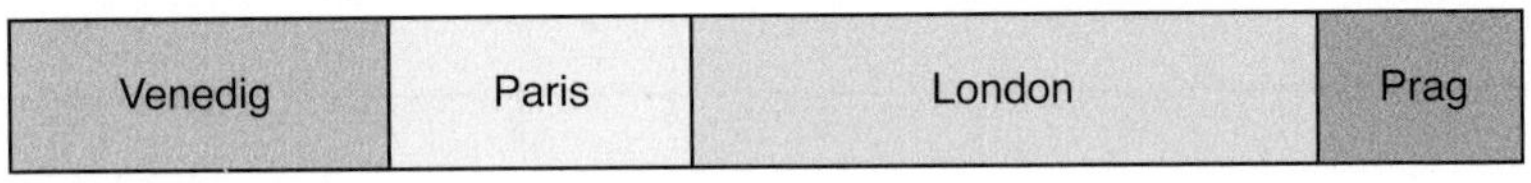

S. 35

4 Punkte

Ein Punkt (x | y), der zur Gerade der Funktion gehört, erfüllt die Gleichung. Um die Aufgabe zu lösen, setzen wir die Koordinaten der zur Auswahl stehenden Punkte in die Gleichung ein. Ergibt sich eine wahre Aussage, verläuft die Gerade durch diesen Punkt.

Punkt (x | y)	eingesetzt in $y = -x + 3$	
(0 | 0)	$0 = 0 + 3$	falsch
(1 | 3)	$3 = -1 + 3$	falsch
(9 | –6)	$-6 = -9 + 3$	wahr
(3 | 0)	$0 = -3 + 3$	wahr
(–6 | –10)	$-10 = 6 + 3$	falsch
(0 | 3)	$3 = 0 + 3$	wahr
(5 | 5)	$5 = -5 + 3$	falsch
(9 | 12)	$12 = -9 + 3$	falsch

Die Punkte (0 | 3), (9 | –6) und (3 | 0) liegen auf der Geraden.

S. 35

5 **Wochenendfahrt**

Bei halber Geschwindigkeit braucht er die doppelte Zeit und bei doppelter Geschwindigkeit die halbe Zeit. Die Zuordnung Geschwindigkeit → Zeit ist also antiproportional.

a) $\cdot 2$ (4 h → 90 $\frac{km}{h}$) $: 2$
8 h → 45 $\frac{km}{h}$

Die Durchschnittsgeschwindigkeit beträgt 45 $\frac{km}{h}$.

b) $: 3$ (90 $\frac{km}{h}$ → 4 h) $\cdot 3$
$\cdot 4$ (30 $\frac{km}{h}$ → 12 h) $: 4$
120 $\frac{km}{h}$ → 3 h

Bei 120 $\frac{km}{h}$ fährt er drei Stunden.

6 **Zuordnungen**

1: Verdoppelt man die Wandfläche, so verdoppelt sich auch die benötigte Farbe; also p.
2: Die erzielten Tore nehmen nicht gleichmäßig mit der Spieldauer zu; also k.
3: Die Verdoppelung des Geldbetrages führt auch zu einer Verdoppelung der Zinsen; also p.
4: Verdoppelt man die Anzahl der leistungsgleichen Wasserpumpen, so halbiert sich die Dauer, bis das Becken gefüllt ist; also a.
5: Die Anzahl der umgerissenen Bäume steigt zwar meist mit der Windgeschwindigkeit, aber nicht proportional; also k.

7 **Dreieck im Koordinatensystem**

a)

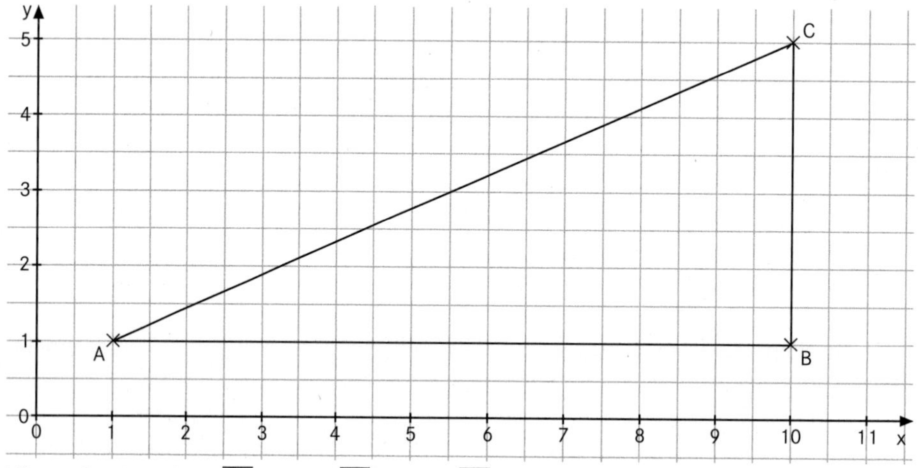

b) Länge der Strecken: $\overline{AB} = 9$ cm, $\overline{BC} = 4$ cm, $\overline{AC} \approx 9{,}8$ cm (gemessen)
Die Länge der Strecke $\overline{AC}$ kann man auch mit dem Satz des Pythagoras berechnen.

$(\overline{AC})^2 = (\overline{AB})^2 + (\overline{BC})^2$
$= (9\text{ cm})^2 + (4\text{ cm})^2$
$= 97\text{ cm}^2$
$\overline{AC} \approx 9{,}85\text{ cm}$

u = Summe aller Seitenlängen
u = 9 cm + 4 cm + 9,8 cm = 22,8 cm

S. 36

8 **Mensch ärgere Dich nicht**

Für jede Zahl des sechseitigen Würfels beträgt die Wahrscheinlichkeit $\frac{1}{6}$.

a) Damit Emil genau auf das oberste Zielfeld kommt, muss er eine „5" würfeln. Hierfür beträgt die Wahrscheinlichkeit $\frac{1}{6}$.

b) Damit Emil zumindest auf ein sicheres Zielfeld kommt, muss er eine der vier Zahlen „2", „3", „4" oder „5" würfeln.
Günstige Ergebnisse sind: {2, 3, 4, 5}   Mögliche Ergebnisse sind: {1, 2, 3, 4, 5, 6}
Um die Wahrscheinlichkeit dafür zu bestimmen, muss man nun die Anzahl der günstigen Ergebnisse durch die Anzahl der möglichen Ergebnisse teilen; also erhält man $\frac{4}{6}$ oder gekürzt $\frac{2}{3}$ als Wahrscheinlichkeit.

S. 36

9 Kinobesucher

a) arithmetisches Mittel: $\frac{(625 + 745 + 820 + 655 + 423 + 388 + 495)}{7} = \frac{4151}{7} = 593$

b) Nein, die Aussage stimmt nicht. Um den Zentralwert zu bestimmen, muss man die Daten erst der Größe nach sortieren: 388, 423, 495, 625, 655, 745, 820.
Die mittlere Zahl in der sortierten Reihe ist der Zentralwert, hier: 625.

10 Größen ordnen

a) Flächen-Angaben erkennt man an „Quadrat-Maßeinheiten"; („hoch 2").
Von den 8 angegebenen Größen sind drei Flächen-Angaben:
$200\ mm^2$ $0{,}1\ m^2$ $20\ cm^2$

b) Zur Erinnerung: $1\ m^2 = 100 \cdot 100\ cm^2 = 10\,000\ cm^2$; $0{,}1\ m^2 = 1\,000\ cm^2$
$1\ cm^2 = 10 \cdot 10\ mm^2 = 100\ mm^2$; $200\ mm^2 = 2\ cm^2$
also: $200\ mm^2 < 20\ cm^2 < 0{,}1\ m^2$

11 Gleichungen und Graphen

Die im Koordinatensystem abgebildeten Graphen sind Geraden, also Graphen von linearen Funktionen mit der allgemeinen Form $y = m \cdot x + t$.
Dabei gibt m die Steigung und t den Schnittpunkt des Graphen mit der y-Achse an. Ist m größer als Null, steigt der Funktionsgraph von links nach rechts an. Dies trifft auf die Graphen g_2 und g_3 zu.
Ist m kleiner als Null, fällt der Funktionsgraph von links nach rechts. Dies trifft auf den Graphen g_1 zu.
Der Graph g_1 fällt und schneidet die y-Achse im Punkt (0|0), also ist $m < 0$ und $t = 0$. Dies trifft nur auf eine der angebotenen Gleichungen zu, nämlich auf $y = -x$.
Der Graph g_2 steigt und schneidet die y-Achse im Punkt (0|1), also ist $m > 0$ und $t = 1$. Zu g_2 gehört also die Funktionsgleichung $y = 4x + 1$.
Der Graph g_3 steigt und schneidet die y-Achse im Punkt (0|0), also ist $m > 0$ und $t = 0$. Dies trifft nur auf eine der angegebenen Funktionsgleichungen zu. Zu g_3 gehört also $y = 2x$.
Richtig ist also:

g_3	$y = 2x$
—	$y = -2x - 1$
g_1	$y = -x$

—	$y = x + 4$
g_2	$y = 4x + 1$
—	$y = -x + 4$

S. 37

12 Netz eines Körpers

a) Quader

b) $V = a \cdot b \cdot c$
$= 5\ cm \cdot 3\ cm \cdot 3\ cm$
$= 45\ cm^3$

c) $m = 45\ cm^3 \cdot 2{,}7\ \frac{g}{cm^3}$
$m = 121{,}5\ g$

13 Winkelberechnung im Dreieck

$\alpha + \beta + 98° = 180°$, also $\alpha + \beta = 180° - 98° = 82°$
Wären α und β gleich groß, würde jeder Winkel 41° (82° : 2) messen.
Da aber α um 10° größer ist als β, müssen jeweils 5° von 41° abgezogen bzw. zu 41° addiert werden.
$\alpha = 41° + 5°$ $\beta = 41° - 5°$
$\alpha = 46°$ $\beta = 36°$
Beide Winkel sind zusammen 82° groß, und α ist um 10° größer als β.

14 Fass

Das Fass hat die Form eines Zylinders.
Für Zylinder mit dem Radius r und der Höhe h gilt:
$V = r^2 \cdot \pi \cdot h$ oder $V = (3\ dm)^2 \cdot \pi \cdot 8\ dm$
$V = (30\ cm)^2 \cdot \pi \cdot 80\ cm$ $V \approx 226{,}19\ dm^3$
$V \approx 226\,194{,}7\ cm^3$ $1\ l = 1\ dm^3$
Dies entspricht etwa 226,19 *l*.

S. 37

15 Größen bestimmen

Ladevolumen eines Lasters: Der Ladebereich kann als Quader z. B. mit den Maßen: Breite 2,5 m, Höhe 2,5 m, Länge 8 m geschätzt werden. Als Volumen ergibt sich daraus $2{,}5\text{ m} \cdot 2{,}5\text{ m} \cdot 8\text{ m} = 50\text{ m}^3$. Da $1\text{ m}^3 = 1\,000\ l$ gilt, muss $50\,000\ l$ angekreuzt werden.

Länge eines Springseils: Die Länge eines Springseils muss länger sein als die Körpergröße (bzw. als zweimal die halbe Körpergröße). Es muss aber kürzer als 5 m sein, sonst kann es nicht zum Springen benutzt werden. Entsprechend kann die Länge des Seils auf ungefähr 2,5 m geschätzt werden, was 25 dm entspricht (Für die anderen Längen gilt: 250 000 mm = 250 m; 2 500 cm = 0,025 km = 25 m).

Fläche eines Handballfeldes: Die Maße des Handballfeldes können mit 20 m Breite und 40 m Länge geschätzt werden, sodass sich ein Flächeninhalt von 800 m^2 ergibt (Für die anderen Flächeninhalte gilt: $80\,000\text{ cm}^2 = 8\text{ m}^2$; $8000\text{ dm}^2 = 80\text{ m}^2$; $0{,}8\text{ km}^2 = 800\,000\text{ m}^2$).

S. 38

16 Gleichung

a) In die Gleichung setzt man für x die Zahl 7 ein und rechnet:

$y = 20 - 5 \cdot (7 - 6)$
$y = 20 - 5 \cdot 1$
$y = 15$

Für x = 7 beträgt der y-Wert 15.

b) Man setzt für y die Zahl 0 ein und löst die Gleichung:

$$\begin{aligned} 0 &= 20 - 5 \cdot (x - 6) && \mid -20 \\ -20 &= -5 \cdot (x - 6) && \mid :(-5) \\ 4 &= x - 6 && \mid +6 \\ 10 &= x \end{aligned}$$

Für y = 0 beträgt der x-Wert 10.

17 Prozente

a) *1. Methode:* 10 % von 130 € sind 13 €, 40 % sind dann 4 · 13 € = 52 €.

2. Methode:
100 % → 130 €
1 % → 1,30 €
40 % → 52 €

3. Methode:
130 € · 40 % = 130 € · 0,4 = 52 €

b) *1. Methode:*
4 % → 12 kg
1 % → 3 kg
100 % → 300 kg

2. Methode: $G \cdot 4\,\% = 12\text{ kg}$
also: $G \cdot 0{,}04 = 12\text{ kg} \quad \mid :0{,}04$
$G = 300\text{ kg}$

3. Methode: $W = G \cdot p\,\% = G \cdot \frac{p}{100}$
umformen: $W \cdot \frac{100}{p} = G$
einsetzen: $G = 12\text{ kg} \cdot \frac{100}{4} = 300\text{ kg}$

c) *1. Methode:* 24 cm von 6 m bzw. 24 cm von 600 cm?
6 cm sind 1 % von 600 cm, dann sind 24 cm genau viermal so viel, also 4 % von 600 cm bzw. 4 % von 6 m.

2. Methode:
600 cm → 100 %
1 cm → $0{,}1\overline{6}\,\%$
24 cm → 4 %

3. Methode: $p\,\% = \frac{W}{G} = \frac{24\text{ cm}}{6\text{ m}} = \frac{24\text{ cm}}{600\text{ cm}} = 0{,}04 = 4\,\%$

d) *1. Methode:*
100 % → 760 €
1 % → 7,60 €
3 % → 22,80 €

2. Methode: $Z = K \cdot p\,\%$ 760 € · 3 % = 760 € · 0,03 = 22,80 €

S. 38

18 **Füllkurven**

Zu Gefäß A gehört ein Graph, der zwei Abschnitte zeigt. Zunächst steigt die Füllhöhe schneller (Graph steiler), dann langsamer (Graph flacher). Am besten passt daher der Graph (4) zu Gefäß A.

Zu Gefäß B gehört ein Graph, der einen gleichmäßigen Anstieg der Füllhöhe wiedergibt. Da das Gefäß A einen sich verändernden Querschnitt hat, passt am besten der Graph (3) zu Gefäß B.

Zu Gefäß C gehört ein Graph, der zeigt, dass die Füllhöhe anfangs mit dem größer werdenden Querschnitt immer langsamer steigt und dann bei kleiner werdendem Querschnitt wieder schneller ansteigt. Am besten passt daher der Graph (1) zu Gefäß C.

Zu Gefäß D gehört ein Graph, der zeigt, dass die Füllhöhe bei dem allmählich kleiner werdenden Querschnitt nach und nach schneller ansteigt. Am besten passt daher der Graph (2) zu Gefäß D.

S. 39

19 **Pfannkuchen selbst gemacht**

Zunächst muss der Anteil der vorhandenen Buttermenge an der Buttermenge im Rezept berechnet werden:

125 g von 200 g = 125 : 200 = 62,5 %

Dieser Anteil muss auch von den Mengen im Rezept für Zucker und Eigelb genommen werden.

62,5 % von 400 g = 0,625 · 400 g
= 250 g (Zucker)

62,5 % von 16 Eigelb = 0,625 · 16 Eigelb
= 10 Eigelb

20 **400-m-Lauf**

Der Innenbereich des Stadions setzt sich zusammen aus einem Rechteck und zwei Halbkreisen mit dem Radius $r = 36{,}50$ m. Eine Seite des Rechtecks ist genauso lang wie der Durchmesser der Halbkreise, also $2 \cdot 36{,}50\ \text{m} = 73$ m, die andere Seite ist 84,40 m lang.

a) Flächeninhalt des Rechtecks: $A_R = a \cdot b$ $\quad A = 73\ \text{m} \cdot 84{,}4\ \text{m} = 6\,161{,}2\ \text{m}^2$.
Zusammen bilden die beiden Halbkreise einen Vollkreis mit dem Flächeninhalt $A_K = r^2 \cdot \pi$.
$A_K = (36{,}5\ \text{m})^2 \cdot \pi \approx 4\,185{,}4\ \text{m}^2$.
Gesamtflächeninhalt des Innenbereichs: $A = 6\,161{,}2\ \text{m}^2 + 4\,185{,}4\ \text{m}^2 = 10\,346{,}6\ \text{m}^2$

b) Um die beiden Halbkreise bewegt sich die Läuferin auf einem Kreisbogen mit dem Radius $r = 36{,}5\ \text{m} + 0{,}3\ \text{m} = 36{,}8$ m. Sie legt dabei um einen Halbkreis eine Strecke von
$s_1 = \frac{1}{2} \cdot 2r \cdot \pi = 36{,}8\ \text{m} \cdot \pi \approx 115{,}61$ m zurück.
Die gesamte Laufstrecke auf einer Runde hat die Länge
$s = 115{,}61\ \text{m} + 84{,}4\ \text{m} + 115{,}61\ \text{m} + 84{,}4\ \text{m} = 400{,}02\ \text{m} \approx 400$ m.

21 **Veränderungen**

Stimmen die im Text beschriebenen Veränderungen mit denen im Verlauf des Graphen überein, so passen Graph und Text zueinander.

(1) Das Körpergewicht nimmt anfangs ab (Graph fällt). Danach erfolgt keine Gewichtszunahme und keine Gewichtsabnahme (Graph fällt nicht und steigt nicht, er verläuft in etwa parallel zur x-Achse). Der passende Graph ist E.

(2) Die Besucherzahlen waren bei der Eröffnung (anfangs) sehr hoch und nahmen dann nach und nach ab (Graph fällt). Eine Zeit lang kam nicht eine einzige Person (Der Graph berührt die x-Achse). Dann kommen mehr und mehr Besucher, aber nicht mehr als zur Eröffnung (der Graph steigt, ohne die anfängliche Höhe zu erreichen). Der passende Graph ist B.

Hier im Lösungsheft befinden sich **Kurzlösungen** zu den Aufgaben des Eingangstests (S. 40 – 49).
Ausführliche Lösungen zum Eingangstest befinden sich im Arbeitsbuch selbst (S. 50 – 75).

Kurzlösungen – Eingangstest Teil 2 Komplexe Aufgaben

S. 40

1 Abtransport von Boden

a) Der Lkw benötigt 50 Fahrten.
b) Insgesamt dauert das Ausheben drei Tage.

2 Seitenlänge Quadrat

Der Flächeninhalt verneunfacht sich.

3 Straßenbahnfahrplan

a) Die Entfernung zwischen den Haltestellen Bahnhof und Tierpark beträgt 14 km.
b) Vom Bahnhof bis zum Stadion fährt die Straßenbahn zwischen den Haltestellen mit gleicher Durchschnittsgeschwindigkeit $\left(\frac{1\text{ km}}{2\text{ min}}\text{, also } 30\ \frac{\text{km}}{\text{h}}\right)$.
Vom Stadion bis zum Tierpark fährt sie schneller $\left(\frac{2\text{ km}}{2\text{ min}}\text{, also } 60\ \frac{\text{km}}{\text{h}}\right)$.
c)

Haltestelle	Uhrzeit	
Bahnhof	ab	14:10
Rosentor	an	14:14
	ab	14:15
Nordheide	an	14:19
	ab	14:20
Stadion	an	14:24
	ab	14:25
Tierpark	an	14:33

S. 41

4 Fahrradurlaub

a) Ein Auto ohne Aufbau, das 85 $\frac{\text{km}}{\text{h}}$ schnell fährt, verbraucht ca. 4 Liter pro 100 km.
b) Der Verbrauch steigt um ungefähr 71 %.
c) Lennards Aussage stimmt nicht.

5 Jugend-Triathlon

a) Jan benötigte für alle drei Sportarten zusammen 43 min 20 s.
b) Jan fuhr die Radrennstrecke also mit einer Geschwindigkeit von etwa 30 $\frac{\text{km}}{\text{h}}$.

S. 42

6 Konservendosen

a) Karim: $2 \cdot 24\text{ cm} + 2 \cdot 16\text{ cm} = 80\text{ cm}$
Anke: $u \approx 8\text{ cm} \cdot 3{,}14 = 25{,}12\text{ cm}$
$b = 6 \cdot 25{,}12\text{ cm} = 150{,}72\text{ cm}$
Mia: $b = 4\text{ cm} + 4\text{ cm} + \frac{1}{4}u + 4\text{ cm} + 4\text{ cm} + \frac{1}{4}u + 4\text{ cm} + 4\text{ cm}$
$+ 4\text{ cm} + 4\text{ cm} + \frac{1}{4}u + 4\text{ cm} + 4\text{ cm} + \frac{1}{4}u + 4\text{ cm} + 4\text{ cm}$
$= 4 \cdot \frac{1}{4}u + 12 \cdot 4\text{ cm}$
$= u + 48\text{ cm}$
$\approx 3{,}14 \cdot 8\text{ cm} + 48\text{ cm} = 73{,}12\text{ cm}$
b) Mia hat richtig gerechnet und die Rundungen berücksichtigt.

S. 42

7 Statistik

a) Die Besucherzahlen haben sich nicht halbiert. Der falsche Eindruck wird dadurch vermittelt, dass die Achse mit den Besucherzahlen nicht bei Null beginnt.

b)

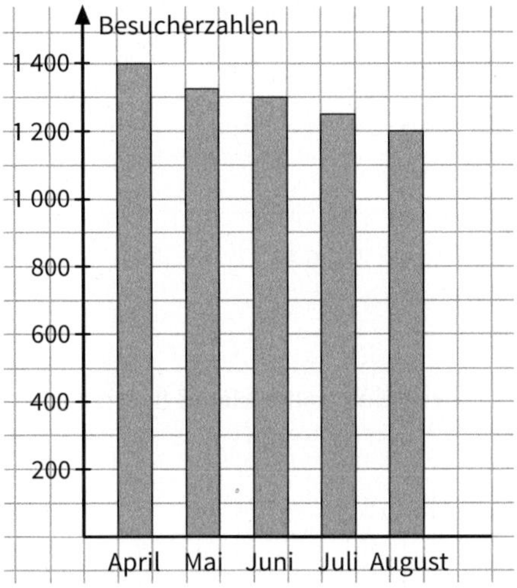

8 Agenturmeldung

Die Meldung ist fehlerhaft. Richtig müsste die Meldung also lauten: „Laut einer Umfrage besitzen etwa neun von zehn Frauen (87,4 Prozent) eine weiße Bluse."

S. 43

9 Erdgaskosten

a) Bei einem monatlichen Verbrauch von 1 000 kWh sind nach Tarif I 80 € und nach Tarif II 65 € zu bezahlen.

b)

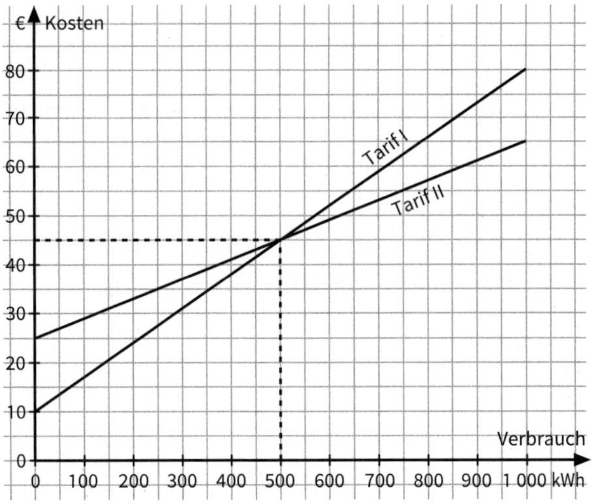

c) Familie Firat sollte Tarif II wählen.

d) Bei einem Monatsverbrauch von 500 kWh sind beide Tarife gleich teuer.

10 Elfmeter

Der Ball legte bis zur Torlinie ungefähr 11,60 m zurück.

S. 44

11 Kontakte

a) 30 % aller 16- bis 18-Jährigen nutzen das Handy, um zu telefonieren.

b) Die größten Unterschiede treten auf bei „sozialen Netzwerken" und bei „telefonieren per Festnetz".

c) Rund 482 der befragten Jugendlichen schicken sich Kurznachrichten.

S. 44

12 Pkw-Antriebe und Kosten

a)

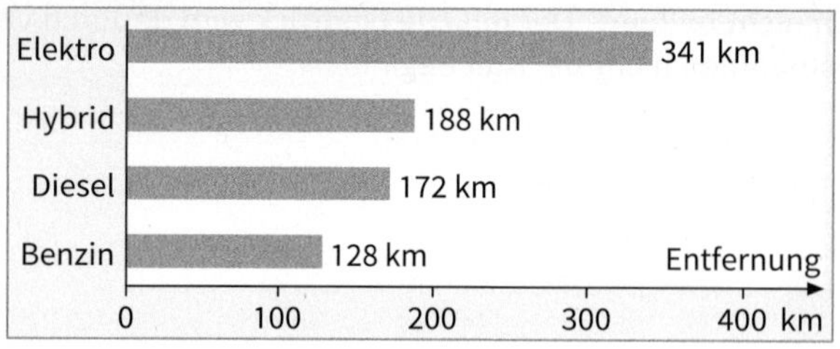

b) Der Anteil der Energiesteuer beträgt rund 50 %.
c) Für 100 000 km ergibt sich deshalb eine Ersparnis von 2 470 €.

S. 45

13 Werkstück

a) Der Körper wiegt rund 124 kg.
b) Die Oberfläche ist weniger als $\frac{1}{2}$ m² groß, also reicht eine halbe kleine Büchse.

14 Stundenlohn

a) Der Stundenlohn von Herrn Adrian beträgt 15,50 €.
b) Frau Meis erhält 8,10 € zu wenig Lohn.
c) Es ergibt sich ein Gesamtlohn von 1 860 €.

15 Würfel

(1) Würfel (1) P (4) ≈ 33 %
(2) Würfel (2) P (4) ≈ 67 %
(3) rH (4) ≈ 70% Da die relative Häufigkeit knapp über $\frac{2}{3}$ liegt, ist mit großer Berechtigung davon auszugehen, dass mit dem Würfel (2) gewürfelt wurde.

S. 46

16 Behälter mit Kugeln

a) P (blaue Kugel) ≈ 56 %
b) P (blaue Kugel) ≈ 33 %

17 Fußballduell

a) p % = 78 %
b) um das 2,3-Fache
c) 30,58 Mio. €

S. 47

18 Zahlenrätsel

a) Die Gleichung $3x - 7 = x + 23$ gehört zum Zahlenrätsel (1).
b) $x = 15$
c) Zahlenrätsel (2): $23 - 7x = 3 \cdot 3$, also $23 - 7x = 9$
Zahlenrätsel (3): $7x - 3x = 23 - 3$

19 Gleichung lösen

a) $x = 8$
b) $x = 5$
c) $x = 9$

20 Fläche Bayern

Fläche von Bayern: ca. 70 000 km²

S. 48

21 Brückenkonstruktion

Länge der Brücke: 340 m ∢ CBA: 63°

22 Glücksrad

a) (1) P (blau) = $\frac{1}{4}$ (2) P (schwarz) = $\frac{1}{12}$
b) Gewinn von 192 €

S. 48

23 Angebote
a) A-Bank: 103 020 €
b) bestes Angebot: C-Bank mit 103 022,50 €

S. 49

24 Riesenmammutbäume
a) $r = 1{,}4$ m Ein Pkw passt durch.
b) $u = 5{,}91$ m
c) $a = 3{,}71$ m

25 Rechnen mit π
b) $A = 62{,}5\ cm^2$
c) $u = 35$ cm

26 Riesenmaschine
a) Höhe des Einstiegs: 2,8 m
b) Anzahl der Radumdrehungen: ca. 133

Übungsaufgaben Teil 2 Komplexe Aufgaben

S. 50

1 Aus dem angegebenen Gesamtpreis für sechs Runden lässt sich der Preis für eine Runde berechnen: 10,50 € : 6 = 1,75 €. Silke zahlt 14 €, sie ist also 8 Runden gefahren. (Rechnung: 14 € : 1,75 € = 8)

2

	Anzahl der Pumpen	Zeit (in h)	
: 2	2	10	· 2
· 5	1	20	: 5
	5	4	

Fünf Pumpen gleicher Leistung füllen das Becken in 4 Stunden.

3 a) Das Volumen des benötigten Sandes entspricht dem Volumen eines Quaders mit quadratischer Grundfläche (Kantenlänge 120 cm = 1,20 m) und der Höhe 30 cm = 0,3 m.
Also: $V = 1{,}2\ \text{m} \cdot 1{,}2\ \text{m} \cdot 0{,}3\ \text{m} = 0{,}432\ \text{m}^3$
Es werden $0{,}432\ \text{m}^3$, also knapp ein halber Kubikmeter Sand benötigt.

b) Zur Beantwortung dieser Frage muss entweder in Liter oder m^3 umgewandelt werden.
Es gilt: $1\ \text{m}^3 = 1000\ l \rightarrow 0{,}432\ \text{m}^3 = 432\ l$ $\quad 432\ l : 25\ l = 17{,}28$
Da im Baumarkt nur ganze Säcke verkauft werden, müssen 18 Sandsäcke gekauft werden, um den Sandkasten 30 cm hoch befüllen zu können.

4 Mit 11 Pfosten im Abstand von 2,10 m wird eine Schallschutzmauer errichtet, die aus 10 Feldern (Zwischenraum zwischen den Pfosten) von 2,10 m Länge besteht und damit insgesamt 21 m lang ist.
Wird der Abstand der Pfosten auf 1,50 m verringert, dann vergrößert sich die Anzahl der Felder.
Länge der Mauer: 2,10 m · 10 = 21 m
Anzahl neue Felder: 21 m : 1,5 m = 14
Bei einem Abstand von 1,50 m werden 15 Pfosten benötigt.

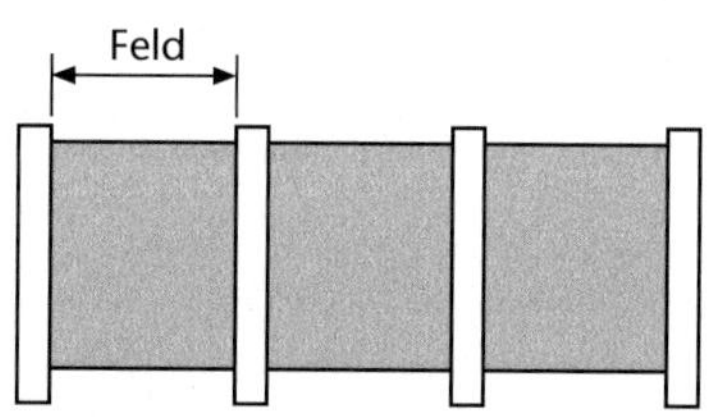

4 Pfosten ergeben 4 – 1 = 3 Felder.
11 Pfosten ergeben 11 – 1 = 10 Felder.

5 Zwei mögliche Lösungswege sind:
① In der ersten Stunde leeren vier Müllfahrzeuge 840 : 6 = 140 Hausmülltonnen. Jedes Müllfahrzeug leert damit stündlich 140 : 4 = 35 Mülltonnen. Fünf Müllfahrzeuge müssen jetzt nur noch 840 – 140 = 700 Mülltonnen leeren. Ein Müllfahrzeug würde für diese Arbeit 700 : 35 = 20 Std. benötigen. Fünf Müllfahrzeuge benötigen dann nur ein Fünftel dieser Zeit, also 4 Std.
② Wir wissen, dass die Leerung aller Hausmülltonnen im Neubaugebiet von vier Müllfahrzeugen in 6 h erledigt wird. Für 840 Mülltonnen werden also 4 · 6 h = 24 „Müllfahrzeugstunden“ benötigt. In der ersten Stunde leisten vier Fahrzeuge vier Müllfahrzeugstunden. Die restlichen 20 Müllfahrzeugstunden werden nun von fünf Müllfahrzeugen geleistet, dies schaffen sie in 20 h : 5 = 4 h.
Da man die erste Stunde, in der vier Müllfahrzeuge im Einsatz sind, bei der Frage nach der Gesamtzeit berücksichtigen muss, lautet die Antwort: Jetzt sind in fünf Stunden alle Hausmülltonnen im Neubaugebiet geleert.

6 a) Ein Planwagen bietet Platz für 12 Personen; 7 Planwagen für 7 · 12 = 84 Personen.
Für 88 Schülerinnen und Schüler müssen also 8 Planwagen gemietet werden.

b) 88 Schülerinnen und Schüler zahlen insgesamt 88 · 6 € = 528 € Miete für die Fahrt mit acht Planwagen. Acht Planwagen bieten Platz für 8 · 12 = 96 Personen. Der Gesamtmietpreis könnte also auf 96 Personen umgelegt werden; jede Person hätte dann 528 € : 96 = 5,50 € zu zahlen.

S. 51

1 $u_1 = 2a + 2b$
$u_2 = 2 \cdot (2a) + 2 \cdot (2b)$
$u_2 = 2\,(2a + 2b)$ $\quad$ Der Umfang verdoppelt sich.

2 $A_1 = r^2 \cdot \pi \xrightarrow{\cdot 16}$
$A_2 = (4 \cdot r)^2 \cdot \pi \rightarrow A_2 = 16 \cdot r^2 \cdot \pi \rightarrow A_2 = 16 \cdot (r^2 \cdot \pi)$ $\quad$ Der Flächeninhalt versechzehnfacht sich.

3 $V_1 = a^3 \xrightarrow{\cdot \frac{1}{8}}$
$V_2 = (\frac{1}{2}a)^3 \rightarrow V_2 = \left(\frac{1}{2}\right)^3 \cdot a^3 \rightarrow V_2 = \frac{1}{8}a^3$ $\quad$ Das Volumen verringert sich auf ein Achtel.

S. 51

4 Nennt man die Kantenlänge des kleinen Würfels a, so hat der große Würfel die Kantenlänge 2a. $4 \cdot V_1$ ist das gesamte Volumen aller kleinen Würfel, V_2 das Volumen des großen Würfels.

$4V_1 = 4 \cdot a^3 \qquad V_2 = (2a)^3$

$4V_1 = 4a^3 \quad \underset{:2}{\overset{\cdot 2}{\rightleftarrows}} \quad V_2 = 8a^3$

Die vier kleinen Würfel haben zusammen das halbe Volumen des großen Würfels, wiegen also zusammen 3,5 kg.

5 a) $O_1 = 2\,ab + 2\,ac + 2\,bc \qquad O_2 = 2 \cdot (2a)(2b) + 2\,(2a)(2c) + 2\,(2b)(2c)$

$O_2 = 8ab + 8ac + 8bc$

$O_1 \underset{:4}{\overset{\cdot 4}{\rightleftarrows}} O_2 = 4\,(2ab + 2ac + 2bc)$ Die Oberfläche vervierfacht sich.

b) $V_1 = a \cdot b \cdot c \qquad V_2 = (2a) \cdot (2b) \cdot (2c)$

$V_1 \underset{:8}{\overset{\cdot 8}{\rightleftarrows}} V_2 = 8\,(a \cdot b \cdot c)$ Das Volumen verachtfacht sich.

6 Generell gilt: Werden die Kantenlängen des Körpers um den Faktor k vergrößert oder verkleinert, vergrößert oder verkleinert sich die Oberfläche um den Faktor k^2 und das Volumen um den Faktor k^3.
Im Bild wird deutlich, dass die gesamte Pyramide aus der Pyramidenspitze entsteht, wenn man die Kanten um den Faktor 4 vergrößert (Ähnlichkeit).

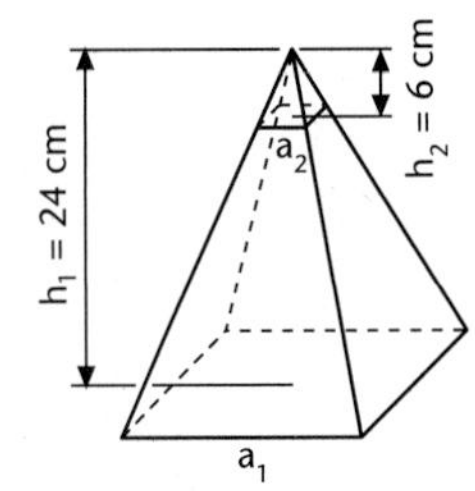

a) Die gesamte Pyramide hat das 4^3-Fache, also das 64-Fache Volumen der Spitze. Deshalb wiegt die abgeschnittene Spitze 31,25 g (2000 g : 64).

b) Die gesamte Pyramide hat die 4^2-Fache, also die 16-Fache Oberfläche der Spitze. Deshalb ist der Wert $\frac{1}{16}$ anzukreuzen.

S. 52

1 Im Koordinatensystem ist die Fahrt von Ina zum Jugendheim dargestellt. Aus dem Graphen ist abzulesen:

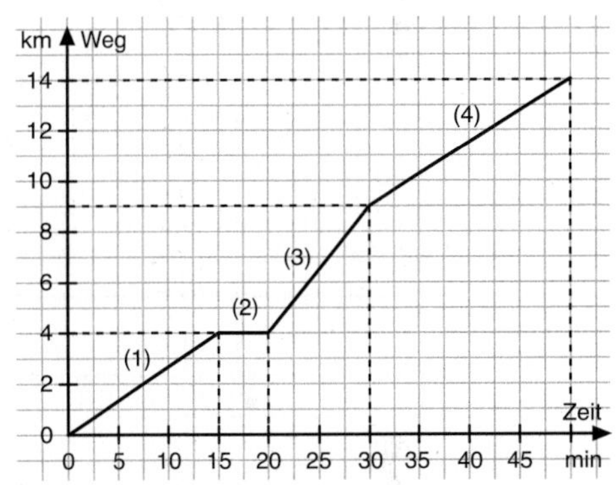

(1) Während des ersten Teils ihrer Fahrt legt Ina eine Strecke von 4 km in 15 Minuten zurück. Sie fährt also mit einer durchschnittlichen Geschwindigkeit von 16 $\frac{km}{h}$.
(2) Im zweiten Teilstück legt Ina für fünf Minuten keinen Weg zurück. Sie unterbricht also ihre Fahrt und bleibt stehen.
(3) Der dritte Teil der Fahrt dauert zehn Minuten. Ina legt in dieser Zeit 5 km zurück. Ihre durchschnittliche Geschwindigkeit beträgt auf diesem Teilstück also 30 $\frac{km}{h}$.
(4) Auf dem vierten Teilstück legt Ina in 20 Minuten 5 km zurück. Sie radelt also durchschnittlich nur noch halb so schnell wie auf dem dritten Teilstück, nämlich 15 $\frac{km}{h}$.
Insgesamt dauert Inas Fahrt 50 Minuten. Da sie um 8:00 Uhr gestartet ist, trifft sie um 8:50 Uhr am vereinbarten Treffpunkt ein.
Wir nutzen die vorangestellten Überlegungen, um zu beurteilen, welche der folgenden Aussagen zutreffen können.
„Nach einer Viertelstunde hat Ina bereits 5 km zurückgelegt." Nein; siehe (1).
„Zwischendurch macht Ina eine Rast von fünf Minuten." Ja; siehe (2)
„Anfangs fährt Ina am schnellsten." Nein; siehe (1) und (3).

S. 52

2 a)/b) Eine mögliche Lösung ist im Koordinatensystem dargestellt. Je langsamer die Wandergeschwindigkeit ist, desto geringer ist die Steigung des entsprechenden Graphenabschnitts.

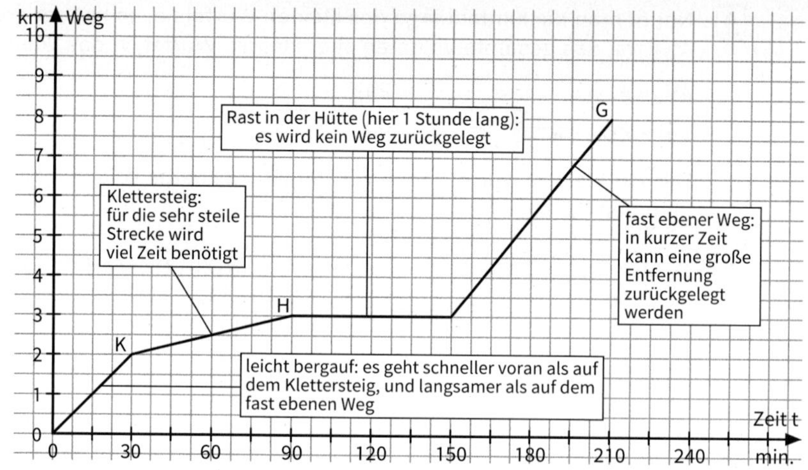

S. 53

1 a) Die Aktie ist von G = 33,90 € auf 30,20 € gesunken, also um W = 3,70 €.

$p\,\% = \frac{W}{G} \quad p\,\% = \frac{3{,}70\,€}{33{,}90\,€} \approx 0{,}109 = 10{,}9\,\%$

b) $\frac{33{,}60\,€ + 32{,}10\,€ + 34{,}10\,€ + 34{,}60\,€ + 33{,}90\,€ + 30{,}20\,€}{6} = 33{,}08\overline{3}\,€$

Den Durchschnitt des letzten Jahres hat die Aktie nicht erreicht.

c) Der Eindruck entsteht dadurch, dass die Hochachse nicht bei 0 €, sondern bei 30 € beginnt.

d)

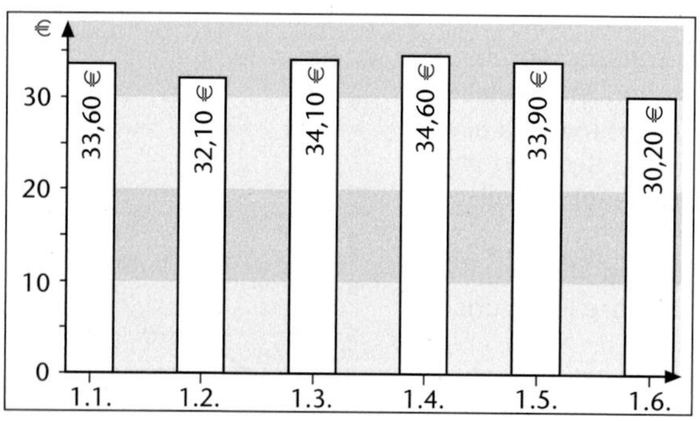

2 a) 80 % (24 von 30) der Schülerinnen und Schüler aus der Klasse 7a haben an der Umfrage teilgenommen.

b) Die beiden Säulen für Jungen und Mädchen müssen jeweils gleich hoch sein, da jeweils 16 Jungen und Mädchen in der Klasse sind. Allerdings sind bei den Mädchen nur zwei und bei den Jungen vier nicht befragt worden.

c) Da die Summe der Prozentsätze über 100 % beträgt, eignet sich kein Kreisdiagramm, wohl aber ein Säulendiagramm zur Darstellung der Ergebnisse.

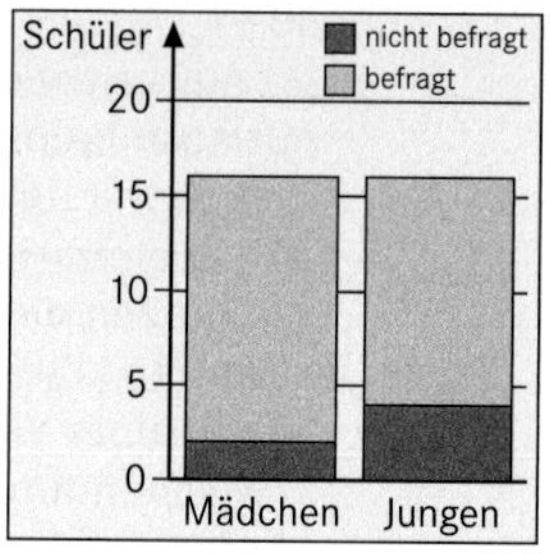

S. 54

1 Der Zeitraum von 5:15 Uhr bis 21:38 Uhr umfasst 16 h und 23 min.

2 Rechnet man von 16:07 Uhr eine Stunde zurück, erhält man die Uhrzeit 15:07 Uhr. Die Zugfahrt dauerte aber noch weitere 24 Minuten. Also: 15 h 7 min – 24 min = 14 h 67 min – 24 min = 14 h 43 min. Jürgen begann seine Bahnfahrt um 14:43 Uhr.

S. 54

3 Aus dem Aufgabentext sind folgende Zeiten zu entnehmen:

Sportart	Zeiten von Sebastian Kienle
3,8 km Schwimmen	54 min 38 s
180 km Rad fahren	4 h 20 min 46 s
Marathon über 42,195 km	2 h 54 min 36 s

Um die Gesamtzeit für alle drei Sportarten zu ermitteln, addiert man die Zeiten.

54 min 38 s + 4 h 20 min 46 s + 2 h 54 min 36 s =

$$\underbrace{4\text{ h} + 2\text{ h}}_{6\text{ h}} + \underbrace{54\text{ min} + 20\text{ min} + 54\text{ min}}_{128\text{ min}} + \underbrace{38\text{ s} + 46\text{ s} + 36\text{ s}}_{120\text{ s}} =$$

$$\underbrace{6\text{ h}}_{6\text{ h}} + \underbrace{128\text{ min}}_{2\text{ h }8\text{ min}} + \underbrace{120\text{ s}}_{2\text{ min}} = 8\text{ h }10\text{ min}$$

4 Martina muss eine Stunde vor Abflug, also um 14:10 Uhr am Flughafen sein. Für die Autofahrt zum Flughafen veranschlagt sie 45 Minuten. Dann muss sie also um 13:25 Uhr aufbrechen, um pünktlich am Check-in-Schalter zu sein.

5 a) Zunächst ist es egal, an welcher Stelle des Zuges Tim sich aufhält. Da der Zug mit gleichbleibender Geschwindigkeit durch den Tunnel fährt, dauert die Tunneldurchfahrt für alle Reisenden dieselbe Zeit.

Wir wissen: Der Zug fährt 150 km in 60 min (das bedeutet 150 $\frac{\text{km}}{\text{h}}$).

Mithilfe des Zweisatzes berechnen wir nun die gesuchte Zeitdauer für die 10 km lange Tunnelstrecke.

	zurückgelegter Weg (in km)	Zeit (in min)	
: 15	150	60	: 15
	10	4	

Für Tim dauert die Fahrt durch den Tunnel 4 Minuten.

b) Fährt man mit doppelter Geschwindigkeit (z. B 300 $\frac{\text{km}}{\text{h}}$ statt 150 $\frac{\text{km}}{\text{h}}$), legt man pro Stunde (wie auch pro Minute) den doppelten Weg zurück (z. B. 300 km statt 150 km pro Stunde).

Für die gleiche Strecke benötigt man bei doppelter Geschwindigkeit nur halb so lang.

Also: Überlegung (1) stimmt nicht, Überlegung (2) dagegen trifft zu.

Halbiert man seine Geschwindigkeit, legt man auch nur noch halb so viel Weg in einer bestimmten Zeit zurück. Reist man mit halber Geschwindigkeit, benötigt man die doppelte Zeit.

Überlegung (3) trifft zu. Anzukreuzen sind also (2) und (3).

S. 55

1 a) Die Figur A wird durch zwei Strecken der Länge 3 cm sowie durch einen Halbkreis und zwei Vierteilkreise begrenzt, deren Radius jeweils 3 cm beträgt. Die Kreisbögen lassen sich zu einem Vollkreis zusammensetzen. Der Umfang der Figur A setzt sich also zusammen aus:

$u_A = 2 \cdot 3\text{ cm} + 2 \cdot 3\text{ cm} \cdot \pi \approx 6\text{ cm} + 18{,}85\text{ cm} = 24{,}85\text{ cm}$.

Die Figuren B und C werden durch Kreisbögen mit dem Radius 3 cm begrenzt. Diese Kreisbögen lassen sich bei jeder dieser Figuren zu einem Vollkreis zusammensetzen.

Der Umfang u der Figuren B und C ist also gleich groß. Es gilt:

$u_B = u_C = 2 \cdot 3\text{ cm} \cdot \pi \approx 18{,}85\text{ cm}$.

Der Umfang der Figur D setzt sich zusammen aus dem Umfang eines Kreises mit dem Radius von 1,5 cm und dem Umfang eines Kreises mit dem Radius von 3 cm. Es gilt daher:

$u_D = 2 \cdot 1{,}5\text{ cm} \cdot \pi + 2 \cdot 3\text{ cm} \cdot \pi \approx 9{,}42\text{ cm} + 18{,}85\text{ cm} = 28{,}27\text{ cm}$.

Die Figur D hat also einen größeren Umfang als die anderen drei Figuren.

Richtig ist daher: $u_D > u_A > u_B = u_C$

b) Bestimmen des Flächeninhalts des größeren Kreises K_1 mit dem Radius 3 cm:

$A_{K_1} = r^2 \cdot \pi = (3\text{ cm})^2 \cdot \pi \approx 28{,}27\text{ cm}^2$

Bestimmen des Flächeninhalts des kleinen Kreises K_2 mit dem Radius 1,5 cm:

$A_{K_2} = r^2 \cdot \pi = (1{,}5\text{ cm})^2 \cdot \pi \approx 7{,}07\text{ cm}^2$

Berechnen der Differenz:

$A_{K_1} - A_{K_2} \approx 28{,}27\text{ cm}^2 - 7{,}07\text{ cm}^2 = 21{,}2\text{ cm}^2$

Der Flächeninhalt der Figur D beträgt etwa 21,2 cm².

S. 55

2 a) $\alpha = 60°$, nämlich der 6. Teil vom Vollwinkel 360°;
β und γ sind gleich groß, weil das Dreieck gleichschenklig ist;
Wegen der Winkelsumme von 180° gilt: $\beta = \gamma = 60°$.
Das Dreieck FME ist also gleichseitig.

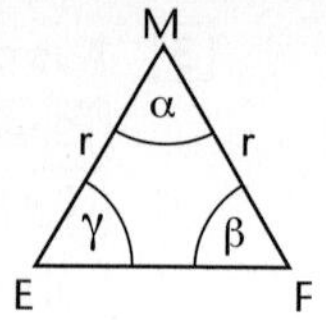

b) Die einzelnen Teilstrecken sind jeweils 8 cm lang, wie aus den Überlegungen zu Teilaufgabe a) folgt.
$u_6 = 6 \cdot 8\text{ cm} = 48\text{ cm}$

c) $u_K = 2 \cdot 8\text{ cm} \cdot \pi \approx 50{,}2655\text{ cm}$
$u_6 = 48\text{ cm}$
Der Grundwert G = 48 cm ist um W = 2,2655 cm gewachsen.
$p\,\% \approx \frac{2{,}2655}{48} \approx 0{,}047 = 4{,}7\,\%$
Der Umfang des Kreises ist um etwa 4,7 % größer als der Umfang des regelmäßigen Sechsecks.

3 Es gilt $A = 0{,}25\text{ m}^2$
$a^2 = 0{,}25\text{ m}^2$
$a = 0{,}5\text{ m}$

Der Kreis hat einen Durchmesser von 0,5 m und deshalb einen Radius von 0,25 m.

a) $A_K = (0{,}25\text{ m})^2 \cdot \pi$ $\quad u_K = 2 \cdot 0{,}25\text{ m} \cdot \pi$
$A_K \approx 0{,}196\text{ m}^2$ $\quad u_K \approx 1{,}57\text{ m}$

b) Die Platte hat ursprünglich einen Flächeninhalt von 0,25 m², der ausgesägte Kreis von etwa 0,196 m². Der abgesägte Teil (Abfall) beträgt also etwa 0,054 m² (= 0,25 m² – 0,916 m²).
Der gesuchte Anteil in p % ist dann: $p\,\% = \frac{0{,}054\text{ m}^2}{0{,}25\text{ m}^2} = 0{,}216 = 21{,}6\,\%$

S. 56

1 Der Anstieg kann durch eine feinere Einteilung der senkrechten Achse und durch die Darstellung eines Ausschnittes der senkrechten Achse optisch verdeutlicht werden.

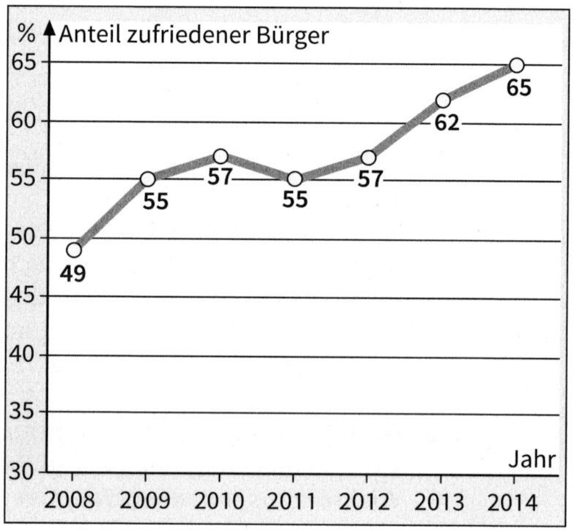

2 a) Die Länge der Balken unterscheidet sich kaum.
Um Unterschiede feststellen zu können, muss man die Zahlen vergleichen.

b) Die waagerechte Achse kann feiner eingeteilt werden.

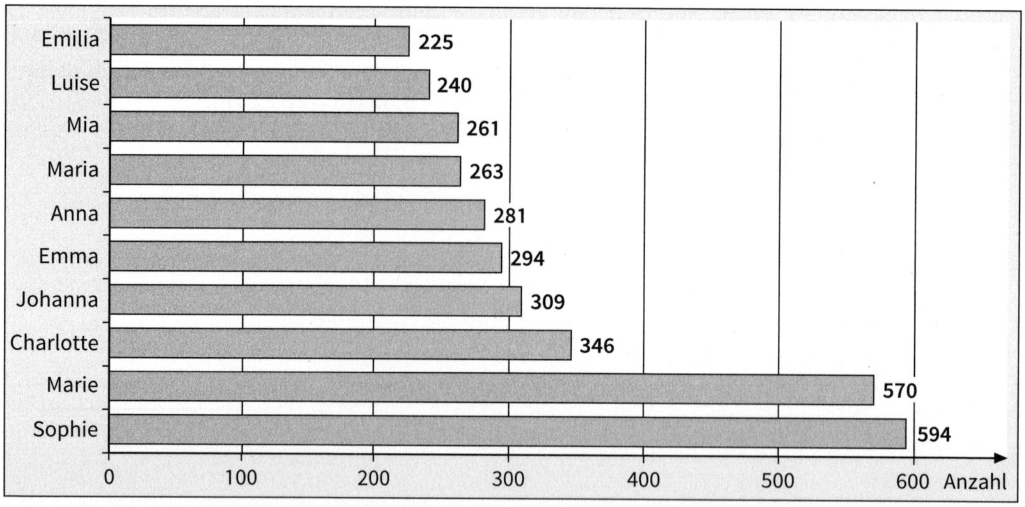

S. 56

3 Darstellung A ist richtig. Begründung: Die Fläche stellt den Kaffeepreis dar. In der Darstellung B ist jedes Seitenmaß um $\frac{1}{4}$ kleiner dargestellt, d. h. jede Seitenlänge beträgt $\frac{3}{4}$ der ursprünglichen Länge. Betrachtet man den Sack näherungsweise als Rechteck, dann beträgt die Fläche im Bild B nur $\frac{3}{4} \cdot \frac{3}{4} = \frac{9}{16}$ der ursprünglichen Fläche. Um den Sachverhalt richtig darzustellen, muss aber die Fläche $\frac{3}{4}$ der ursprünglichen Fläche betragen wie im Bild A.

S. 57

1 Die Meldung beinhaltet zwei Fehler.
Der erste Fehler steckt in der Formulierung „Die letzte Saison fiel dagegen deutlich besser aus".
Jedes dritte Spiel zu gewinnen, bedeutet z. B. bei vier von zwölf Spielen als Sieger vom Platz zu gehen.
Jedes sechste Spiel zu gewinnen, bedeutet dagegen in diesem Beispiel nur bei zwei von zwölf Spielen siegreich zu sein.
Der zweite Fehler liegt in der Angabe „Steigerung um 50 %".
Tatsächlich gewinnt die C-Mannschaft nur noch halb so viele Spiele; richtig wäre es also von einer Verminderung um 50 % zu sprechen.

2 Die Meldung beinhaltet zwei Fehler.
Der erste mathematische Fehler steckt in der Formulierung „nur noch".
Früher: Jeder zehnte Autofahrer rast. Heute: Jeder fünfte Autofahrer rast.
Wenn also heute jeder fünfte statt früher jeder zehnte Autofahrer zu schnell fährt, dann hat sich die Zahl der Raser erhöht.
Der zweite Fehler liegt in der Angabe „fünf Prozent".
Jeder fünfte Autofahrer bedeutet, dass sich unter jeweils fünf Autofahrern ein Raser befindet.
Unter 100 Autofahrern sind dann 20 Raser zu finden, also: 20 von 100 oder 20 % der Autofahrer fahren zu schnell.
Richtig müsste die Meldung also lauten: „Fuhr vor einigen Jahren noch jeder zehnte Autofahrer zu schnell, so ist es heute sogar jeder fünfte. 20 Prozent sind natürlich viel zu viel und so wird weiterhin kontrolliert und die Schnellfahrer haben zu zahlen."

3 a) $\frac{1}{5}$ von 20 000 € = 4 000 € $\frac{1}{10}$ von 20 000 € = 2 000 €

Das Vereinsangebot bedeutet ein neues Monatsgehalt in Höhe von 24 000 €, die Forderung von Markus Lukascheswki wäre ein Monatsgehalt in Höhe von 22 000 €, also ist das Vereinsangebot besser.

b) $\frac{1}{5} = \frac{2}{10}$, also gilt $\frac{1}{5} > \frac{1}{10}$ (nämlich genau doppelt so groß)

Unabhängig vom Gehalt ist eine Erhöhung um $\frac{1}{5}$ stets besser als eine Erhöhung um $\frac{1}{10}$.

4 a) richtig sind nur $\frac{1}{10} = 10\,\%$ und $\frac{1}{100} = 1\,\%$

b) $\frac{1}{2} = 50\,\%$ $\frac{1}{4} = 25\,\%$ $\frac{1}{5} = 20\,\%$ $\frac{1}{10} = 10\,\%$

$\frac{1}{20} = 5\,\%$ $\frac{1}{25} = 4\,\%$ $\frac{1}{50} = 2\,\%$ $\frac{1}{100} = 1\,\%$

S. 58

1 a) Um die Grafik zeichnen zu können, benötigt man von jedem Tarif zwei Punkte.
Tarif (1): (3 000 | 575) und (3 600 | 575) (€-Betrag gerundet: 574,98 ≈ 575)
Tarif (2): (3 000 | 555) und (3 600 | 655)

$5{,}72 \cdot 12 + 3000 \cdot 0{,}1632 = 555{,}54 \approx 555$ $5{,}72 \cdot 12 + 3600 \cdot 0{,}1623 = 652{,}92 \approx 655$

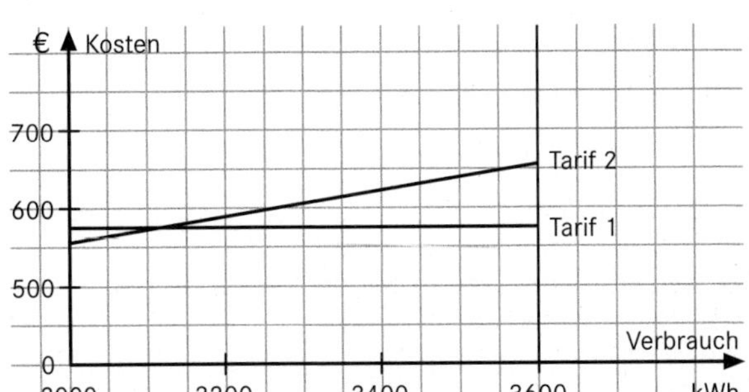

S. 58

b) Man kann zum Anbieter (1) raten. Dessen Graph verläuft in dem Bereich zwischen 3 200 kWh und 3 600 kWh unterhalb des Graphen von Anbieter (2), Anbieter (1) ist also billiger.

c) – bei 3 100 kWh: Anbieter (1) 574,98 €
Anbieter (2) 5,72 € · 12 + 3 100 · 0,1623 € = 571,77 €
Hier ist Anbieter (2) günstiger.

– bei 5 800 kWh: Anbieter (1) 574,98 € + (5 800 – 3 600) · 0,216 € = 1 050,18 €
Anbieter (2) 5,72 € · 12 + 5 800 · 0,1623 € = 1 009,98 €
Auch hier ist Anbieter (2) günstiger.

2 a) In der nachfolgenden Tabelle stehen gerundet die Kosten für 0 m³ (das sind nur die Grundgebühren) und 300 m³ Wasserverbrauch pro Jahr. Damit kann man die Wasserpreise grafisch darstellen.
Gerechnet wurde bei 300 m² so: Grundgebühr + Verbrauch · Preis pro Kubikmeter.

	0 m³	300 m³
Ahlstadt	90 €	765 €
Bündhausen	160 €	715 €

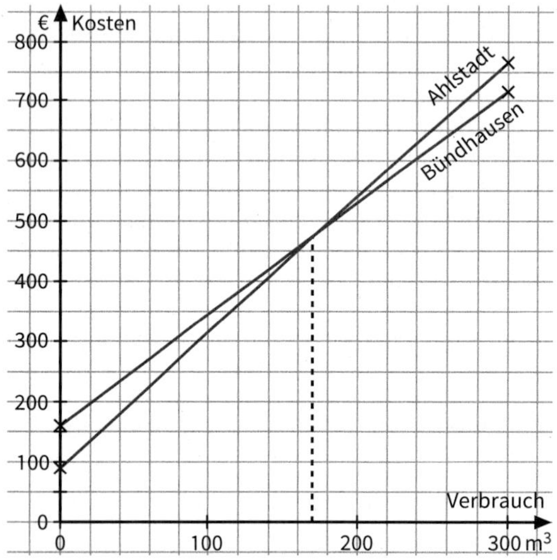

b) Jahresverbrauch der Familie Lenz: 375 *l* · 365 = 136 875 *l*
Umrechnung in m³: 136 875 *l* = 136,875 m³ (1 000 *l* = 1 m³)
Kosten in Ahlstadt: 90 € + 136,875 · 2,25 € = 397,97 €
Familie Lenz hat eine Jahresrechnung in Höhe von 397,97 € zu erwarten.

c) Für ca. 170 m³ Jahresverbrauch ist die Jahresrechnung in beiden Gemeinden gleich hoch.

S. 59

1 a) Hier geht es um den Flächeninhalt des Anstoßkreises, den sich 22 Spieler teilen.
$A = r^2 \cdot \pi$
$A = (9{,}15\ m)^2 \cdot \pi$
$A \approx 263\ m^2$
$263\ m^2 : 22 \approx 11{,}955\ m^2$
Jeder Spieler hätte ungefähr 12 m² Platz.

b) Hier geht es um den Umfang des Anstoßkreises, auf dem sich 22 Spieler verteilen.
$u = d \cdot \pi$
$u = 18{,}30\ m \cdot \pi$
$u \approx 57{,}49\ m$
$57{,}49\ m : 22 \approx 2{,}61\ m$
Die Spieler stünden rund 2,60 m voneinander entfernt auf dem Anstoßkreis.

S. 59

2 Um die Längen der Böschungen zu berechnen, zeichnet man drei rechtwinklige Dreiecke in die Grafik ein. Ein Abschnitt einer Böschung entspricht jeweils der Hypotenuse des Dreiecks.
Für die Länge der Hypotenuse c gilt nach dem Satz von Pythagoras: $c = \sqrt{a^2 + b^2}$.

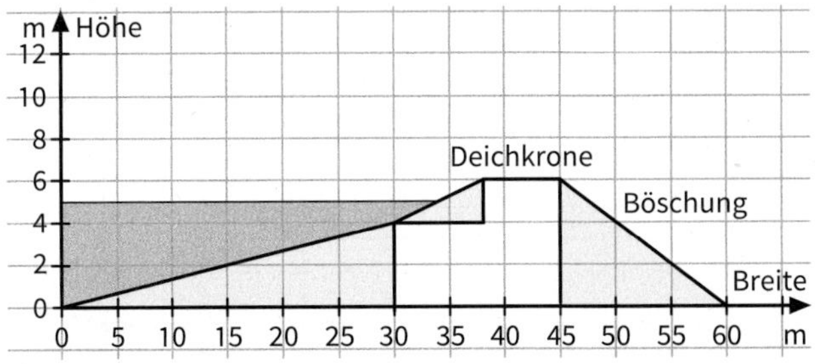

Für das rechte Dreieck (Landseite) gilt:
$a = 6$ m, $b = 60$ m $- 45$ m $= 15$ m und $c_{Land} = \sqrt{6^2 + 15^2}$ m $\approx 16{,}16$ m.
Die Böschung ist also ca. 16,2 m lang.
Auf der Wasserseite setzt sich die Böschung aus zwei Teilstücken zusammen:
$c_{Wasser,\,links} = \sqrt{30^2 + 4^2}$ m $\approx 30{,}27$ m und $c_{Wasser,\,rechts} = \sqrt{8^2 + 2^2}$ m $\approx 8{,}25$ m.
30,27 m + 8,25 m = 38,52 m
Die Böschung ist auf der Wasserseite insgesamt ca. 38,5 m lang.

3 a) Der Bildschirm setzt sich aus 768 Reihen mit je 1 024 Bildpunkten zusammen.
1 024 : 4 = 256 und 768 : 3 = 256. D. h. in der Länge passen 4-mal 256 Bildpunkte nebeneinander und in der Breite sind es 3-mal 256 Bildpunkte. Die Bildschirmpunkte verhalten sich damit wie 4 : 3.

b) Nach dem Satz von Pythagoras gilt in dem Rechteck: $d = \sqrt{3^2 + 4^2}$ cm $= \sqrt{25}$ cm $= 5$ cm.
Die Diagonale ist also 5 cm lang.

c) Die Diagonale des Tablets ist 25 cm lang. Damit ist sie fünfmal so lang wie die Diagonale des Rechtecks aus b). Weil der Bildschirm des Tablets aus der Werbung die gleichen Seitenverhältnisse 4 : 3 hat wie das Rechteck aus b), sind auch die anderen entsprechenden Seiten fünfmal so lang. Der Bildschirm des Tablets hat also eine Länge von 4 cm · 5 = 20 cm. Die Breite beträgt 3 cm · 5 = 15 cm.

4 a) Der Strafraum mit Torraum ist ein Rechteck mit einer Breite von 16,5 m und einer Länge von 16,5 m + 7,32 m + 16,5 m, also 40,32 m.
$A_1 = 16{,}5\text{ m} \cdot 40{,}32\text{ m} = 665{,}28\text{ m}^2$
Der Torraum ist 5,5 m breit und 18,32 m lang.
$A_2 = 5{,}5\text{ m} \cdot 18{,}32\text{ m} = 100{,}76\text{ m}^2$
$A_1 - A_2 = 665{,}28\text{ m}^2 - 100{,}76\text{ m}^2$
$= 564{,}52\text{ m}^2$
Der Strafraum außerhalb des Torraums ist ungefähr 564,5 m² groß.

b) Zunächst wird die Entfernung y vom 11-m-Punkt bis zum Fußpunkt des Tores berechnet (siehe Zeichnung). 3,66 m ist die Hälfte von 7,32 m.
$y^2 = (11\text{ m})^2 + (3{,}66\text{ m})^2$
$y^2 = 134{,}3956\text{ m}^2$ $\quad (y \approx 11{,}59\text{ m})$
Für die eigentlich gesuchte Strecke x gilt die zweite Zeichnung.
2,44 m ist die Höhe des Tores.
$x^2 = y^2 + (2{,}44\text{ m})^2$
$x^2 = 134{,}3956\text{ m}^2 + 5{,}9536\text{ m}^2$
$x^2 = 140{,}3492\text{ m}^2$
$x \approx 11{,}85$ m
Der Ball legt rund 11,85 m zurück.

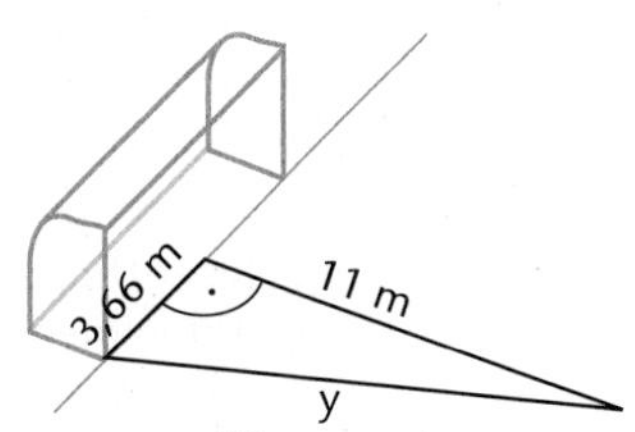

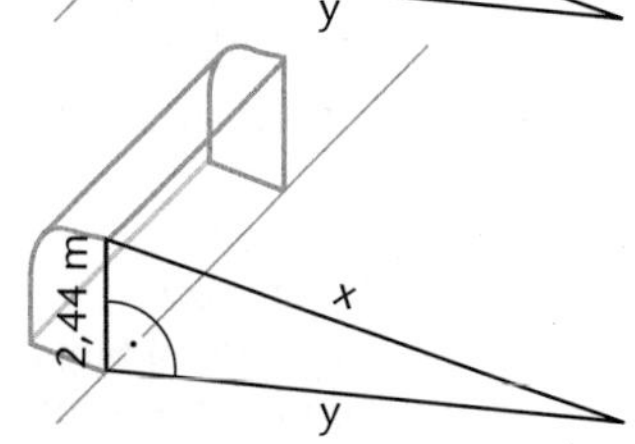

S. 60

1 a) Zu jedem Nahrungsmittelbestandteil werden die Balken übereinander gezeichnet.

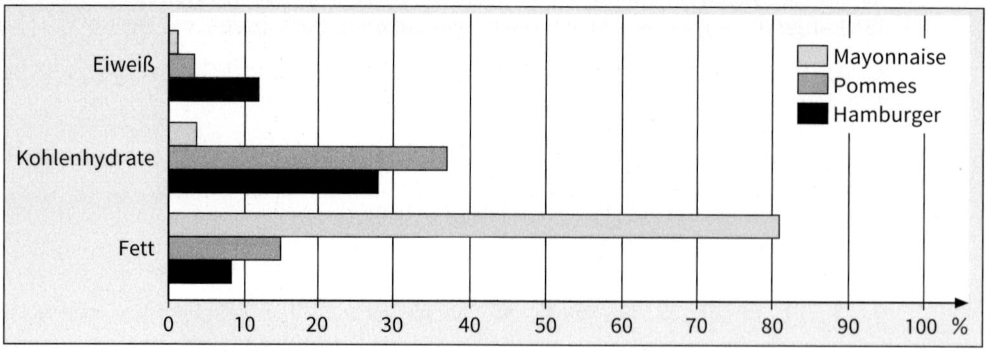

b) Erklärung am Beispiel des Hamburgers: Für 100 % wird ein 10 cm langer Streifen gezeichnet. 1 % entspricht dann 1 mm in diesem Streifen, 10 % entsprechen 1 cm.
Für 8,3 % Fett werden dann 8,3 mm in diesem Streifen eingefärbt.
Für 28 % Kohlenhydrate färbt man dann 2,8 cm und für 12 % Eiweiß 12 mm = 1,2 cm.
Der Rest des 10 cm langen Streifens steht für den Anteil des Hamburgers, der aus sonstigen Stoffen, z. B. Wasser, besteht.

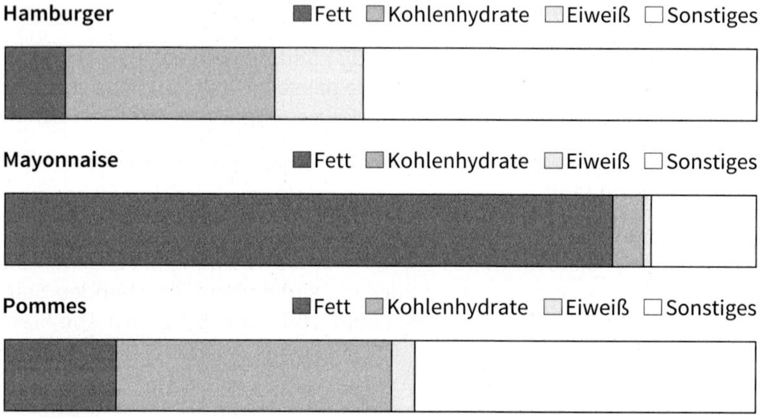

2 a) Man muss schauen, welche Säule am höchsten ist.
(1) Die grauen Säulen gehören zu den 16- bis 18-Jährigen, dort ist das Smartphone das meistgenannte Gerät. Ca. 89 % der 16- bis 18-Jährigen Internetnutzer verwenden ein Smartphone.
(2) Die blauen Säulen gehören zu den Nutzern ab 19 Jahren. Dort ist ein Desktop PC das meistgenannte Gerät, um ins Internet zu gelangen, der Anteil beträgt ca. 72 %.

b) Aus dem Diagramm kann man ablesen, dass 20 % aller Nutzer ab 19 Jahren mit einem Tablet ins Internet gehen. 20 % von 936 sind 0,2 · 936 = 187,2.
Also gehen etwa 187 der befragten Personen mit einem Tablet ins Internet.

c) Bei einem Streifendiagramm ergeben die Prozentsätze aller Anteile addiert insgesamt 100 %.
In dieser Umfrage kommt man in jeder Altersgruppe in der Summe aber über 100 %, weil die Befragten mehrere Geräte nennen durften. Dann würde ein Anteil von z. B. 52 % bei den Desktop PCs nicht mehr den halben Streifen füllen.
Nur bei Umfragen, bei denen man nur eine Antwort geben kann, ist die Darstellung der Ergebnisse in Streifen- und Kreisdiagrammen sinnvoll.

S. 61

1

1 Stunde	für 72 km
30 Minuten	für 36 km
1 Stunde 30 Minuten	für 108 km

Die Bahnstrecke ist 108 km lang.

S. 61

2 a) Für Wohnen/Energie geben die Bundesbürger etwa fünfmal so viel aus wie für Telekommunikation. Für Freizeit/Kultur geben die Bundesbürger etwa doppelt so viel aus wie für Gaststätten/Hotels. Für Essen/Trinken geben die Bundesbürger etwa doppelt so viel aus wie für Telekommunikation.

b) Familie Wagner gibt für Wohnen/Energie etwa 9 600 € aus (das 30-Fache von 320 €), für Verkehr etwa 4 200 € (das 30-Fache von 140 €).

3 Für 215 km benötigt der Regionalexpress etwa 3 h. Die Jahresleistung von 3 400 000 km bedeutet, dass diese Strecke im Jahr etwa 3 400 000 km : 215 km = 15 814-mal befahren wird.
Ein einziger Zug würde hierfür 15 814 · 3 h = 47 442 h benötigen. Das entspricht ca. 1 977 Tagen, d. h. fast 66 Monaten bzw. $5\frac{1}{2}$ Jahren.

S. 62

1 a) Zu berechnen sind ein Kegel mit r = 1 m und h = 3 m sowie ein Zylinder mit r = 1 m und h = 5 m.

$V_{Kegel} = \frac{1}{3} \cdot (1\text{ m})^2 \cdot \pi \cdot 3\text{ m} \approx 3{,}142\text{ m}^3$

$V_{Zylinder} = (1\text{ m})^2 \cdot \pi \cdot 5\text{ m} \approx 15{,}708\text{ m}^3$

$V_{Gesamt} \approx 18{,}85\text{ m}^3$

Jeder Kubikmeter wiegt 0,7 t, also ist die Masse $m \approx 18{,}85 \cdot 0{,}7\text{ t} \approx 13{,}195\text{ t}$.
Das Modell wiegt knapp 13,2 t.

b) Hier geht es um den Oberflächeninhalt O, der aus den Mantelflächen des Kegels M_K, des Zylinders M_Z und der Grundfläche G besteht. Zunächst muss s mit dem Satz des Pythagoras berechnet werden:
$s^2 = h^2 + r^2$
$s^2 = 9\text{ m}^2 + 1\text{ m}^2$
$s^2 = 10\text{ m}^2$
$s \approx 3{,}16\text{ m}$
$M_K = r \cdot \pi \cdot s \approx 1\text{ m} \cdot \pi \cdot 3{,}16\text{ m} \approx 9{,}93\text{ m}^2$
$M_Z = 2 \cdot r \cdot \pi \cdot h \approx 2 \cdot 1\text{ m} \cdot \pi \cdot 5\text{ m} \approx 31{,}42\text{ m}^2$
$G = r^2 \cdot \pi = (1\text{ m})^2 \cdot \pi \approx 3{,}14\text{ m}^2$
$O = M_K + M_Z + G \approx 9{,}93\text{ m}^2 + 31{,}42\text{ m}^2 + 3{,}14\text{ m}^2 \approx 44{,}49\text{ m}^2$
Das sind knapp 44,5 m². Da man pro m² einen halben Liter Farbe braucht, sind $44{,}5 \cdot 0{,}5\ l = 22{,}25\ l$ Farbe erforderlich.

2 $V_Q = 9\text{ cm} \cdot 9\text{ cm} \cdot 7\text{ cm} = 567\text{ cm}^3$

$V_Z = (1{,}5\text{ cm})^2 \cdot \pi \cdot 7\text{ cm} \approx 49{,}48\text{ cm}^3$

$V_{Körper} = V_Q - V_Z = 567\text{ cm}^3 - 49{,}48\text{ cm}^3$
$V_{Körper} = 517{,}52\text{ cm}^3$

Masse $= 517{,}52\text{ cm}^3 \cdot 2{,}7\ \frac{\text{g}}{\text{cm}^3} \approx 1\,397\text{ g} \approx 1{,}4\text{ kg}$

Der Körper wiegt ungefähr 1,4 kg.

3 $M_{Würfel} = 4 \cdot (5\text{ m})^2 = 100\text{ m}^2$

$M_{Pyramide} = 4 \cdot \frac{5\text{ m} \cdot 4\text{ m}}{2} = 40\text{ m}^2$

Die Mantelfläche des Körpers ist 140 m² groß (100 m² + 40 m²).

4 Man kann das Fass durch zwei Zylinder nach unten und nach oben abschätzen.
Da $1\ l = 1\text{ dm}^3$ gilt, wird mit dm weitergerechnet.

$V_1 = (3\text{ dm})^2 \cdot \pi \cdot 15\text{ dm}$
$V_1 \approx 424\text{ dm}^3$

$V_2 = (4\text{ dm})^2 \cdot \pi \cdot 15\text{ dm}$
$V_2 \approx 754\text{ dm}^3$

Der Inhalt des Fasses liegt zwischen 424 *l* und 754 *l*. Zutreffend ist also die Inhaltsangabe 580 *l*.

S. 63

1 a) 1. Möglichkeit: Die beiden Tankmengen 35 *l* und 42 *l* sind Vielfache von 7. Wir berechnen den Preis für 7 *l* Super.

Montag:

: 5	35 *l*	45,50 €	: 5
	7 *l*	9,10 €	

Freitag:

: 6	42 *l*	58,80 €	: 6
	7 *l*	9,80 €	

2. Möglichkeit Wir berechnen den Preis für 1 *l* Super.

Montag:

: 35	35 *l*	45,50 €	: 35
	1 *l*	1,30 €	

Freitag:

: 42	42 *l*	58,80 €	: 42
	1 *l*	1,40 €	

Für beide Lösungswege gilt:
Der Preis pro Liter Super ist am Freitag teurer.

b) Am Freitag kostet 1 *l* Super 1,40 €.
Also kosten 10 *l* am Freitag 14 €. Im Koordinatensystem finden wir den zugehörigen Punkt (10|14) auf dem Graphen A.

c) Pro Liter beträgt der Preisunterschied zwischen Montag und Freitag 10 ct.
$10 \cdot 10$ ct = 1 €; folglich hat Frau Schmidt an beiden Tagen jeweils 10 Liter getankt und Rechnungen von 1 € Unterschied erhalten.

2 a) Alle Grammangaben sind Vielfache von 100. Wir berechnen den Preis für 100 g für alle drei Gläser.

: 3	300 g	1,80 €	: 3
	100 g	0,60 €	

: 5	500 g	2,60 €	: 5
	100 g	0,52 €	

: 7	700 g	3,85 €	: 7
	100 g	0,55 €	

Das 500-g-Glas ist am preiswertesten.

b) Das 300-g-Glas enthält $3 \cdot 55$ g = 165 g Früchte.

3 Um die Geschwindigkeit der Züge vergleichen zu können, berechnet man, welche Strecke sie pro Stunde zurücklegen.

(1) Nozomi:

: 3	378 km	90 min	: 3
· 2	126 km	30 min	· 2
	252 km	60 min	

(2) ICE

· 2	120 km	30 min	· 2
	240 km	60 min	

(3) TGV-R

: 2	176 km	40 min	: 2
· 3	88 km	20 min	· 3
	264 km	60 min	

Der TGV-R ist mit einer Geschwindigkeit von 264 $\frac{km}{h}$ der schnellste Zug.

S. 64

1 a) Wahrscheinlichkeit für die Zahl vier: $\frac{2}{6} = \frac{1}{3}$ (6 mögliche, 2 günstige Ergebnisse)

b) Wahrscheinlichkeit für eine gerade Zahl: $\frac{3}{6} = \frac{1}{2}$ (6 mögliche, 3 günstige Ergebnisse)

c) Wahrscheinlichkeit für keine Sechs: $\frac{5}{6}$ (6 mögliche, 5 günstige Ergebnisse)

d) Die Wahrscheinlichkeit eine Primzahl (PZ) zu würfeln, wird bei der großen Zahl von Versuchen in der Regel nahe der relativen Häufigkeit rH(PZ) liegen.

$rH(PZ) = \frac{548}{800} = 0{,}685 = 68{,}5\,\%$

Würfel (1): $P(PZ) = \frac{4}{6} = \frac{2}{3} \approx 67\,\%$

Würfel (2): $P(PZ) = \frac{2}{6} = \frac{1}{3} \approx 33\,\%$

Würfel (3): $P(PZ) = \frac{2}{6} \approx 33\,\%$

Es wurde vermutlich mit Würfel (1) gewürfelt. Sicher kann man sich aber nicht sein.

S. 64

2 a) Das Glücksrad hat 10 gleich große Felder.

(1) Auf vier Feldern steht eine Drei. Also gilt: $P(3) = \frac{4}{10} = 0{,}4 = 40\,\%$

(2) Auf einem Feld steht eine Vier. Alle anderen Zahlen sind kleiner als 4. Also gilt:
P (Zahl ist kleiner als 4) $= \frac{9}{10} = 0{,}9 = 90\,\%$

(3) Auf drei Feldern stehen gerade Zahlen. Also gilt:
P (gerade Zahl) $= \frac{3}{10} = 0{,}3 = 30\,\%$

b) (1) Die Wahrscheinlichkeit für eine Eins beträgt $\frac{3}{10} = 30\,\%$.
Also erwartet man in ungefähr 30 % der Fälle eine Eins. 30 % von 100 = 30
Man erwartet ca. 30-mal eine Eins.

(2) Es ist sehr unwahrscheinlich, aber es könnte auch sein, dass bei 100 Versuchen das Rad keinmal auf der Eins stehen bleibt.

3 a) $P(6) = \frac{1}{9} \approx 11\,\%$

b) Es gibt 5 ungerade Zahlen in dem Gefäß: 1, 3, 5, 7, 9.
P (ungerade Zahl) $= \frac{5}{9} \approx 56\,\%$

c) Es ist sehr, sehr unwahrscheinlich, was Tom behauptet. Da es sich aber um Zufallsversuche handelt, ist dieses Ereignis – wenn auch sehr selten – durchaus möglich.

S. 65

1 Im Behälter befinden sich 20 Kugeln, davon sind 6 Kugeln blau, 12 Kugeln gelb und 2 Kugeln rot.

a) P (blaue Kugel) $= \frac{6}{20} = \frac{3}{10} = 30\,\%$

b) 18 Kugeln sind gelb oder blau. P (keine rote Kugel) $= \frac{18}{20} = \frac{9}{10} = 90\,\%$

c) Nach den Ziehungen von Marc sind nur noch 16 Kugeln im Behälter:
4 blaue Kugeln, 10 gelbe Kugeln und 2 rote Kugeln.
P (rote Kugel) $= \frac{2}{16} = \frac{1}{8} = 12{,}5\,\%$

2 Es sind 12 Kugeln im Behälter.

a) Die Hälfte der Kugeln muss rot, die andere Hälfte blau gefärbt werden, also jeweils 6 Kugeln.

b) $\frac{1}{3}$ von 12 = 4; $\frac{2}{3}$ von 12 = 8
4 Kugeln müssen rot und 8 Kugeln blau gefärbt werden.

c) $\frac{1}{6}$ von 12 = 2; $\frac{1}{3}$ von 12 = 4; $\frac{1}{2}$ von 12 = 6
2 Kugeln müssen rot, 4 Kugeln blau und 6 Kugeln grün gefärbt werden.

3 Im Behälter waren zunächst 12 Kugeln (5 + 4 + 3). Nach Utes Ziehung sind noch 10 Kugeln im Behälter. Wenn für „blau" und „weiß" die Wahrscheinlichkeit gleich ist, müssen davon gleich viele Kugeln im Behälter geblieben sein, also 5|5 oder 4|4 oder 3|3 oder 2|2 … Rote Kugeln sind nur halb so viele im Behälter wie z. B. blaue Kugeln, und das heißt: Nach Utes Ziehung sind 4 blaue Kugeln, 4 weiße Kugeln und 2 rote Kugeln im Behälter. Also hat sie bei den ersten beiden Ziehungen eine weiße und eine rote Kugel herausgenommen; die Reihenfolge weiß man nicht.

4 Nach dem Herausnehmen einer blauen und einer roten Kugel sind im Behälter noch sieben Kugeln, drei davon sind rot.
P (rote Kugel) $= \frac{3}{7} \approx 43\,\%$

S. 66

1 a) Jakarta hat die größte Zahl an Einwohnern hinzugewonnen.
Zuwachs: 34,6 Mio. – 2,9 Mio. = 31,7 Mio.

b) 1960: 16,7 Mio. 2021: 38,0 Mio.
Zuwachs: 38,0 Mio. – 16,7 Mio. = 21,3 Mio.
Gegeben: G = 16,7 Mio. W = 21,3 Mio. Gesucht: p %

$p\,\% = \frac{W}{G} = \frac{21{,}3\text{ Mio.}}{16{,}7\text{ Mio.}} \approx 1{,}28 = 128\,\%$

Probe mit dem Wachstumsfaktor: 16,7 Mio. · (1 + 1,28) ≈ 38 Mio.
Tokios Bevölkerung stieg etwa um 128 % an.

2 a)

Wassertiefe (x in m)	Verlust von 10 % pro m	Lichtstärke (L)
0		1
1	10 % von 1 = 0,1	1 – 0,1 = 0,9
2	10 % von 0,9 = 0,09	0,9 – 0,09 = 0,81
3	10 % von 0,81 = 0,081	0,81 – 0,081 = 0,729

b)

8 m	Falsch. Wir wissen, dass in 7 m Wassertiefe die Lichtstärke 0,5 beträgt. Ein Meter tiefer, in 8 m Wassertiefe sinkt sie um 10 % von 0,5 (das sind 0,05) und beträgt somit noch 0,5 – 0,05 = 0,45.
10 m	Falsch. Wir wissen aus a), dass die Lichtstärke mit größerer Wassertiefe immer allmählicher abnimmt und dass sie sich beim Abtauchen von 7 m auf 8 m um 0,05 auf 0,45 verringert. Beim Abtauchen von 8 m auf 9 m verringert sich die Lichtstärke also um einen Wert kleiner als 0,05, beim Abtauchen von 9 m auf 10 m um einen noch kleineren Wert. Insgesamt verringert sich damit die Lichtstärke beim Abtauchen von 7 m auf 10 m um einen Wert, der kleiner als 0,15 = 3 · 0,05 ist. Damit ist die Lichtstärke in 10 m Wassertiefe auf jeden Fall größer als 0,25.
14 m	Ja. Da alle anderen Wassertiefen ausgeschlossen werden können, muss dies die richtige Antwort sein. Sie lässt sich auch durch Berechnungen bestätigen.

S. 67

1

Zahlenrätsel		Gleichung	Lösung
①	a + 3a = 8 4a = 8 a = 2	(E)	2
②	2a · 2 = 20 4a = 20 a = 5	(C)	5
③	4a · 2 = 8 8a = 8 a = 1	(A)	1
④	8a – 4 = 20 8a = 24 a = 3	(B)	3

2 Folgende Terme bezeichnen genau die Hälfte einer beliebigen Zahl a:

$a : 2 = \frac{a}{2}$; $50\,\% \cdot a = \frac{1}{2}a$; $a - \frac{1}{2}a = \frac{1}{2}a$; $\frac{a}{2}$

S. 67

3

Für n = 4 sehen die Muster so aus:	
a) 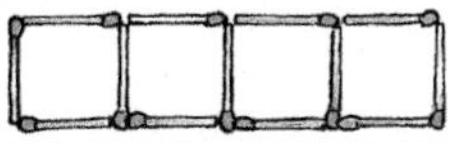	b) 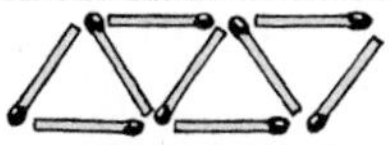
Anzahl der Hölzer: $13 = 1 + 4 \cdot 3$ oder: $13 = 4 + 3 \cdot 3$	$9 = 1 + 4 \cdot 2$ oder: $9 = 3 + 3 \cdot 2$
Term: $1 + n \cdot 3$ oder: $4 + (n - 1) \cdot 3$	$1 + n \cdot 2$ oder: $3 + (n - 1) \cdot 2$

4 Ersetzt man die sprachlichen Ausdrücke durch Terme, so erhält man folgende Gleichung:

$$\begin{aligned} (2x + 120 - 3 \cdot 40) : 2 &= x \\ (2x + 120 - 120) : 2 &= x \\ 2x : 2 &= x \\ x &= x \end{aligned}$$

Der Trick funktioniert, weil der Wert des Terms auf der linken Seite der Gleichung eben gerade x beträgt.

S. 68

1 a) Der Fehler steckt hier: $62 - 20x = 0$

Korrekt lautet die Zeile: $62 - 28x = 0$

Hieraus ergibt sich:

$$\begin{aligned} -28x &= -62 \qquad &|:(-28) \\ x &= \frac{62}{28} = \frac{31}{14} \end{aligned}$$

b) Der Fehler steckt hier: $4x - 24 = -2{,}1x - 3 + 0{,}5x - 18$

Korrekt lautet die Zeile: $4x - 24 = -2{,}1x - 3 + 0{,}5x - 9$

Hieraus ergibt sich:

$$\begin{aligned} 4x - 24 &= -1{,}6x - 12 \qquad &|+1{,}6x \\ 5{,}6x - 24 &= -12 &|+24 \\ 5{,}6x &= 12 \\ \frac{56}{10}x &= 12 &|\cdot \frac{10}{56} \\ x &= \frac{120}{56} = \frac{15}{7} \end{aligned}$$

c) Der Fehler steckt hier: $6 \cdot (x - 5) = 3 \cdot (7x - 42)$

Korrekt lautet die Zeile: $6 \cdot 6 \cdot (x - 5) = 3 \cdot (7x - 42)$

Hieraus ergibt sich:

$$\begin{aligned} 36x - 180 &= 21x - 126 \qquad &|-21x \\ 15x - 180 &= -126 &|+180 \\ 15x &= 54 &|:15 \\ x &= 3{,}6 \end{aligned}$$

2 ①

$$\begin{aligned} 3 \cdot (x - 8) - 2{,}5x + 2 &= 6 \cdot (2{,}5x - 1{,}25) \\ 3x - 24 - 2{,}5x + 2 &= 15x - 7{,}5 \\ 0{,}5x - 22 &= 15x - 7{,}5 \qquad &|-15x \\ -14{,}5x - 22 &= -7{,}5 &|+22 \\ -14{,}5x &= 14{,}5 &|:(-14{,}5) \\ x &= -1 \end{aligned}$$

②

$$\begin{aligned} \frac{(2x-6) \cdot 5}{10} - 4 \cdot (2{,}5x - 3) &= \frac{6x - 48}{4} \\ \frac{[(x-3) \cdot 2] \cdot 5}{2 \cdot 5} - 10x + 12 &= \frac{(6x : 4 - 12) \cdot 4}{4} \\ (x - 3) - 10x + 12 &= \frac{6}{4}x - 12 \\ -9x + 9 &= 1{,}5x - 12 \qquad &|-1{,}5x \\ -10{,}5x + 9 &= -12 &|-9 \\ -10{,}5x &= -21 \\ x &= 2 \end{aligned}$$

S. 68

③ $3{,}05 \cdot (x - 4 : 0{,}05) - 0{,}65x = -115 - 12{,}2 \cdot (1 + 3x) + \frac{2}{10}$

$$\begin{aligned} 3{,}05 \cdot (x - 80) - 0{,}65x &= -115 - 12{,}2 - 36{,}6x + 0{,}2 \\ 3{,}05x - 244 - 0{,}65x &= -127 - 36{,}6x \\ 2{,}4x - 244 &= -127 - 36{,}6x \quad &|+36{,}6x \\ 39x - 244 &= -127 \quad &|+244 \\ 39x &= 117 \quad &|:39 \\ x &= 3 \end{aligned}$$

3 Gesucht ist der Preis x für eine Flasche Limonade.

Einkauf von	Anzahl von Flaschen Limonade	Rechnungsbetrag an der Kasse (in €)
Mira	3	$3x + 1{,}50$
Jonathan	5	$5x$

Da Mira und Jonathan an der Kasse denselben Betrag zu zahlen haben, muss gelten:

$$\begin{aligned} 5x &= 3x + 1{,}50 \quad &|-3x \\ 2x &= 1{,}50 \quad &|:2 \\ x &= 0{,}75 \end{aligned}$$

Der Preis für eine Flasche Limonade beträgt also 0,75 €.

4 a) $23 - 2 \cdot (2x - 1) = -(9 - 7{,}5x) - 5 \cdot (1{,}9x - 3{,}2)$

$$\begin{aligned} 23 - 4x + 2 &= -9 + 7{,}5x - 9{,}5x + 16 \\ 25 - 4x &= -2x + 7 \quad &|+2x \\ 25 - 2x &= 7 \quad &|-25 \\ -2x &= -18 \quad &|:(-2) \\ x &= 9 \end{aligned}$$

Um die Richtigkeit der Lösung zu überprüfen, setzt man den ermittelten Wert für x ein. Ergibt sich auf beiden Seiten der Gleichung dasselbe Ergebnis, stimmt die Lösung.

Probe:
linke Seite der Gleichung: $23 - 2 \cdot (18 - 1) = 23 - 34 = -11$
rechte Seite der Gleichung: $-(9 - 67{,}5) - 5 \cdot (17{,}1 - 3{,}2) = -9 + 67{,}5 - 85{,}5 + 16 = -11$

b) $\frac{5 \cdot (6x - 9)}{15} - 0{,}7 \cdot (+8) = \frac{4{,}4x + 0{,}8}{2}$

$$\begin{aligned} \frac{5 \cdot [3 \cdot (2x - 3)]}{15} - 5{,}6 &= \frac{2 \cdot (2{,}2x + 0{,}4)}{2} \\ 2x - 3 - 5{,}6 &= 2{,}2x + 0{,}4 \\ 2x - 8{,}6 &= 2{,}2x + 0{,}4 \quad &|+8{,}6 \\ 2x &= 2{,}2x + 9 \quad &|-2{,}2x \\ -0{,}2x &= 9 \quad &|:(-0{,}2) \\ x &= -45 \end{aligned}$$

Probe:
linke Seite der Gleichung: $\frac{5 \cdot (-270 - 9)}{15} - 0{,}7 \cdot (+8) = -93 - 5{,}6 = -98{,}6$

rechte Seite der Gleichung: $\frac{-198 + 0{,}8}{2} = \frac{-197{,}2}{2} = -98{,}6$

c) $-0{,}4 \cdot 5 - 0{,}4x \cdot 12{,}5 = -0{,}5 \cdot (28 - 3x) - (0{,}5 : 0{,}2) \cdot x$

$$\begin{aligned} -2 - 5x &= -14 + 1{,}5x - 2{,}5x \\ -2 - 5x &= -14 - x \quad &|+x \\ -2 - 4x &= -14 \quad &|+2 \\ -4x &= -12 \quad &|:(-4) \\ x &= 3 \end{aligned}$$

Probe:
linke Seite der Gleichung: $-0{,}4 \cdot 5 - 0{,}4 \cdot 3 \cdot 12{,}5 = -2 - 15 = -17$
rechte Seite der Gleichung: $-0{,}5 \cdot (28 - 9) - (0{,}5 : 0{,}2) \cdot 3 = -9{,}5 - 7{,}5 = -17$

S. 69

1

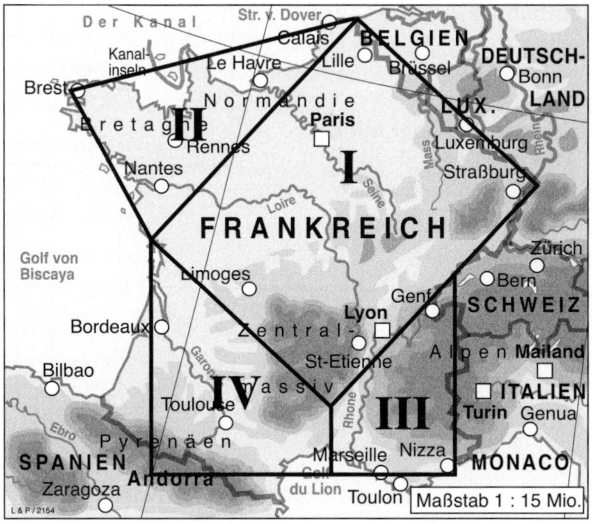

Die Unterteilung Frankreichs in berechenbare Teilflächen kann auf unterschiedliche Art erfolgen; hier ist eine Möglichkeit dargestellt.
Der Maßstab bedeutet: Jeder gemessene Millimeter ist in Wirklichkeit 15 km.

$A_I = 570\text{ km} \cdot 450\text{ km} = 256\,500\text{ km}^2$

$A_{II} = \frac{570\text{ km} \cdot 300\text{ km}}{2} = 85\,500\text{ km}^2$

$A_{III} = \frac{150\text{ km} + 390\text{ km}}{2} \cdot 285\text{ km} = 76\,950\text{ km}^2$

$A_{IV} = \frac{150\text{ km} + 480\text{ km}}{2} \cdot 330\text{ km}^2 = 103\,950\text{ km}^2$

$A_{Gesamt} = 522\,900\text{ km}^2$

Frankreich ohne Korsika ist ca. 523 000 km² groß. (Laut offiziellen Angaben sind es etwa 535 000 km².)

2

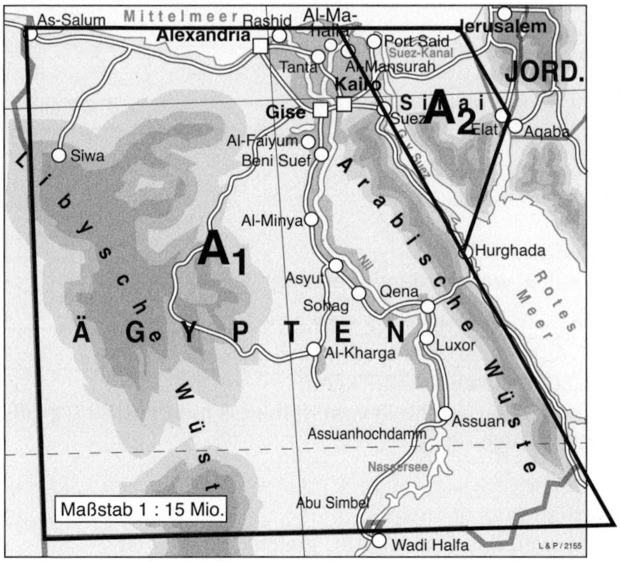

Ägypten kann mit zwei Trapezen gut erfasst werden. Es ist nach Augenschein erheblich größer als Frankreich.

$A_1 = \frac{1\,080 + 615\text{ km}}{2} \cdot 975\text{ km}$ $\quad A_1 \approx 826\,000\text{ km}^2$

$A_2 = \frac{540\text{ km} + 225\text{ km}}{2} \cdot 210\text{ km}$ $\quad A_2 \approx 80\,300\text{ km}^2$

$A_{Gesamt} = 906\,300\text{ km}^2$

Ägypten ist über 900 000 km² groß. (Laut offiziellen Angaben sind es etwa 1 000 000 km².)

S. 70

1 x ist der Höhenunterschied der Anlaufbahn und y ihre Länge.

Es gilt: $\tan 39° = \frac{x}{113\text{ m}}$

$113\text{ m} \cdot \tan 39° = x$

$x \approx 91{,}506\text{ m}$

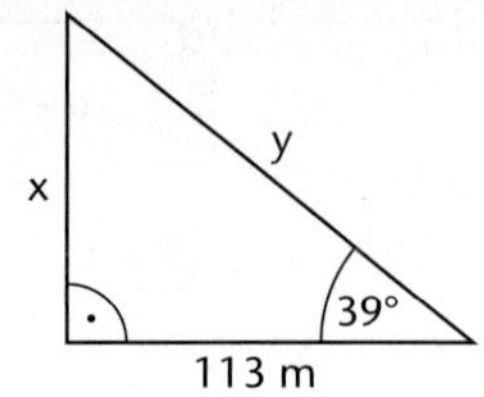

Die Länge y kann mit dem Satz des Pythagoras oder mit der Kosinusfunktion bestimmt werden. Die zweite Möglichkeit hat den Vorteil, dass ein Fehler bei der Berechnung von x nicht zu einem Folgefehler bei y führt.

1. Möglichkeit: $y^2 = x^2 + (113\text{ m})^2$

$y^2 = (91{,}506\text{ m})^2 + (113\text{ m})^2$

$y \approx 145\text{ m}$

2. Möglichkeit: $\cos 39° = \frac{113\text{ m}}{y}$ $\quad | \cdot y$

$y \cdot \cos 39° = 113\text{ m}$ $\quad | : \cos$

$y = \frac{113\text{ m}}{\cos 39°}$

$y \approx 145\text{ m}$

Die Anlaufbahn hat einen Höhenunterschied von ca. 92 m und ist ungefähr 145 m lang.

2 Konstruktion eines Dreiecks ABC mit c = 4,1 cm, b = 3,5 cm und $\alpha = 40°$.

Die Messung ergibt $\overline{BC} = 2{,}7$ cm.

Der Punkt B ist von C etwa 270 m entfernt.

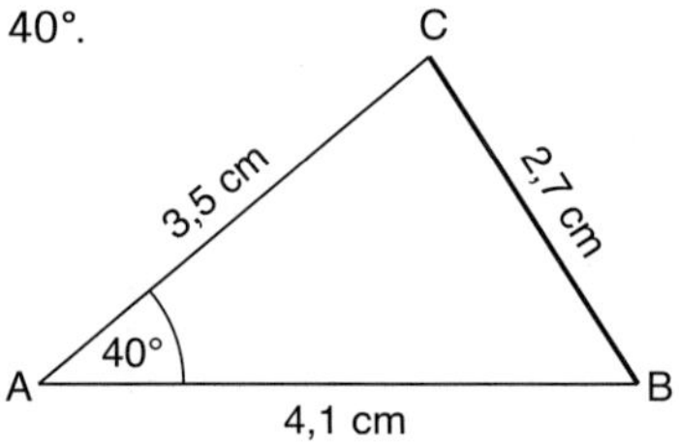

3 a) Das Dreieck ABC ist rechtwinklig und gleichschenklig.
Konstruktion: Rechter Winkel bei C. Dann auf beiden Schenkeln 5 cm abtragen.
Messung $\overline{AB} \approx 7$ cm
Der Radius des Halbkreises ist $r \approx 3{,}5$ cm.

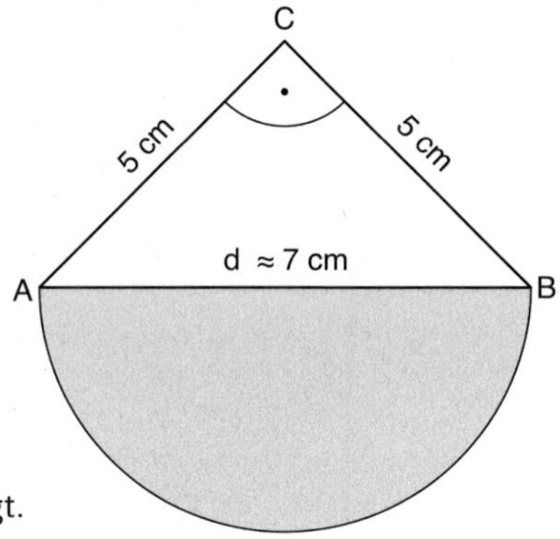

b) Mit dem Satz des Pythagoras gilt im rechtwinkligen Dreieck ABC:
$d^2 = (5\text{ cm})^2 + (5\text{ cm})^2$
$d = \sqrt{25 + 25}$ cm
$d = 7{,}071...$ cm
Für den Radius ergibt die Rechnung ca. 3,5 cm.
Konstruktion und Messergebnis aus a) werden damit bestätigt.

c) Flächeninhalt des Halbkreises: $A_{HK} = (3{,}5\text{ cm})^2 \cdot \pi : 2 \approx 19{,}2\text{ cm}^2$;
Flächeninhalt des Dreiecks ABC: $A_D = (5\text{ cm} \cdot 5\text{ cm}) : 2 = 12{,}5\text{ cm}^2$;
150 % der Dreiecksfläche sind $1{,}50 \cdot 12{,}5\text{ cm}^2 = 18{,}75\text{ cm}^2$.
Weil $A_{HK} \approx 19{,}2\text{ cm}^2 > 18{,}75\text{ cm}^2$, ist der Flächeninhalt vom Halbkreis mehr als 50 % größer als der Flächeninhalt des Dreiecks. Anna hat also recht.

d) Durch Messung erhält man:
$\sphericalangle(BAC) = \sphericalangle(CBA) = 45°$. Dies erhält man auch so:
$\alpha = \sphericalangle(BAC)$ ist gleich $\beta = \sphericalangle(CBA)$, weil das Dreieck ABC gleichschenklig ist.
Also: $\alpha + \beta + 90° = 180°$; mit $\alpha = \beta$ gilt $\alpha + \alpha = 90°$; also $\alpha = \beta = 45°$.

S. 71

1 Auf dem Glücksrad gibt es insgesamt 16 gleich große Felder. 3 Felder sind blau (Trostpreis) und 1 Feld ist schwarz (Gewinn). 12 Felder sind weiß, die Verlust bedeuten.

a) P (Verlust) $= \frac{12}{16} = \frac{3}{4} = 75\,\%$

b) P (Trostpreis) $= \frac{3}{16} = 18{,}75\,\%$

c) P (Gewinn für 7,00 €) $= \frac{1}{16} = 6{,}25\,\%$

d) Bei 768 Spielen muss man damit rechnen, dass in $\frac{3}{16}$ der Spiele ein Trostpreis und in $\frac{1}{16}$ der Spiele ein Gewinn für 7,00 € erzielt wird.

$768 \cdot \frac{3}{16} = 144 \qquad 144 \cdot 0{,}25\,€ = 36\,€$

$768 \cdot \frac{1}{16} = 48 \qquad 48 \cdot 7{,}00\,€ = 336\,€$

$36\,€ + 336\,€ = 372\,€$

Die Klasse 9b wird bei der großen Zahl von Spielen ungefähr 372 € für Preise bezahlt haben. Da jeder Einsatz 0,80 € kostet, hat die Klasse 614,40 € eingenommen (768 · 0,80 €). Als Gewinn dürften der Klasse ungefähr 614,40 € – 372 €, also 222,40 € geblieben sein. Von den angegebenen Beträgen ist wohl somit 242,40 € realistisch. Sicher kann man sich aber nicht sein.

2 a) P (blau) $= \frac{3}{16}$ und P (schwarz) $= \frac{1}{16}$

$800 \cdot \frac{3}{16} = 150$ und $800 \cdot \frac{1}{16} = 50$

Man kann 150-mal „blau" und 50-mal „schwarz" erwarten.

b) 50-mal muss ein Gewinn von 10 €, also 500 € ausgezahlt werden.
150-mal muss der Einsatz zurückgezahlt werden, das sind 150 €.
800 € – 500 € – 150 € = 150 €
Der Veranstalter kann mit einem Gewinn von 150 € rechnen. Sicher kann er sich aber nicht sein.

S. 72

1

	a)	b)	c)
Kapital (K)	1 800 €	4 500 €	3 000 €
Zinssatz (p %)	0,5 %	1,8 %	0,65 %
Zinsen (Z)	9 €	81 €	19,50 €

$K = Z \cdot \frac{100}{p} \qquad p\,\% = \frac{Z}{K}$ oder $p = \frac{100 \cdot Z}{K}$

$Z = K \cdot p\,\%$ oder $Z = K \cdot \frac{p}{100}$

2 Ausgangssituation: Tom legt 2 000 € für ein Jahr zu 0,5 % fest an und erhält am Jahresende 10 € Zinsen.

a) Veränderte Situation:
Tom legt doppelt so hohe Ersparnisse bei doppelt so hohem Zinssatz an. Das bedeutet: Tom legt 4 000 € zu 1 % an, am Jahresende erhält er dann 40 € Zinsen. Tom würde nach einem Jahr Zinsen in vierfacher Höhe erhalten, also 40 €.

b) Veränderte Situation:
Tom legt doppelt so hohe Ersparnisse bei halb so großem Zinssatz an. Das bedeutet: Tom legt 4 000 € zu 0,25 % an, am Jahresende erhält er dann 10 € Zinsen.
Die Verdoppelung des Kapitals hat zusammen mit der Halbierung des Zinssatzes keine Auswirkungen auf die Höhe der Zinsen. Tom würde nach einem Jahr Zinsen in derselben Höhe erhalten, also 10 €.

3 Den höchsten Zinssatz hat erzielt, bei dem der Quotient aus Endkapital und Anfangskapital am größten ist.

Anja: $\frac{2\,925{,}59}{2\,400} \approx 1{,}219$ Boris: $\frac{2\,281{,}77}{1\,800} \approx 1{,}268$ Pia: $\frac{348{,}16}{300} \approx 1{,}161$ Luca: $\frac{798{,}83}{600} \approx 1{,}331$

Luca hat den höchsten Zinssatz erzielt.

S. 72

4 Wir berechnen die Höhe der Miete im zweiten Jahr entsprechend der beiden Angebote.

Angebot A (1. Jahr: 3,5: 3,5 %; 2. Jahr 4,5 %	
1. Jahr	900 € · 1,035 = 931,50 €
2. Jahr	931,50 € · 1,045 = **973,42 €**

Angebot B (1. Jahr: 4,5 %; 2. Jahr 3,5 %	
1. Jahr	900 € · 1,045 = 940,50 €
2. Jahr	940,50 € · 1,035 = **973,42 €**

Beide Angebote führen nach zwei Jahren zur gleichen Miete von 973,42 €.
Aber im ersten Jahr der Erhöhung muss Frau Winter beim Angebot B monatlich 940,50 € – 931,50 € = 9 € mehr bezahlen.
Angebot A ist also günstiger. Diesen Rat solltest du Frau Winter geben.

5 Für eine einzelne Karte zahlt Sina 80 € : 4 = 20 €.
Drei dieser Karten verkauft sie mit 15 % Gewinn, d. h. sie erhält für jede Karte 20 € · 1,15 = 23 €. Ihren Ausgaben von 80 € stehen damit Einnahmen in Höhe von 3 · 23 € = 69 € gegenüber. Damit kostet für Sina der Eintritt nur 80 € – 69 € = 11 €.

S. 73

1 Für die Lösung der Aufgabe benötigen wir die Seitenlänge a des quadratischen Spielfeldes. Im ersten Schritt berechnet man aus dem gegebenen Umfang des Tisches dessen Durchmesser d.
(1) Für den Kreisumfang gilt die Formel

$u = 2 \cdot r \cdot \pi = d \cdot \pi$

$2{,}24\ m = d \cdot \pi \quad | : \pi$

$d \approx 0{,}71\ m \quad d \approx 71\ cm$

Im zweiten Schritt ermittelt man die Diagonale d_Q des quadratischen Schachfeldes.
(2) Wir wissen, dass der Durchmesser d des Tisches 71 cm beträgt und der Summe der Längen 10 cm + 10 cm + d_Q entspricht. Also:

$71\ cm = 10\ cm + 10\ cm + d_Q \quad | - 20\ cm$

$51\ cm = d_Q$

Für die Länge der Diagonale d_Q eines Quadrats mit der Seitenlänge a gilt: $d_Q = a\sqrt{2}$. Also:

$51\ cm = a\sqrt{2} \quad | : \sqrt{2}$

$a \approx 36\ cm$

Ein Schachbrett besteht aus 8 x 8 Einzelfeldern. Die Seitenlänge eines dieser Felder beträgt dann 36 cm : 8 = 4,5 cm, sein Flächeninhalt 4,5 cm · 4,5 cm = 20,25 cm².
Eines der 64 Quadrate des Schachfeldes ist also ungefähr 20,25 cm² groß.

2 Für den Flächeninhalt A eines Kreises mit dem Radius r gilt: $A = r^2 \cdot \pi$.
Der alte Tisch mit einem Durchmesser von 105 cm hat einen Radius von 105 cm : 2 = 52,5 cm.
Der Inhalt der alten Tischfläche beträgt somit: $A_{alt} = (52{,}5\ cm)^2 \cdot \pi \approx 8659\ cm^2$.
Die Fläche des neuen Tisches soll doppelt so groß sein,
also $A_{neu} = 2 \cdot A_{alt} \approx 2 \cdot 8659\ cm^2 = 17\,318\ cm^2$.
Gesucht ist nun der Durchmesser eines solchen Tisches.
Aus $A_{neu} = r^2 \cdot \pi$ und $A_{neu} \approx 17\,318\ cm^2$ folgt:

$r^2 \cdot \pi \approx 17\,318\ cm^2 \quad | : \pi$

$r^2 \approx 5512{,}5\ cm^2 \quad | \sqrt{\ }$

$r \approx 74{,}2\ cm$

Ein runder Tisch mit doppelt so großem Flächeninhalt hat also einen Durchmesser von 2 · 74,2 cm = 148,4 cm. Ein Esszimmer von 2,10 m Breite und 3,50 m Länge bietet Platz für einen solchen Tisch.
Die Antwort lautet somit: Der Verkäufer hat nicht recht.

S. 73

3 Zunächst berechnet man den Radius r_1 des Halbkreises zur Innenlinie 1.

Ein Halbkreis hat die Länge $b = \pi r \left(\frac{2\pi r}{2}\right)$. $90\,m = \pi \cdot r_1$ $r_1 = \frac{90\,m}{\pi}$ $r_1 \approx 28{,}65\,m$

Daraus folgt:
$r_2 = 30{,}15\,m$ $r_3 = 31{,}65\,m$ $r_4 = 33{,}15\,m$ $r_5 = 34{,}65\,m$ $r_6 = 36{,}15\,m$

a) Die Laufwege b_2 bis b_6 auf den Linien 2, 3, 4, 5 und 6 berechnen sich ebenfalls mit der Formel $b = r \cdot \pi$

$b_2 = 30{,}15\,cm \cdot \pi$
$b_2 = 94{,}72\,m$

$b_3 = 31{,}65\,m \cdot \pi$
$b_3 = 99{,}43\,m$

$b_4 = 33{,}15\,m \cdot \pi$
$b_4 = 104{,}14\,m$

$b_5 = 34{,}65\,m \cdot \pi$
$b_5 = 108{,}86$

$b_6 = 36{,}15\,m \cdot \pi$
$b_6 = 113{,}57\,m$

b) Die Fläche ist ein halber Kreisring ($r_a = 36{,}15\,m$; $r_i = 28{,}65\,m$)

$2A = r_a^2 \cdot \pi - r_i^2 \cdot \pi$
$2A = (36{,}15\,m)^2 \cdot \pi - (28{,}65\,m)^2 \cdot \pi$
$2A \approx 1\,526{,}8\,m^2 \mid :2$
$A \approx 763{,}4\,m^2$

S. 74

Für alle Aufgaben dieser Seite gilt:

- Es wird ohne Taschenrechner mit $\pi = 3$ gerechnet.
- Radius oder Durchmesser können durch Auszählen der Kästchen bestimmt werden: 2 Kästchen ≙ 1 cm.
- Der Flächeninhalt der Quadrate A_Q in den Aufgaben 1 bis 3 beträgt jeweils $7\,cm \cdot 7\,cm = 49\,cm^2$.

1 Von der Quadratfläche A_Q muss eine Kreisfläche A_K mit dem Radius $r = 3{,}5\,cm$ abgezogen werden.
$A_K = r^2 \cdot \pi = (3{,}5\,cm)^2 \cdot 3 = 36{,}75\,cm^2$
Für schraffierte Fläche A ergibt sich: $A = A_Q - A_K = 49\,cm^2 - 36{,}75\,cm^2 = 12{,}25\,cm^2$

Der Umfang setzt sich zusammen aus zwei Seitenlängen des Quadrats und dem Umfang eines Kreises mit dem Radius $r = 3{,}5\,cm$

$u = 2 \cdot 7\,cm + 2 \cdot 3{,}5\,cm \cdot \pi = 35\,cm$

2 Von der Quadratfläche A_Q müssen vier Viertelkreisflächen A_K mit dem Radius $r = 3{,}5\,cm$ abgezogen werden, d. h. eine Kreisfläche A_K mit dem Radius $r = 3{,}5\,cm$. Damit ergibt sich dasselbe Ergebnis für den Flächeninhalt wie in Aufgabe 1.

3 Der Umfang setzt sich zusammen aus dem Kreisbogen eines Viertelkreises mit $r = 7\,cm$, dem Kreisbogen eines Halbkreises mit $r = 3{,}5\,cm$, dem Kreisbogen eines Halbkreises mit $r = 2{,}25\,cm$ und einem 2,5 cm langen Teil der Seitenlänge des Quadrats.

$u = \frac{1}{4} \cdot 2 \cdot 7\,cm \cdot \pi + \frac{1}{2} \cdot 2 \cdot 3{,}5\,cm \cdot \pi + \frac{1}{2} \cdot 2 \cdot 2{,}25\,cm \cdot \pi + 2{,}5\,cm = 30{,}25\,cm$

S. 75

1 a) Die 3,6 m hohe Spitze ist auf dem Foto ungefähr 0,75 cm hoch. 1 cm auf dem Foto entspricht also 4,8 m in Wirklichkeit. Der Obelisk ist auf dem Foto ungefähr 4,8 cm hoch. D. h. der Obelisk ist in Wirklichkeit also ca. 23 m (4,8 · 4,8 m) hoch.

b) Das Volumen des Obelisken kann durch einen Quader mit 23 m Höhe und quadratischer Grundfläche mit der Seitenlänge 2 m (etwas mehr als der Mensch vor dem Obelisken) abgeschätzt werden.

c) Der Obelisk hat ein geschätztes Volumen von $23\,m \cdot 2\,m \cdot 2\,m = 92\,m^3$. Daraus ergibt sich eine ungefähre Masse von $92\,m^3 \cdot \frac{2{,}8\,t}{m^3} \approx 257{,}6\,t$. Der Obelisk wiegt ca. 260 t.

2

Annahme:	Die Frau an der Brille ist ungefähr 1,6 m groß.
Abschätzung:	Die Brille ist ungefähr 1,5 m hoch und 5 m breit. Die Bügellänge einer Brille entspricht ungefähr der Breite, also auch 5 m.
Rechnung:	Die Brille eines Menschen ist so breit wie der Kopf. Die Kopflänge ist ungefähr das 1,5-Fache der Kopfbreite. Die Körpergröße ist ungefähr das 7,5-Fache der Kopflänge. $5\,m \cdot 1{,}5 \cdot 7{,}5 = 56{,}25\,m$
Antwort:	Die Person müsste ungefähr 56 m groß sein.

S. 75

3 Damit man nicht alle Personen zählen muss, legt man ein Zählgitter über das Foto. Man geht davon aus, dass in jedem Quadrat des Zählgitters durchschnittlich gleich viele Menschen sind:

Hier wurde das Foto in $3 \cdot 4 = 12$ gleich große Quadrate eingeteilt. Nun bestimmt man die Anzahl von Personen in einem Quadrat, in dem durchschnittlich viele Personen zu sehen sind. Im stark umrandeten Quadrat sind das ungefähr 30. Damit ergeben sich für das gesamte Bild $12 \cdot 30 = 360$. Etwa 400 Personen befinden sich auf dem Foto.

Abschlusstest Teil 2 Komplexe Aufgaben

S. 76

1 Körper

a) Zunächst müssen das Volumen des Quaders V_Q und das Volumen des Zylinders V_Z ermittelt werden.
$V_Q = 30\ \text{cm} \cdot 80\ \text{cm} \cdot 50\ \text{cm} = 120\,000\ \text{cm}^3$ $\qquad V_Z = (10\ \text{cm})^2 \cdot \pi \cdot 80\ \text{cm} \approx 25\,130\ \text{cm}^3$
$V = V_Q - V_Z \approx 94\,870\ \text{cm}^3$
Da jeder Kubikzentimeter Kupfer 8,92 g wiegt, ergibt sich für die Masse des Körpers:
$94\,870\ \text{cm}^3 \cdot 8{,}92\ \frac{\text{g}}{\text{cm}^3} = 846\,240\ \text{g} \approx 846\ \text{kg}$
Der Körper wiegt ungefähr 846 kg.

b) Zur Oberfläche gehört die gesamte Oberfläche des Quaders O_Q ohne die Bohrungen $2 \cdot G_B$.
$O_Q = 2 \cdot 30\ \text{cm} \cdot 50\ \text{cm} + 2 \cdot 80\ \text{cm} \cdot 30\ \text{cm} + 2 \cdot 80\ \text{cm} \cdot 50\ \text{cm} = 15\,800\ \text{cm}^2$
Kreisfläche einer Bohrung: $G_B = (10\ \text{cm})^2 \cdot \pi \approx 314\ \text{cm}^2$
Fläche, die gestrichen werden muss: $O = O_Q - 2\,G_B \approx 15\,172\ \text{cm}^2$ $\qquad O = 1{,}5172\ \text{m}^2$
Mit einer Dose Farbe kann man 1 m² lackieren. Die Oberfläche ist größer als 1 m², aber kleiner als 2 m²; also reichen 2 Dosen.

2 Autofarben

a) Sonstige Farben: 228 – 76 – 57 = 95
silbergrau: $\frac{76}{228} = \frac{1}{3} \approx 33{,}3\,\%$
schwarz: $\frac{57}{228} = \frac{1}{4} = 25\,\%$
Sonstige: $\frac{95}{228} = \frac{5}{12} \approx 41{,}7\,\%$

Farbe	Anzahl	Anteil als Bruch	Anteil in %
silbergrau	76	$\frac{1}{3}$	33,3 %
schwarz	57	$\frac{1}{4}$	25 %
Sonstige	95	$\frac{5}{12}$	41,7 %

b) Im Balkendiagramm wird die Anzahl der verschiedenen Autofarben abgetragen. Zuerst wird die Einteilung der x-Achse vorgenommen.

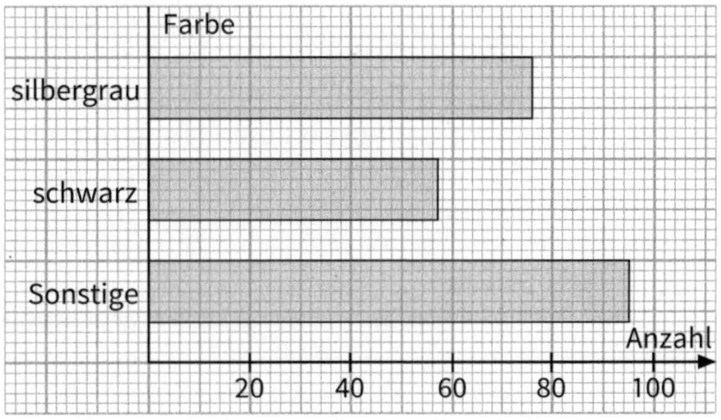

c) (1) P (silbergrau oder schwarz)
= P (silbergrau) + P (schwarz)
$= \frac{1}{3} + \frac{1}{4} = \frac{7}{12} \approx 58\,\%$

(2) Die Summe der Wahrscheinlichkeiten aller möglichen Ergebnisse ist 1 bzw. 100 %.
Daraus folgt: P (nicht silbergrau)
$= 1 - P(\text{silbergrau}) = 1 - \frac{1}{3} = \frac{2}{3} \approx 67\,\%$

S. 77

3 Busfahrt

a) Während der Fahrt wird Benzin verbraucht, der Tankinhalt nimmt also ab. Ein Tankvorgang ist dagegen daran zu erkennen, dass die Benzinmenge im Tank sprunghaft ansteigt. Dies ist nach einer gefahrenen Strecke von 100 km und von 500 km der Fall.
Es wurde also 2-mal angehalten, um zu tanken.

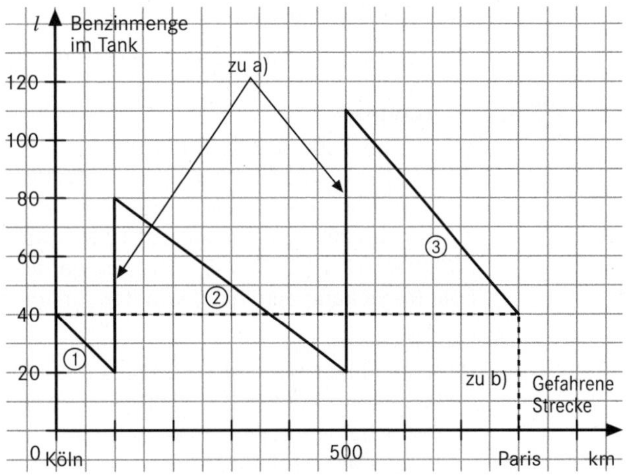

b) Die Entfernung von Köln nach Paris lässt sich auf der x-Achse ablesen; ungefähr 800 km.

c) Je größer der Benzinverbauch ist, desto rascher nimmt der Tankinhalt ab. Auf der Teilstrecke mit dem höchsten Benzinverbrauch wird der Graph daher am steilsten abfallen. Dies trifft auf die Teilstrecke ③ zu.

d) Beim Start in Köln sind 40 *l* Benzin im Tank, bis zum ersten Tanken sind 20 *l* davon verbraucht. Die Teilstrecke ② beginnt der Bus mit einem Tankinhalt von 80 *l*, davon sind bis zum zweiten Tanken 60 *l* verbraucht. Die Teilstrecke ③ beginnt der Bus mit einem Tankinhalt von 110 *l*, bei seiner Ankunft in Paris sind noch 40 *l* im Tank. Der Bus hat also auf der letzten Etappe 70 *l* verbraucht. Auf der gesamten Fahrt verbrauchte der Bus also 20 *l* + 60 *l* + 70 *l* = 150 *l*.

S. 77

4 Glücksräder

(1)

(2)

a) Das Glücksrad (1) hat acht gleich große Felder. Auf drei Feldern steht eine Fünf.
Die Wahrscheinlichkeit, eine Fünf zu erzielen, ist somit $\frac{3}{8}$ bzw. 37,5 % groß.

b) Das Glücksrad (2) hat ebenfalls acht gleich große Felder. Auf fünf Feldern stehen Zahlen, die kleiner als 4 sind. Somit ist die Wahrscheinlichkeit $\frac{5}{8}$ bzw. 62,5 % groß.

c) Die Wahrscheinlichkeit, eine Fünf zu erzielen, beträgt beim Glücksrad (1) $\frac{3}{8}$ und beim Glücksrad (2) $\frac{1}{8}$.
(1) $\frac{3}{8}$ von 1 000 $= 1\,000 \cdot \frac{3}{8} = 375$ (2) $\frac{1}{8}$ von 1 000 $= 1\,000 \cdot \frac{1}{8} = 125$
Da sich relative Häufigkeiten und Wahrscheinlichkeiten bei langen Versuchsreihen annähern, wurde offensichtlich mit dem Glücksrad (2) gespielt. Absolut sicher kann man sich aber nicht sein.

S. 78

5 Taschengeld für den Urlaub

Mira hat 10 · 13,50 € = 135 € gespart. Wenn dieser Betrag nur sechs Tage reichen muss, kann sie jeden Tag 135 € : 6 = 22,50 € ausgeben.

6 Trampolin

a) Das Sprungtuch hat die Form eines Kreises. Sein Radius beträgt r = 105 cm (210 cm : 2, halber Durchmesser). Für den Flächeninhalt eines Kreises gilt: $A = r^2 \cdot \pi$.
$A = (105\text{ cm})^2 \cdot \pi \approx 34\,636\text{ cm}^2 \approx 3{,}5\text{ m}^2$
Das Sprungtuch ist ungefähr 3,5 m² groß.

b) Der Durchmesser des Trampolins ist 250 cm, sein Radius beträgt also 125 cm.
Nicht bedeckt ist die Fläche mit einem Radius von 97 cm (= 125 cm – 28 cm). Da der Radius des Sprungtuchs aber 105 cm ist, überlappt die Abdeckung das Sprungtuch um 8 cm (= 105 cm – 97 cm).

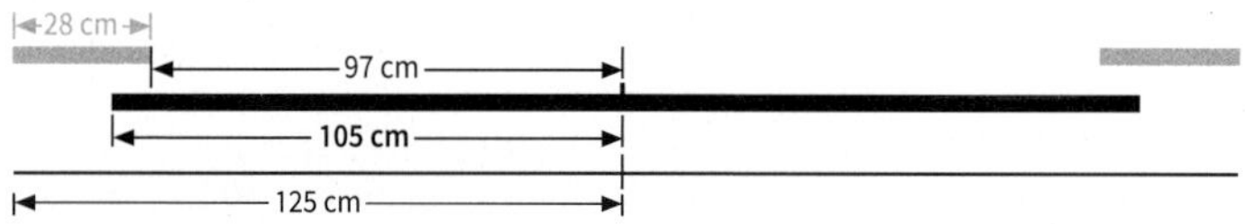

c) Von dem Sprungtuch zu sehen ist also eine Fläche der Größe
$A = (97\text{ cm})^2 \cdot \pi \approx 29\,559\text{ cm}^2 \approx 3{,}0\text{ m}^2$. Verdeckt sind rund 0,5 m². Das entspricht einem Anteil von
$p\,\% = \frac{W}{G} = \frac{0{,}5}{3{,}5} \approx 14{,}3\,\%$.
(Anmerkung: Bei einer Rechnung mit den genauen Werten der Flächeninhalte folgt $p\,\% \approx 14{,}6\,\%$.)

7 Lottogewinn

a) (1) 1 % von 1 000 000 € sind 10 000 €. 2 % von 1 000 000 € sind 20 000 €.
(2) $Z = \frac{p}{100} \cdot K = 0{,}02 \cdot 1\,000\,000\text{ €} = 20\,000\text{ €}$
Im Monat braucht Frau Maus 2 500,00 €.
Zinsen von 20 000 € verteilt auf 12 Monate ergibt
20 000 € : 12 ≈ 1 666,67 €, also weniger als 2 500,00 €.
Frau Maus kann also nicht von den Zinsen für ihren Lottogewinn leben.

b) Zwei Rechenwege:
(1) Nach einem Jahr hat Frau Maus 2 % · 1 Mio. € = 20 000 € Zinsen und damit ein Kapital von insgesamt 1 000 000 + 20 000 € = 1 020 000 €.
Dafür bekommt sie im zweiten Jahr so viel Zinsen: 2 % · 1 020 000 € = 20 400 €
Insgesamt hat Frau Maus nach zwei Jahren also 1 020 000 € + 20 400 = 1 040 400 €.
(2) Jedes Jahr wächst das Kapital um 2 % auf 102 %. In 2 Jahren wachsen 1 000 000 € an auf 1 000 000 € · 1,02 · 1,02 = 1 040 400 €.

S. 79

8 Ferienplanung

a) Der Grundpreis beträgt bei vier Personen: $4 \cdot 40\,€ = 160\,€$. Pro Nacht kommen 70 € hinzu. Also lautet die Funktionsgleichung $y = 70x + 160$.

b) Zu den einzelnen Graphen gehören jeweils nur die Punkte mit ganzzahligen x-Koordinaten, da es z. B. 2,5 Übernachtungen nicht gibt.

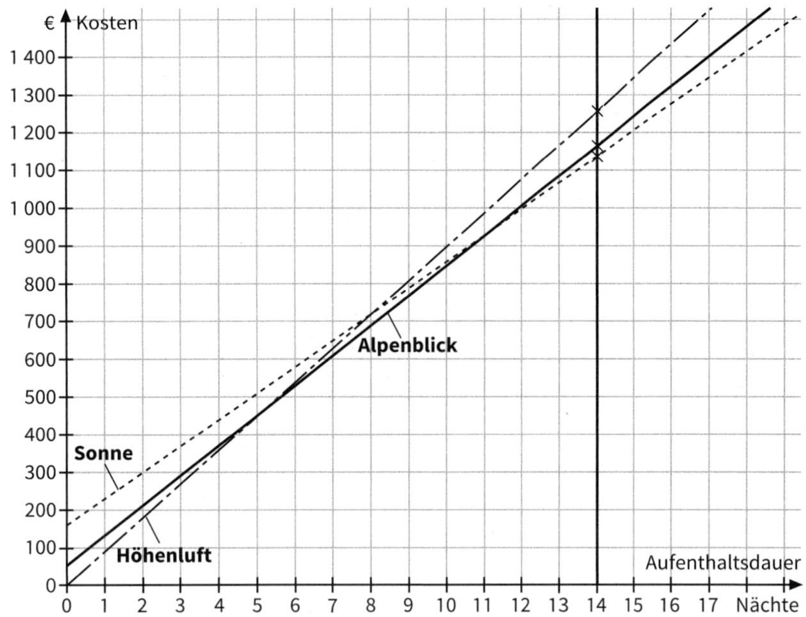

c) Familie Dogan will genau zwei Wochen (also 14 Tage bleiben.
Aus dem Koordinatensystem ist abzulesen, dass die Kosten für diese Aufenthaltsdauer bei der Ferienwohnung Sonne am geringsten sind.
Man kann dies auch rechnerisch prüfen:
- Ferienwohnung Sonne: $14 \cdot 70\,€ + 4 \cdot 40\,€ = 1\,140\,€$
- Ferienappartement Höhenluft: $14 \cdot 90\,€ = 1\,260\,€$
- Ferienwohnung Alpenblick: $14 \cdot 80\,€ + 50\,€ = 1\,170\,€$

9 Fehlermeldung

$20\,\% = \frac{20}{100} = \frac{1}{5}$. „Jeder fünfte“ bedeutet: 1 von 5, 2 von 10, 3 von 15, ... 20 von 100.
„20 %“ und „jeder fünfte“ beschreibt also dasselbe.
Durch die Formulierung „bald nur noch jeder fünfte“ erweckt die Meldung den Eindruck, dass die Zahl der Bundesbürger, die sich ehrenamtlich engagieren, zurückgeht. Das ist falsch.

10 Sportfest

a) Insgesamt nahmen 720 Schülerinnen und Schüler teil. 324 (154 + 170) waren im Sprint am besten.

Dies entspricht folgendem Anteil: 324 von $720 = \frac{324}{720} = 324 : 720 = 0{,}45 = 45\,\%$

Die Zeitungsmeldung ist richtig.

b) Hier gibt es verschiedene Möglichkeiten, zu antworten:
- Da die Weiten nicht bekannt sind, kann man nicht wissen, ob die Mädchen besser sind.
- Absolut war bei mehr Mädchen Weitsprung die beste Disziplin.
- Relativ ergibt sich folgender Anteil: 135 von $340 \approx 40\,\%$ (Jungen), 140 von $380 \approx 37\,\%$ (Mädchen). Also war der Weitsprung bei relativ mehr Jungen die beste Disziplin.

S. 80

11 Erneuerbare Energien

a) Den Anteil der erneuerbaren Energien an der gesamten Stromerzeugung erhält man, indem man die Prozentsätze addiert.
$3{,}4\,\% + 8{,}6\,\% + 8{,}8\,\% + 4{,}3\,\% + 15{,}8\,\% = 40{,}9\,\%$
Die erneuerbaren Energien hatten einen Anteil von 40,9 %.

b) Es gibt zwei Möglichkeiten, den erzeugten Strom zu berechnen.
1. Möglichkeit:

gesamte Stromerzeugung	davon 40,9 % → $\cdot 0{,}409$	erneuerbare Energien 238 Mrd. kWh

Durch Rückwärtsrechnen erhält man den erzeugten Strom:
238 Mrd. kWh : $0{,}409 \approx 581{,}9$ Mrd. kWh

S. 80

2. Möglichkeit:
Der erzeugte Strom wird mit dem Dreisatz berechnet.
40,9 % ≙ 238 Mrd. kWh
1 % ≙ 5,819 Mrd. kWh
100 % ≙ 581,9 Mrd. kWh
2021 wurden in Deutschland etwa 581,9 Mrd. kWh Strom erzeugt.

c) Windkraft insgesamt: 4,3 % + 15,8 % = 20,1 %
Berechnung der kWh: 20,1 % von 581,9 Mrd. kWh = 581,9 Mrd. kWh · 0,201 ≈ 117 Mrd. kWh
Es wurden etwa 117 Mrd. kWh Strom durch Windkraft erzeugt.

12 Bildschirmdiagonale

Die Länge der Diagonale ermittelt man mit dem Satz des Pythagoras.
Gerät A: $(56{,}0\ \text{cm})^2 + (42{,}0\ \text{cm})^2 = 4\,900\ \text{cm}^2$
Die Länge der Diagonale beträgt somit $\sqrt{4\,900\ \text{cm}^2} = 70\ \text{cm}$ Gerät A ist also hier abgebildet.

13 Regenschirm

a) Umstellen der Umfangsformel nach r:
$u = 2 \cdot r \cdot \pi \mid : (2 \cdot \pi)$
$\frac{u}{2 \cdot \pi} = r$

Berechnung des Radius:
$r = \frac{24\ \text{cm}}{2 \cdot 3} = 4\ \text{cm}$

b) Der Flächeninhalt A der blauen Fläche ergibt sich, wenn man von der Fläche A_1 des Halbkreises mit dem Radius r = 4 cm den Flächeninhalt A_2 von zwei Kreisen mit dem Radius r = 1 cm abzieht.

$A_1 = \frac{1}{2} \cdot (4\ \text{cm})^2 \cdot \pi = 24\ \text{cm}^2$

$A_2 = 2 \cdot (1\ \text{cm})^2 \cdot \pi = 6\ \text{cm}^2$

$A = 24\ \text{cm}^2 - 6\ \text{cm}^2 = 18\ \text{cm}^2$

c) Der Umfang der blauen Fläche setzt sich zusammen aus dem Kreisbogen des Halbkreises mit dem Radius 4 cm und viermal dem Kreisbogen eines Halbkreises mit dem Radius 1 cm.

$u = \frac{1}{2} \cdot 2 \cdot 4\ \text{cm} \cdot \pi + 4 \cdot \frac{1}{2} \cdot 2 \cdot 1\ \text{cm} \cdot \pi$
$u = 4\ \text{cm} \cdot \pi + 4 \cdot 1\ \text{cm} \cdot \pi$
$u = 4\ \text{cm} \cdot \pi + 4\ \text{cm} \cdot \pi$
$u = 2 \cdot 4\ \text{cm} \cdot \pi$

Das Ergebnis ist gleich dem Umfang des Kreises mit dem Mittelpunkt M. Luisa hat recht.

S. 81

14 Ölpreis

Darstellung B ist richtig. Begründung: Das Volumen veranschaulicht den Preis. Im Bild B wurde die Höhe um $\frac{1}{3}$ reduziert, damit ist auch das Volumen um $\frac{1}{3}$ geringer. Im Bild A wurde der Radius um $\frac{1}{3}$ verringert. Das Volumen wird mit der Formel $V = r^2 \cdot \pi \cdot h$ berechnet. Das Volumen von Fass A ist jetzt $V = \frac{2}{3} r \cdot \pi \cdot \frac{2}{3} r \cdot h$ also $V = \frac{4}{9} \cdot r^2 \cdot \pi \cdot h$.

S. 81

15 Aralsee

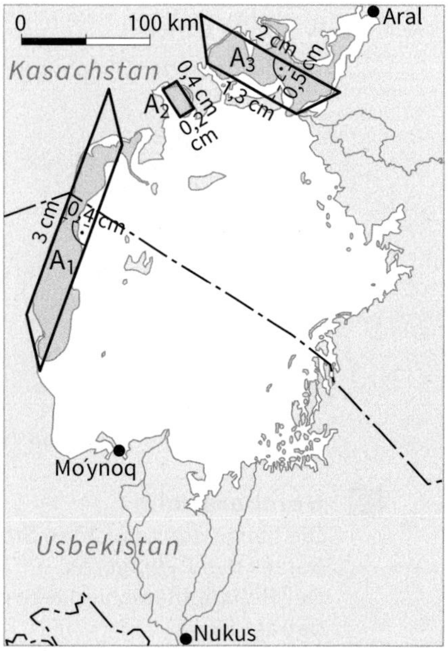

a) Es gibt sehr viele Möglichkeiten, die Fläche des Aralsees so durch berechenbare Flächen abzudecken, dass sich „Gewinne“ und „Verluste“ ungefähr ausgleichen. Eine mögliche Lösung ist hier dargestellt:
1,6 cm auf der Karte entsprechen 100 km, also: 1 cm entspricht 100 km : 1,6 = 62,5 km. Multipliziert man die gemessenen Werte in cm mit 62,5, erhält man die tatsächliche Entfernung in km.
$A_1 \approx 187{,}5\text{ km} \cdot 25\text{ km} = 4687{,}5\text{ km}^2$ (Parallelogramm)

$A_2 \approx 25\text{ km} \cdot 12{,}5\text{ km} = 312{,}5\text{ km}^2$ (Rechteck)

$A_3 \approx \frac{81{,}25\text{ km} + 125\text{ km}}{2} \cdot 31{,}25\text{ km} \approx 3222{,}7\text{ km}^2$ (Trapez)

$A_1 + A_2 + A_3 \approx 8222{,}7\text{ km}^2$

Im Jahr 2010 war der Aralsee etwa 8220 km² groß.

b) Prozentsatz der noch vorhandenen Fläche:

$p\,\% = \frac{8220}{68000} \approx 0{,}12 = 12\,\%$

Im Jahr 2010 hatte der Aralsee etwa 88 % seiner Größe von 1960 verloren.

16 Strom

a) Bei der Frage, wann die Kosten für die Solarstromerzeugung gleich hoch wie die „normalen“ Strompreise waren, sucht man den Schnittpunkt der beiden Graphen. Entsprechend liest man den x-Wert, also die Jahresangabe, für den Schnittpunkt ab und erhält 2012.

b) Im Jahr 2000 war 1 kWh Solarstrom ungefähr 5-mal so teuer wie 1 kWh Normalstrom (ca. 75 ct : ca. 15 ct = 5).

c) Am Graphen kann man für Normalstrom ca. 30 ct und für Solarstrom ca. 15 ct ablesen. Richtig sind deshalb „50 %“ und „knapp die Hälfte“.

S. 82

17 Lösungsmethoden

a) Die Methoden von Alex und Bea führen zur Lösung x = 8. Bea hat vielleicht ein Problem mit „geschickten“ Zahlen zu probieren:
Für x = 3 steht auf der linken Gleichungsseite 9 (9 < 34);
x = 4 führt zu 4 · 2 + 9 = 17 und 17 < 34.
Auch x = 5, x = 6 und x = 7 sind noch zu klein.
Für x = 8 gilt aber

$$\begin{aligned} 5 \cdot (8 - 3) + 9 &= 5 \cdot 5 + 9 \\ &= 25 + 9 \\ &= 34 \end{aligned}$$

Die Methode von Alex führt schneller zum Erfolg. Er könnte so rechnen:

$$\begin{aligned} 5 \cdot (x - 3) + 9 &= 34 \\ 5x - 15 + 9 &= 34 \\ 5x - 6 &= 34 \qquad |+6 \\ 5x &= 40 \qquad |:5 \\ x &= 8 \end{aligned}$$

b)

$$\begin{aligned} 3 \cdot (x - 15) - x &= x + 10 \\ 3x - 45 - x &= x + 10 \\ 2x - 45 &= x + 10 \qquad |+45 \\ 2x &= x + 55 \qquad |-x \\ x &= 55 \end{aligned}$$

S. 82

18 Zahlenrätsel

a) (1) (A); (2) (F); (3) (G)

Lösungen der Gleichungen:

(A)
$2(x+7) = 3x+1$
$2x + 14 = 3x + 1 \quad | -2x$
$14 = x + 1 \quad | -1$
$13 = x$

(F)
$x - 8 = 5x - 20 \quad | -x$
$-8 = 4x - 20 \quad | +20$
$12 = 4x \quad | :4$
$x = 3$

(G)
$4x - 17 = 3x + 2 \quad | -3x$
$x - 17 = 2 \quad | +17$
$x = 19$

b) Ein passendes Zahlenrätsel zu der gegebenen Gleichung lautet:
Subtrahiert man 4 vom Dreifachen einer Zahl, so ergibt sich die Differenz aus 28 und dieser Zahl.

$3x - 4 = 28 - x \quad | +4$
$3x = 32 - x \quad | +x$
$4x = 32 \quad | :4$
$x = 8$ Die Zahl heißt 8.

S. 83

19 Nerobergbahn

Die Länge der gesuchten Strecke ermittelt man mithilfe des Satzes des Pythagoras.
Der Höhenunterschied h zwischen Tal- und Bergstation beträgt 83 m.
Die Länge der Gleisstrecke *l* zwischen Nerotal (Talbahnhof) und Neroberg (Bergbahnhof) beträgt 438 m.

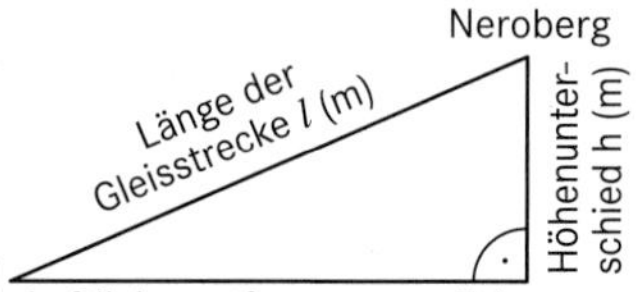

Jetzt lässt sich die gesuchte Strecke x mit dem Satz des Pythagoras ermitteln:

$x^2 = l^2 - h^2$
$x^2 = (438\text{ m})^2 - (83\text{ m})^2$
$x^2 = 184\,955\text{ m}^2$
$x \approx 430\text{ m}$

Die Luftlinienentfernung zwischen den Tal- und dem Bergbahnhof beträgt ungefähr 430 m. Auf einer Karte im Maßstab 1 : 10 000 entspricht 1 cm auf der Karte 100 m in Wirklichkeit (100 m = 10 000 cm). Eine Strecke von 430 m in Wirklichkeit entspricht bei diesem Maßstab also einer Strecke von 4,3 cm = 43 mm Länge.

20 Parkhaus

a) Für die ersten 60 Minuten fallen keine Parkkosten an. Für jede weitere angefangene Stunde sind 2,50 € zu zahlen, d. h. für eine Parkdauer von 61 bis 120 Minuten wird eine Gebühr von 2,50 € verlangt. Bricht eine weitere Stunde an, erhöht sich der Preis um 2,50 €. Herr Schulz bezahlt 5 €. Er hat also mindestens 121 Minuten, höchstens 180 Minuten lang geparkt.

b) Um 14:15 Uhr hätte Frau Siebert nur 2,50 € zahlen müssen. Zu diesem Zeitpunkt hatte sie 60 Minuten lang kostenlos und eine weitere Stunde für 2,50 € geparkt. Sie löste ihren Parkschein also um 12:15 Uhr.

21 Liebesschlösser

Auf dem vorderen Detail-Foto sind 600 bis 700 Schlösser zu erkennen. Zwischen den 50 senkrechten Stahlträgern gibt es insgesamt 49 · 6 Gitter. Dann sind es 176 400 bis 208 800, d. h. ca. 190 000 Schlösser auf der einen Brückenseite.

S. 84

22 Lotterie

a) Bei 80 % Nieten beträgt der Anteil der Gewinne 20 %.

Es gilt: $20\,\% = \frac{20}{100} = \frac{1}{5}$.

Die Aussage „Jedes fünfte Los ist ein Gewinn“ ist richtig.

b) Ein Los kostet 1,00 €. Insgesamt werden also 1 000 € eingenommen.
Folgende Gewinne werden ausgezahlt:
– 10 Hauptgewinne von je 50,00 €: 10 · 50 € = 500 €
– Trostpreise von je 0,50 €: 80 % von 1 000 = 800 (Nieten)
1 000 – 800 – 10 = 190 (Trostpreise)
190 · 0,50 € = 95 €
Gewinn: 1 000 € – 500 € – 95 € = 405 €
Mit der Lotterie wurde ein Gewinn von 405 € erzielt.

S. 84

23 **Wohnmobil**

Die Angebote beinhalten eine tägliche Mietgebühr, die Firmen A und B eine zusätzliche Gebühr pro gefahrenem Kilometer. Bei Firma C sind die Kilometer frei. Bei 21 Tagen und 2 500 km ergibt dies:

Firma A: $21 \cdot 48\,€ + 2500 \cdot 0{,}20\,€ = 1\,508\,€$
Firma B: $21 \cdot 72\,€ + 2500 \cdot 0{,}10\,€ = 1\,762\,€$
Firma C: $21 \cdot 80\,€ + 2500 \cdot 0{,}00\,€ = 1\,680\,€$ Zu empfehlen ist Firma A.

24 **Sonderpreis**

a) Methode (1) berücksichtigt nicht den Rabatt von 3 %. Die Methode ist falsch.
Methode (2) berücksichtigt die sich ändernden Grundwerte und ist richtig. Die Methode ist richtig.
Methode (3) berechnet zwar nicht die Verbilligung und den Rabatt, aber immer gleich den reduzierten Preis. Die Methode ist richtig.

b) 85 % von 1 500 € sind 1 275 €. 97 % von 1 275 € sind 1 236,75 €
Das Mofa kostet bei Barzahlung 1 236,75 €.

S. 85

25 **Haus mit Pultdach**

a) Der umbaute Raum entspricht dem Volumen des Baukörpers. Berechnung des Volumens:
Das Haus kann als Prisma mit einem Trapez als Grundfläche betrachtet werden:

$G = \frac{a+c}{2} \cdot h_T$ (Höhe des Trapezes $h_T = 8{,}4$ m)
$G = \frac{9{,}6\text{ m} + 6{,}2\text{ m}}{2} \cdot 8{,}4\text{ m} = 66{,}36\text{ m}^2$

Das Volumen des Prismas berechnet man mit

$V = G \cdot h_P$ (Höhe des Prismas $h_P = 12{,}6$ m)
$V = 66{,}36\text{ m}^2 \cdot 12{,}6\text{ m}$
$V = 836{,}136\text{ m}^3$ $V \approx 836\text{ m}^3$

b) Berechnung des Flächeninhalts der Seitenflächen:
Die Seitenflächen bestehen aus zwei gleichen Trapezen (s. Teil a)) und zwei Rechtecken.

$A = 2 \cdot 66{,}36\text{ m}^2 + 12{,}6\text{ m} \cdot 9{,}6\text{ m} + 12{,}6\text{ m} \cdot 6{,}2\text{ m}$ $A = 331{,}8\text{ m}^2$ $A \approx 332\text{ m}^2$

c) Maßstab 1 : 200

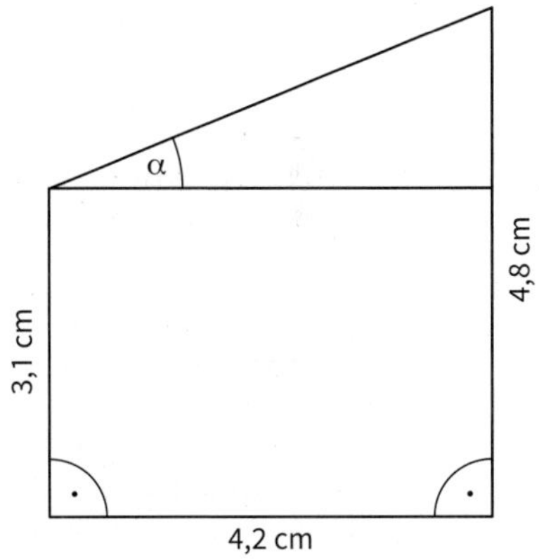

(Maßstab 1 : 200)

Neigungswinkel $\alpha \approx 22°$

26 **Schülersprecherwahl**

a) Am Diagramm lesen wir ab, dass Vera 170 Stimmen erhielt. Insgesamt wurden 480 Stimmen abgegeben. Daraus erhalten wir den Anteil:

$\frac{170}{480} \approx 0{,}354 \approx 35{,}4\,\%$.

b) Anzahl der Stimmen: Marc: 110 Vera: 170 Ungültige Stimmen: 60
Daraus ergeben sich für Tobias 480 – 110 – 170 – 60 = 140 Stimmen.
(Säule bis zur Höhe von 140 auf der Hochachse).

c) Da die Hochachse nicht bei Null beginnt, vermittelt das Diagramm den Eindruck, dass Vera doppelt so viele Stimmen wie Marc erhalten hat. Dies ist aber falsch, wie die Zahlen aus Teilaufgabe b) zeigen. Marc erhält 110 Stimmen und Vera 170, also weniger als die doppelte Anzahl.

Zentrale Aufgaben Teil 3

Alle Lösungen Teil 3 nicht amtliche Lösungen

Qualifizierender Abschluss der Mittelschule Bayern 2021

Teil A 2021

S. 86

1. Kühlschrank: 10 % von 420 € sind 42 €. Neuer Preis: 420 € – 42 € = 378 €
Waschmaschine: Preisnachlass ist 30 €. 30 € von 600 € sind 5 %.
Mikrowellengerät:
$x \mathrel{\hat{=}} 100\,\%$
$160\,€ \mathrel{\hat{=}} 80\,\%$ $\quad x = \frac{160\,€ \cdot 100\,\%}{80\,\%} = 200\,€$ Alter Preis: 200 €

2.

0,5	**1**	0,3
0,4	0,6	**0,8**
0,9	0,2	**0,7**

S. 87

3. a) 25 cm b) 18 Liter c) 50 dm^2

4. a) $4^2 > \sqrt{169}$ b) $3{,}4 \cdot 10^{-2} = 0{,}034$ c) $\frac{2}{4} > \frac{3}{7}$

5. a) $36x + 24 + 7x = 3x + 90 - 16 + 20x$
$43x + 24 = 23x + 74 \quad |\mathbf{-24}$
$43x = 23x + 50 \quad |-23x$
$20x = 50 \quad |\mathbf{:20}$
$x = 2{,}5$

b) $\mathbf{-3x - 15 = -5 - 8x} \quad |+8x$
$5x - 15 = -5 \quad |+15$
$\mathbf{5x = 10} \quad |:5$
$x = 2$

S. 88

6. a) $\delta = 360° - 70° - 110° - 70° = 110°$

b) Es ist kein Quadrat.

7. Flächeninhalt A_R des Rechtecks: $A_R = 3\text{ dm} \cdot 1\text{ dm} = 3\text{ dm}^2$
Flächeninhalt A_K des Kreises: $A_K = (2\text{ dm})^2 \cdot 3 = 12\text{ dm}^2$
Flächeninhalt A_A des ausgeschnittenen Kreises: $A_A = (1\text{ dm})^2 \cdot 3 = 3\text{ dm}^2$
Flächeninhalt A_C von C: $A_C = 3\text{ dm}^2 + (12\text{ dm}^2 - 3\text{ dm}^2) = 12\text{ dm}^2$

S. 89

8. Der 27. Juli 2020 war ein Montag.

9. a) Durchmesser des Kreises: 60 cm : 3 = 20 cm
Flächeninhalt des Quadrats: 400 cm^2
Flächeninhalt des Kreises: $(10\text{ cm})^2 \cdot 3 = 300\text{ cm}^2$
Die Aussage ist falsch.

b) Die Aussage ist richtig.

c) Die Aussage ist richtig.

S. 89

10. Die Krümmung des Gefäßes ist unten und oben gleich. Deshalb muss die Maßeinteilung für den unteren und den oberen Teil des Gefäßes gleich sein.

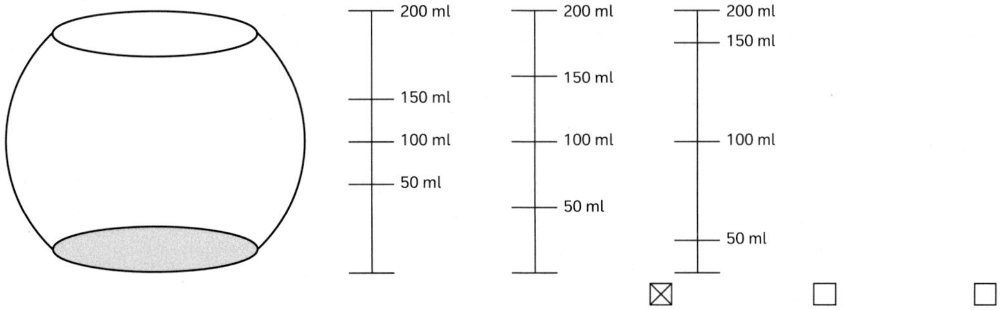

S. 90

11. Im Kreisdiagramm müssen zwei Sektoren gleichgroß sein.

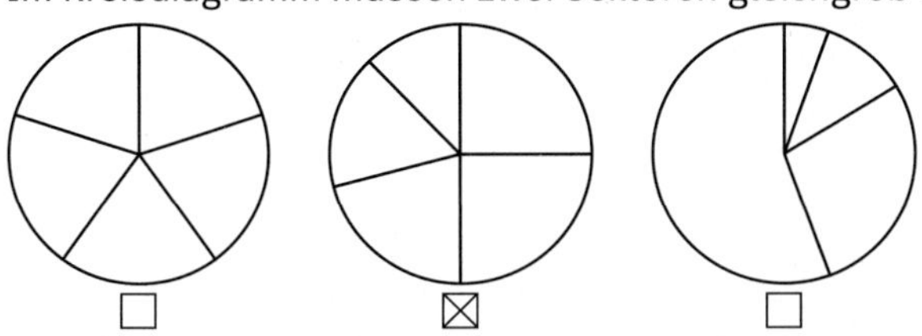

12. Länge der Wale in der Abbildung: Blauwal: 12 cm; Orca: 4 cm

12 cm $\widehat{=}$ 24 m
4 cm $\widehat{=}$ 8 m

Teil B – Aufgabengruppe I 2021

S. 91

1.

Klammern auflösen	$3{,}2 \cdot (x + 14{,}5) - 2 \cdot (-0{,}5 + 0{,}3x) = (96x + 5 \cdot 0{,}64) : 8$	
Zusammenfassen	$3{,}2x + 46{,}4 + 1 - 0{,}6x = 12x + 0{,}4$	
Umformen	$2{,}6x + 47{,}4 = 12x + 0{,}4$	$\|-0{,}4$
	$2{,}6x + 47 = 12x$	$\|-2{,}6x$
	$47 = 9{,}4x$	$\|:9{,}4$
	$5 = x$	

2. a) Berechnung der durchschnittlichen Anzahl der Tabletverkäufe (in Millionen):

$$\frac{30{,}4 + 32{,}5 + 37{,}6 + 43{,}5}{12} = 12$$

b) $144 \mathrel{\widehat{=}} 100\,\%$ $\qquad x = \frac{43{,}5 \cdot 100\,\%}{144}$

$43{,}5 \mathrel{\widehat{=}} x$ $\qquad x \approx 30\,\%$

c) Kreisdiagramm

1. Quartal:
$144 \mathrel{\widehat{=}} 360°$ $\qquad x = \frac{30{,}4 \cdot 360°}{144}$
$30{,}4 \mathrel{\widehat{=}} x$ $\qquad x \approx 76°$

2. Quartal
$144 \mathrel{\widehat{=}} 360°$ $\qquad x = \frac{32{,}5 \cdot 360°}{144}$
$32{,}5 \mathrel{\widehat{=}} x$ $\qquad x \approx 81°$

3. Quartal
$144 \mathrel{\widehat{=}} 360°$ $\qquad x = \frac{37{,}6 \cdot 360°}{144}$
$37{,}6 \mathrel{\widehat{=}} x$ $\qquad x \approx 94°$

4. Quartal
$144 \mathrel{\widehat{=}} 360°$ $\qquad x = \frac{43{,}5 \cdot 360°}{144}$
$43{,}5 \mathrel{\widehat{=}} x$ $\qquad x \approx 109°$

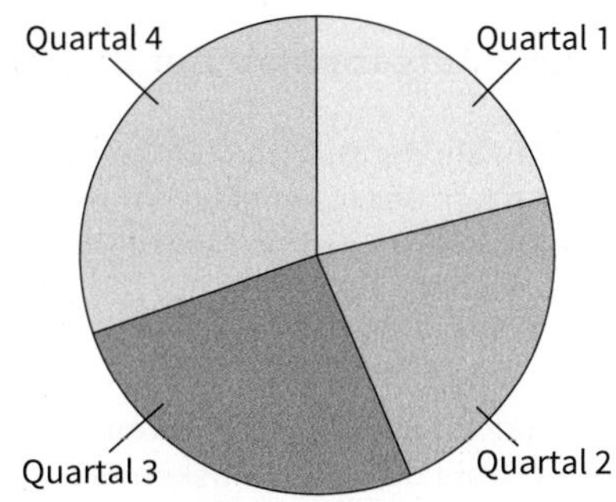

S. 91

3. *Berechnung der Höhe h mithilfe des Satzes des Pythagoras:*

$h = \sqrt{37^2 - 35^2}$ cm

$h = 12$ cm

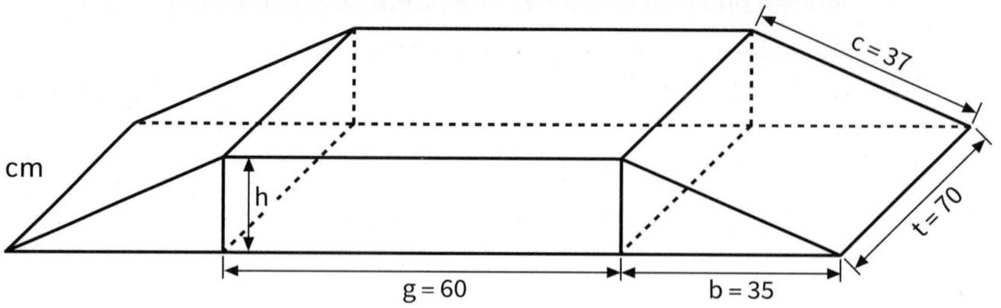

Berechnung des Quadervolumens V_Q:

$V_Q = 60\text{ cm} \cdot 70\text{ cm} \cdot 12\text{ cm}$

$V_Q = 50\,400\text{ cm}^3$

Berechnung des Prismavolumens V_P:

$V_P = \frac{35\text{ cm} \cdot 12\text{ cm}}{2} \cdot 70\text{ cm}$

$V_P = 14\,700\text{ cm}^3$

Berechnung des Gesamtvolumens des Körpers:

$V_{Ges} = 50\,400\text{ cm}^3 + 2 \cdot 14\,700\text{ cm}^3$

$V_{Ges} = 79\,800\text{ cm}^3$

$V_{Ges} \approx 80\,000\text{ cm}^3$

S. 92

4. a) Mietdauer in Monaten: (125 € – 50 €) : 25 € = 3
Kosten für 4 Monate: 50 € + 4 · 25 € = 150 €
Kosten für 12 Monate: 50 € + 12 · 25 € = 350 €

b)

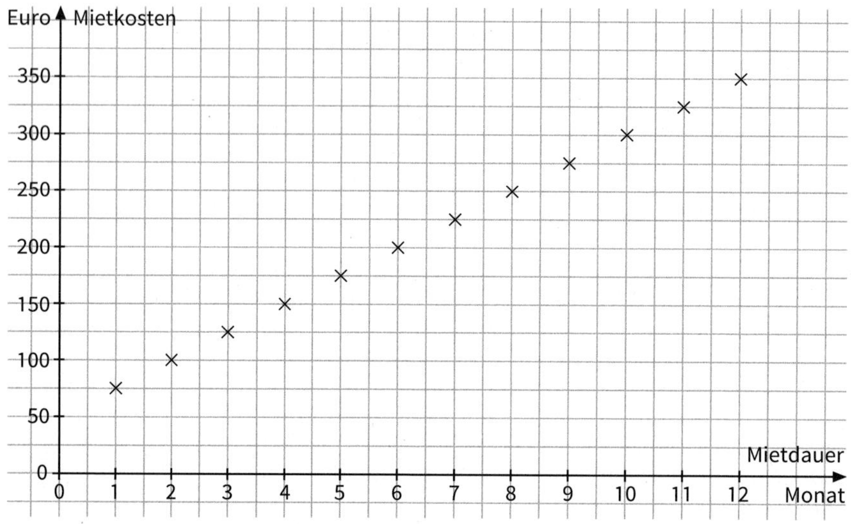

c) Aus dem Diagramm ist zu entnehmen, dass nach 10 Monaten 300 € gezahlt werden. Ab dem 11. Monat ist Angebot A (der Kauf) günstiger.

Teil B – Aufgabengruppe II 2021

1. Anzahl der blauen Masken: x
Anzahl der roten Masken: x + 22
Anzahl der gelben Masken: 2x

$x + x + 22 + 2x = 190$

$4x = 168$

$x = 42$

Anzahl der blauen Masken: 42
Anzahl der roten Masken: 64
Anzahl der gelben Masken: 84

S. 93

2. a) Mit Buchen bewachsene Waldfläche:
$28\,000\ km^2 - 11\,760\ km^2 - 4\,760\ km^2 - 7\,560\ km^2 = 3\,920\ km^2$

b) Mit Fichten bewachsene Waldfläche:

$28\,000\ km^2 \triangleq 100\,\%$ $\qquad x = \frac{11\,760\ km^2 \cdot 100\,\%}{28\,000\ km^2}$

$11\,760\ km^2 \triangleq x$ $\qquad x = 42\,\%$

c) Mit sonstigen Baumarten bewachsene Waldfläche 1950:

$x \triangleq 100\,\%$ $\qquad x = \frac{7\,560\ km^2 \cdot 100\,\%}{105\,\%}$

$7\,560\ km^2 \triangleq 105\,\%$ $\qquad x = 7\,200\ km^2$

d) Fläche Bayerns:

$x \triangleq 100\,\%$ $\qquad x = \frac{28\,000\ km^2 \cdot 100\,\%}{40\,\%}$

$28\,000\ km^2 \triangleq 40\,\%$ $\qquad x = 70\,000\ km^2$

3. Für die Berechnung des Flächeninhalts der grau markierten Flächen muss zunächst die Länge der Seite a mit dem Satz des Pythagoras berechnet werden:

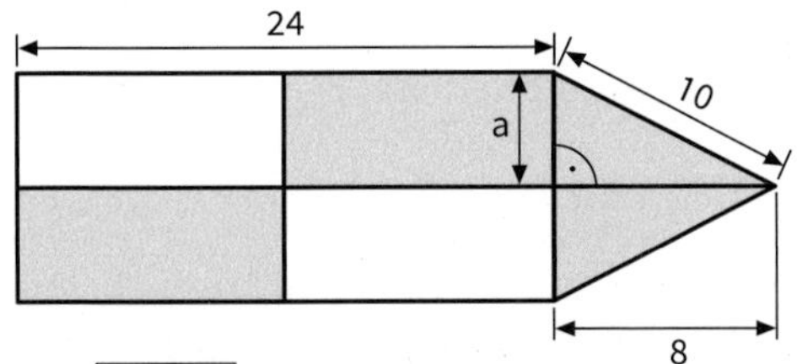

$a = \sqrt{10^2 - 8^2}\ cm = 6\ cm$

Berechnung des Flächeninhalts A_R eines Rechtecks:
$A_R = 6\ cm \cdot 12\ cm$
$A_R = 72\ cm^2$

Berechnung des Flächeninhalts A_D eines Dreiecks:
$A_D = (6\ cm \cdot 8\ cm) : 2$
$A_D = 24\ cm^2$

Berechnung des gesamten Flächeninhalts der grau markierten Fläche:
$A_{Ges} = 2 \cdot 72\ cm^2 + 2 \cdot 24\ cm^2$
$A_{Ges} = 192\ cm^2$

4. a) Berechnung des Winkelmaßes der Basiswinkel:
Mittelpunktswinkel: 360° : 8 = 45°
Basiswinkel: (180° – 45°) : 2 = 67,5°

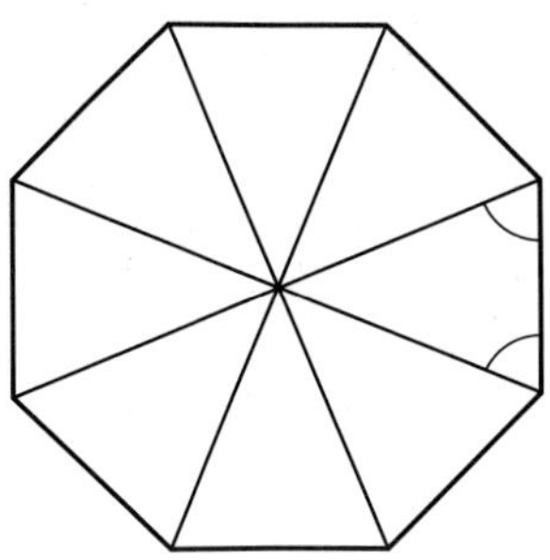

b) Umfang des Achtecks: 8 · 4 cm = 32 cm
Seitenlängen eines umfanggleichen Rechtecks, z. B.: a = 5 cm, b = 11 cm

Teil B – Aufgabengruppe III 2021

S. 94

1. Brüche auflösen $\frac{1}{4} \cdot (5x - 18) + \frac{8 + 3x}{4} = 2{,}5 - (2x - 3) \quad | \cdot 4$

Zusammenfassen $5x - 18 + 8 + 3x = 10 - 8x + 12$

Umformen $8x - 10 = 22 - 8x \quad |+8x$

$16x - 10 = 22 \quad |+10$

$16x = 32 \quad |:16$

$x = 2$

2. a) $\frac{1}{5}$ von 28 500 € sind 5 700 €.

Damit ergibt sich ein Restbetrag von 28 500 € – 5 700 € = 22 800 €.

b) Berechnung des Rabatts:

28 500 € ≙ 100 % $\qquad x = \frac{28\,500\,€ \cdot 8\,\%}{100\,\%}$

x ≙ 8 % $\qquad x = 2\,280\,€$

Preis, den der Händler erhalten hätte:
28 500 € – 2 280 € = 26 220 €

c) Berechnung der Fahrtkosten:
2 350 km : 100 km = 23,50
23,50 · 13,5 l · 1,24 $\frac{€}{l}$ = 393,39 €

3. Zeichnung:

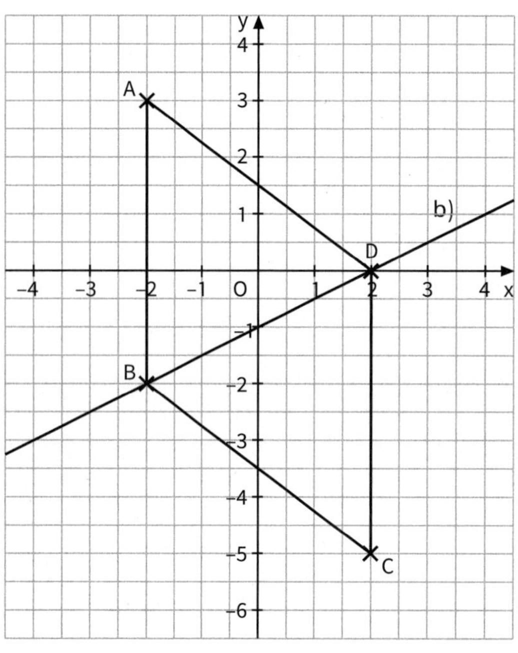

a) gleichschenkliges Dreieck

c) D (2 | 0)

4. *Berechnung der Höhe h_D der dreieckigen Grundfläche mit dem Satz des Pythagoras:*

$a = \sqrt{14^2 - 7^2}\text{ cm} \approx 12\text{ cm}$

Berechnung des Flächeninhalts A_D des Dreiecks:

$A_D = \frac{14\text{ cm} \cdot 12\text{ cm}}{2} = 84\text{ cm}^2$

Berechnung des Flächeninhalts A_Q des Quadrats:
$A_Q = 14\text{ cm} \cdot 14\text{ cm} = 196\text{ cm}^2$

Berechnung des Oberflächeninhalts:
$A = 2 \cdot 84\text{ cm}^2 + 3 \cdot 196\text{ cm}^2$
$A = 756\text{ cm}^2$

Qualifizierender Abschluss der Mittelschule Bayern 2020

Teil A 2020

S. 95 **1.** a) Jeans: Richtig, denn 8 € weniger sind 20 % oder $\frac{1}{5}$ von 40 €

T-Shirt: Richtig, denn 8 € weniger sind 25 % oder $\frac{1}{4}$ von 32 €

Hemd: Falsch, denn 15 € weniger sind 25 % oder $\frac{1}{4}$ von 60 €

b) Die Schuhe sind um 40 % reduziert, denn 32 € sind 40 % von 80 €.

2. a) $0{,}5 \cdot (16x + 5) + 8{,}5 = 6 + x - (5 - 3x) \cdot 2$
$8x + 2{,}5 + 8{,}5 = 6 + x - \mathbf{10} + 6x$

b) Die Vorzeichenregel beim Auflösen der Klammer wurde falsch angewandt.

3. Die Innenwinkelsumme beträgt 360°.
$360° - (55° + 135° + 135°) = 35°$

Die gegenüberliegenden Winkel im Parallelogramm müssen gleich groß sein. Das ist nur für ein Paar gegeben. Deshalb kann das Viereck kein Parallelogramm sein.

S. 96 **4.** a) 22 000 m b) 0,017 t c) 200 ml d) 0,205 kg

5. Das „P“ lässt sich in ein Rechteck und einen Halbkreis zerlegen.
Flächeninhalt des Rechtecks A_R:
$A_R = 1\text{ dm} \cdot 7\text{ dm}$
$A_R = 7\text{ dm}^2$

Flächeninhalt des Halbkreises A_{Hk1}:
$A_{Hk1} = (2\text{ dm})^2 \cdot 3 : 2$
$A_{Hk1} = 6\text{ dm}^2$

Flächeninhalt des ausgeschnittenen Halbkreises A_{Hk2}:
$A_{Hk2} = (1\text{ dm})^2 \cdot 3 : 2$
$A_{Hk2} = 1{,}5\text{ dm}^2$

Flächeninhalt A „P“:
$A = 7\text{ dm}^2 + 6\text{ dm}^2 - 1{,}5\text{ dm}^2$
$A = 11{,}5\text{ dm}^2$

S. 97 **6.** Wochentag: Freitag

7.

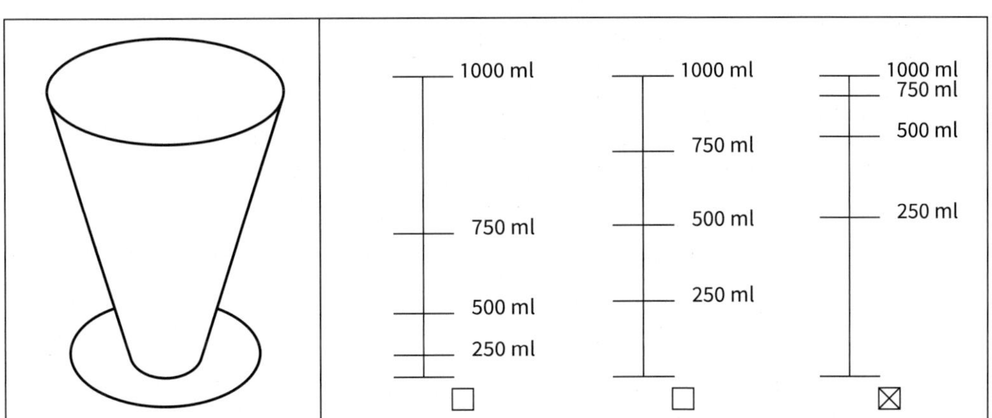

S. 97

8. Der Flächeninhalt des Dreiecks ist ein Viertel des Flächeninhalts vom Quadrat.
   $A = (10\text{ cm} \cdot 10\text{ cm}) : 4$
   $A = 25\text{ cm}^2$

9. Späteste Abfahrt in Erlangen: 13:02 Uhr

S. 98

10. a) $\sqrt{0{,}25} > 0{,}4$ b) $\frac{3}{8} > 2{,}5 \cdot 10^{-2}$

11. Streckenlängen in der Karte gemessen:
    München – Nürnberg: 3 cm
    Passau – Aschaffenburg: 7 cm
    3 cm ≙ 150 km
    1 cm ≙ 50 km
    7 cm ≙ 350 km
    Die Entfernung zwischen Passau und Aschaffenburg beträgt 350 km.

12.

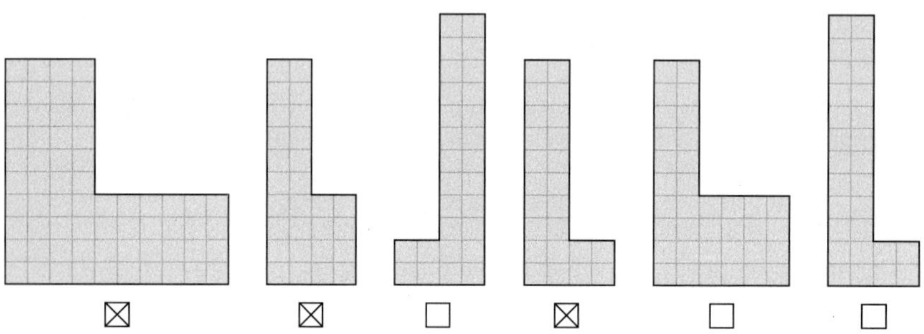

Teil B – Aufgabengruppe I 2020

S. 99

1. Anzahl der Basketbälle: x
   Anzahl der Fußbälle: $x - 10$
   Anzahl der Volleybälle: $\frac{1}{2}x$

   Anzahl der Bälle insgesamt: 120

   Gleichung: $x + (x - 10) + \frac{1}{2}x = 120$
   $x = 52$

   Anzahl der Basketbälle: 52
   Anzahl der Fußbälle: 42
   Anzahl der Volleybälle: 26

2. a) 169 ≙ 100 % $x = \frac{22 \cdot 100\,\%}{169}$

   22 ≙ x $x \approx 13\,\%$

   Durch Elfmeter wurden 2018 13 % aller Tore erzielt.

   b) $\frac{13 + 9 + 12 + 22}{4} = 14$

   Durchschnittlich 14 Tore wurden durch Elfmeter erzielt.

   c) 74 ≙ 360° $x = \frac{18 \cdot 360°}{74}$

   18 ≙ x $x \approx 88\,°$

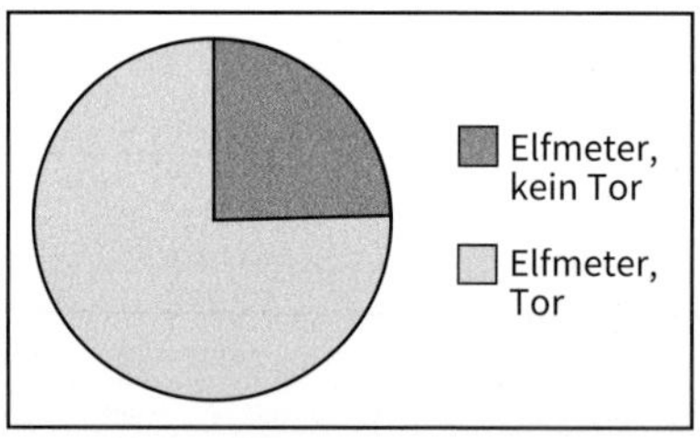

S. 99

3. Berechnung des Pyramidenvolumens:

$V_P = \frac{1}{3} \cdot (9\text{ cm} \cdot 12\text{ cm} \cdot 16\text{ cm})$

$V_P = 576\text{ cm}^3$

Für die Berechnung des Zylindervolumens muss zunächst der Durchmesser berechnet werden. Der Durchmesser entspricht der Diagonalen der rechteckigen Grundfläche der Pyramide.

Berechnung des Durchmessers mithilfe des Satzes des Pythagoras:

$d = \sqrt{9\text{ cm}^2 + 12\text{ cm}^2}$
$d = 15\text{ cm}$
$r = 7{,}5\text{ cm}$

Berechnung des Zylindervolumens:
$V_Z = (7{,}5\text{ cm})^2 \cdot 3{,}14 \cdot 4\text{ cm}$
$V_Z = 706{,}5\text{ cm}^3$

Berechnung des Gesamtvolumens des Werkstücks:
$V_{Ges} = 576\text{ cm}^3 + 706{,}5\text{ cm}^3$
$V_{Ges} = 1282{,}5\text{ cm}^3$
$V_{Ges} \approx 1300\text{ cm}^3$

4. a) Mittelpunktswinkel: 360° : 5 = 72°
Daraus ergeben sich die Basiswinkel für das gleichschenklige Dreieck: (180° – 72°) : 2 = 54°

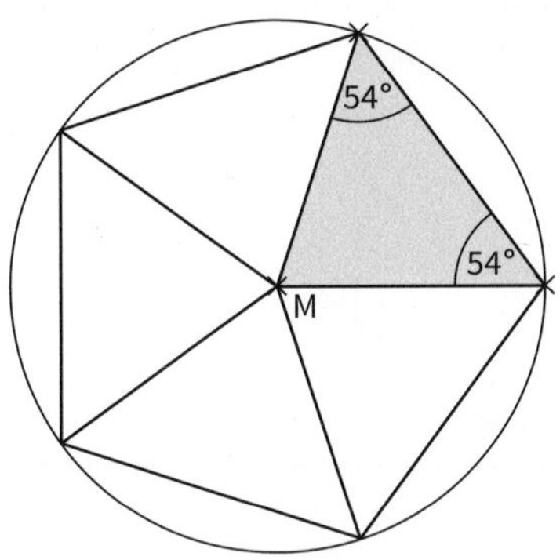

b) Länge der Seite: 29,5 cm : 5 = 5,9 cm
Unterschied zwischen den Seitenlängen: 5,9 cm – 4,5 cm = 1,4 cm

Teil B – Aufgabengruppe II 2020

S. 100

1. Auflösen der Bruchterme $\frac{2x+9}{5} - \frac{1}{2} \cdot (x - 15) = \frac{3}{4} \cdot (13 - 7x) + 15$

Zusammenfassen $0{,}4x + 1{,}8 - 0{,}5x + 7{,}5 = 9{,}75 - 5{,}25x + 15$

nach x auflösen, Umformen

$$\begin{aligned} -0{,}1x + 9{,}3 &= 24{,}75 - 5{,}25x \quad &|-9{,}3 \\ -0{,}1x &= 15{,}45 - 5{,}25x \quad &|+5{,}25x \\ 5{,}15x &= 15{,}45 \quad &|:5{,}15 \\ x &= 3 \end{aligned}$$

2. Berechnung der Hotelkosten abzüglich Frühbucherrabatt:

a) 680 € ≙ 100 % $\quad x = \frac{680\text{ €} \cdot 85\,\%}{100\,\%}$

x ≙ 85 % $\quad x = 578$ €

Berechnung des Preises abzüglich Skonto:

578 € ≙ 100 % $\quad x = \frac{578\text{ €} \cdot 98\,\%}{100\,\%}$

x ≙ 98 % $\quad x = 566{,}44$ €

Die Hotelkosten bei sofortiger Zahlung betragen 566,44 €.

S. 100

b) Berechnung des Restgeldes für die Rodelbahn:
75 € – 23,50 € · 2 = 28 €
28 € : 5,70 € ≈ 4,9
Sie können 4 Fahrkarten kaufen.

3. Berechnung des Flächeninhalts des halben Quadrats:
$A = (6\ \text{cm})^2 : 2$
$A = 18\ \text{cm}^2$

Für die Berechnung des Flächeninhalts des Parallelogramms muss zunächst die Höhe mit dem Satz des Pythagoras berechnet werden:

$h = \sqrt{7{,}5^2 - 6^2}\ \text{cm} = 4{,}5\ \text{cm}$

Berechnung des Flächeninhalts eines Parallelogramms:
$A_P = 6\ \text{cm} \cdot 4{,}5\ \text{cm}$
$A_P = 27\ \text{cm}^2$

Berechnung des gesamten Flächeninhalts der grau markierten Fläche:
$A_{Ges} = 18\ \text{cm}^2 + 4 \cdot 27\ \text{cm}^2$
$A_{Ges} = 126\ \text{cm}^2$

4. a)

Mietzeit in Jahren	2	**5**	8	12
Miete für den Akku in €	**1600**	4000	**6400**	9600

b)

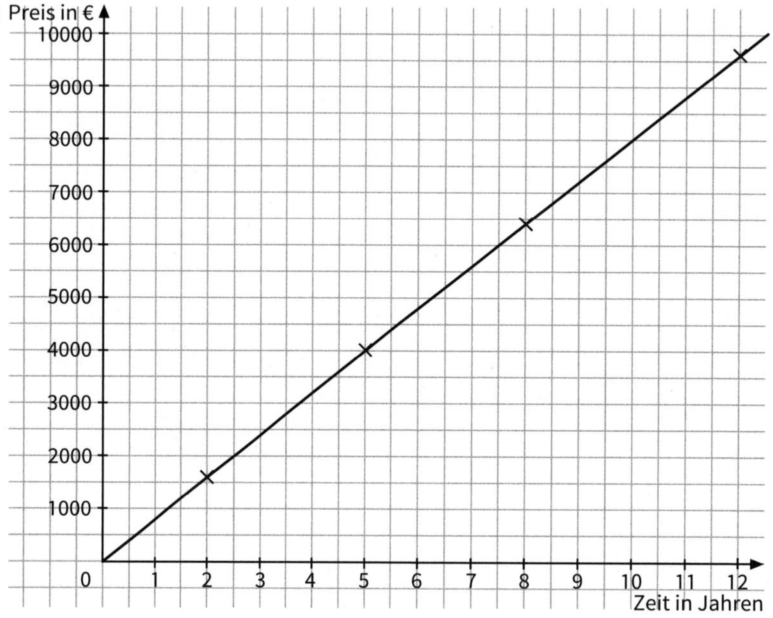

c) Angebot A: 29 860 €
Angebot B: 21 460 € + 9 · 800 € = 28 660 €

Angebot B ist um 1 200 € günstiger.

Teil B – Aufgabengruppe III 2020

.101

1. Klammern auflösen $12 \cdot (1{,}3x + 10{,}4) - 3 \cdot (2x - 3) = (8{,}1x + 2 \cdot 7{,}2) : 0{,}2$

Zusammenfassen $15{,}6x + 124{,}8 - 6x + 9 = 40{,}5x + 72$

Umformen $9{,}6x + 133{,}8 = 40{,}5x + 72 \quad |-72$

$9{,}6x + 61{,}8 = 40{,}5x \quad |-9{,}6x$

$61{,}8 = 30{,}9x \quad |:30{,}9$

$2 = x$

2. a) 199 Mio. t ≙ 100 % $\quad x = \frac{199 \text{ Mio. t} \cdot 111{,}5\,\%}{100\,\%}$

x ≙ 111,5 % $\quad x = 221{,}885$ Mio. t

Die Menge der Abfälle betrug 2016 rund 222 Mio. t.

b) x ≙ 100 % $\quad x = \frac{54 \text{ Mio. t} \cdot 100\,\%}{108\,\%}$

54 Mio. t ≙ 108 % $\quad x = 50$ Mio. t

Im Jahr 2012 betrug die Abfallmenge in Privathaushalten 50 Mio. t.

c) x ≙ 100 % $\quad x = \frac{58 \text{ Mio. t} \cdot 100\,\%}{14\,\%}$

58 Mio. t ≙ 14 % $\quad x = 414{,}286$

Die Gesamtabfallmenge betrug 2016 rund 414 Mio. t.

3. a)/b)/c)

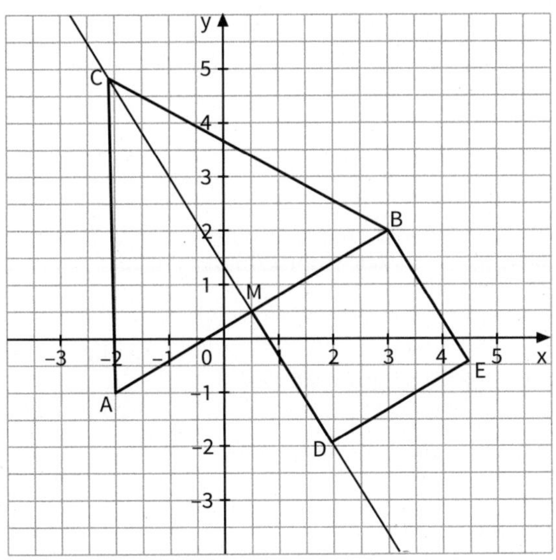

4. Berechnung der Seitenlänge c:

$c = 96 \text{ cm}^2 : 12 \text{ cm}$

$c = 8 \text{ cm}$

Berechnung der Seitenlänge a des Quaders mit dem Satz des Pythagoras:

$a = \sqrt{17^2 - 8^2} \text{ cm} = 15 \text{ cm}$

Berechnung des Inhalts der Oberfläche:

$A = 2 \cdot (96 + 15 \cdot 8 + 15 \cdot 12) \text{ cm}^2$

$A = 792 \text{ cm}^2$

Qualifizierender Abschluss der Mittelschule Bayern 2019

Teil A 2019

S. 102

1. a) Für eine Stunde erhält er 72 € : 8 = 9 €; → für 36 Stunden (eine Woche)
9 € · 36 = 324 €

b) Insgesamt sind 220 · 5 = 1 100 Prospekte zu verteilen.
Vier Jugendliche müssen dann 1 100 : 4 = 275 Prospekte verteilen.

2. a) $1{,}496 \cdot 10^6$ km = 149 600 000 km b) 0,000006 m = $6 \cdot 10^{-6}$ m

3. Es muss zunächst eine Annahme zur Körpergröße der Person gemacht werden:
h = 1,80 m → Flächeninhalt des rechteckigen Teils der Scheibe: 2 m · 3 m = 6 m^2
Flächeninhalt des Halbkreises: $(1\ m)^2 \cdot 3 : 2 = 1{,}5\ m^2$
Gesamtfläche: $6\ m^2 + 1{,}5\ m^2 = 7{,}5\ m^2$

Reinigungskosten: $7{,}5 m^2 \cdot 3 \frac{€}{m^2} = 22{,}50$ €

Hinweis: Wird eine andere Annahme getroffen, so ändern sich auch die Reinigungskosten.

S. 103

4. Die Summe beträgt 1,8.

0,9	0,2	0,7
0,4	0,6	0,8
0,5	1	0,3

5. **10x + 5 = 32 + 7x** | − 7x
3x + 5 = 32 | − 5
3x = 27 | : 3
x = 9

6. Burak Trefferquote: $\frac{15}{25} = 0{,}6 = 60\,\%$ Aileen Anzahl der Würfe: 4 · 5 = 20
Thomas Anzahl der Treffer: 0,75 · 16 = 12

7.

	richtig	falsch
a) Das Volumen des Zylinders ist dreimal so groß wie das Volumen des Kegels.	☒	☐
b) Der Oberflächeninhalt des linken Quaders ist doppelt so groß wie der des Würfels.	☐	☒
c) Der linke Quader hat ein Volumen von 3 000 cm^3.	☐	☒
d) Der Oberflächeninhalt des Zylinders ist größer als der des Würfels.	☐	☒

S. 104

8. Umfang der Gartenschlauchrolle: 40 cm · 3 = 120 cm = 1,2 m
Anzahl der Drehungen der Rolle: 12 m : 1,2 m = 10

9.

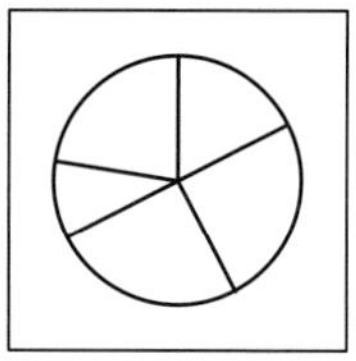

☒

.104 **10.** Der Pfeil besteht aus einem Quadrat und einem gleichseitigen Dreieck.
Flächeninhalt des Rechtecks: $5\text{ cm} \cdot 5\text{ cm} = 25\text{ cm}^2$

Flächeninhalt des Dreiecks: $\frac{10\text{ cm} \cdot 5\text{ cm}}{2} = 25\text{ cm}^2$

Flächeninhalt des Pfeils: 50 cm^2

Hinweis: Es sind auch andere Lösungswege möglich.

11. a) 12,34 t = 12 340 kg

b) 1 735 mm = 1,735 m

c) $7{,}5\text{ m}^3 = 7\,500$ Liter

d) 100 Stunden = 4 Tage und 4 Stunden

12. Mögliche Fehler: Er hat die Hypotenuse (4 cm) nicht erkannt und die Höhe h als Hypotenuse angenommen.

Teil B – Aufgabengruppe I 2019

.105 **1.** Auflösen der Bruchterme

Klammern auflösen, Zusammenfassen nach x auflösen, Umformen

$$\begin{aligned}
\frac{6 \cdot (2x+3)}{3} - 2{,}5 \cdot (3x+4) &= \frac{5x}{2} - x - 14 \\
2 \cdot (2x+3) - 2{,}5 \cdot (3x+4) &= 2{,}5x - x - 14 \\
4x + 6 - 7{,}5x - 10 &= 1{,}5x - 14 \\
-3{,}5x - 4 &= 1{,}5x - 14 \qquad |+4 \\
-3{,}5x &= 1{,}5x - 10 \qquad |-1{,}5x \\
-5x &= -10 \qquad |:(-5) \\
x &= 2
\end{aligned}$$

2. Flächeninhalt A_D des Dreiecks: $A_D = \frac{1{,}8\text{ m} \cdot 0{,}19\text{ m}}{2} = 0{,}171\text{ m}^2$

Flächeninhalt A_R des Rechtecks:
Berechnung der fehlenden Länge l mithilfe des Satzes des Pythagoras:

$l = \sqrt{1{,}8^2 + 0{,}19^2}\text{ m} = 1{,}81\text{m}$

$A_R = 1{,}81\text{ m} \cdot 1{,}3\text{ m} = 2{,}353\text{ m}^2$

Flächeninhalt A der schraffierten Fläche: $A = 0{,}171\text{ m}^2 + 2{,}353\text{ m}^2 = 2{,}524\text{ m}^2$

Anzahl der Farbdosen: $2{,}524\text{ m}^2 : 1{,}2\text{ m}^2 = 2{,}1$

Es müssen 3 Farbdosen gekauft werden.

3. a), c)

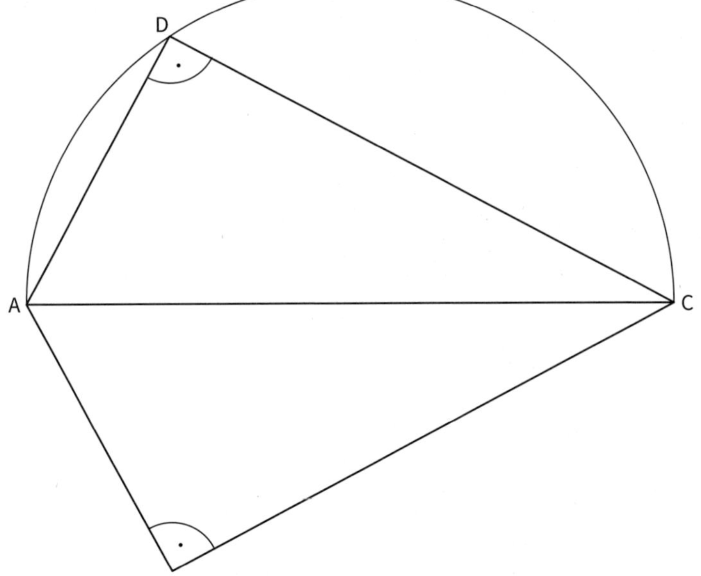

S. 105

b) Flächeninhalt A des Halbkreises: $A = 4{,}25^2\ cm^2 \cdot 3{,}14 : 2 \approx 28{,}36\ cm^2$

d) Flächeninhalt A des Drachenvierecks:
Das Drachenviereck besteht aus zwei rechtwinkligen Dreiecken.
$A = 2 \cdot \frac{4\ cm \cdot 7{,}5\ cm}{2} = 30\ cm^2$

4. a) $77{,}8\ TWh \triangleq 100\,\%$ $\quad x = \frac{103{,}77\ TWh \cdot 100\,\%}{77{,}8\ TWh}$

$103{,}7\ TWh \triangleq x$ $\quad x \approx 133{,}3\,\%$

Der prozentuale Anstieg liegt bei rund 133 % – 100 % = 33 %.

b) $47{,}6\ TWh \triangleq 101{,}3\,\%$ $\quad x = \frac{47{,}6\ TWh \cdot 100\,\%}{101{,}3\,\%}$

$x \triangleq 100\,\%$ $\quad x \approx 47\ TWh$

Im Jahr 2016 wurden rund 47 TWh Energie durch Biomasse erzeugt.

c) Stromerzeugung durch Wind und Solar: 103,7 TWh + 38,4 TWh = 142,1 TWh

$x \triangleq 100\,\%$ $\quad x = \frac{142{,}1\ TWh \cdot 100\,\%}{25{,}9\,\%}$

$142{,}1\ TWh \triangleq 25{,}9\,\%$ $\quad x \approx 548{,}6\ TWh$

2017 wurden insgesamt rund 548,6 TWh erzeugt.

Teil B – Aufgabengruppe II 2019

S. 106

1. Anzahl der Tage: x
Kosten für einen Stellplatz: 30,50 € · x
Kosten für alle Personen: 4 · 9,50 € · x = 38 € · x
Kosten für Waschmaschine: 4 · 5,50 € = 22 €
Gesamtkosten: 844 €

Gleichung zur Berechnung der Anzahl der Tage: 30,50 € · x + 38 € · x + 22 € = 844 €

$68{,}50\ € \cdot x + 22\ € = 844\ € \quad |-22\ €$

$68{,}50\ € \cdot x = 822\ € \quad |: 68{,}50\ €$

$x = 12$

Die Familie verbrachte 12 Tage auf dem Campingplatz.

2. Berechnung der Höhe h_D des eingezeichneten (gleichseitigen) Bestimmungsdreiecks mit dem Satz des Pythagoras:

$h_D = \sqrt{15^2 - 7{,}5^2}\ cm \approx 13\ cm$

Volumen V_P der Pyramide: $V_P = \frac{1}{3} \cdot \frac{15\ cm \cdot 13\ cm}{2} \cdot 6 \cdot 20\ cm$
$V_P = 3\,900\ cm^3$

Volumen V_{Pr} des sechseitigen Prismas: $V_{Pr} = \frac{15\ cm \cdot 13\ cm}{2} \cdot 6 \cdot 5\ cm$
$V_{Pr} = 2\,925\ cm^3$

Gesamtvolumen des Werkstücks V:
$V = 3\,900\ cm^3 + 2\,925\ cm^3$
$V = 6\,825\ cm^3$

3. a) $x \triangleq 100\,\%$ $\quad x = \frac{714\ € \cdot 100\,\%}{119\,\%}$

$714\ € \triangleq 119\,\%$ $\quad x = 600\ €$

Die in den Buskosten enthaltene Mehrwertsteuer beträgt 714 € – 600 € = 114 €

b) Preis pro Person: 714 € : 40 = 17,85 €

$16{,}30\ € \triangleq 100\,\%$ $\quad x = \frac{17{,}85\ € \cdot 100\,\%}{16{,}30\ €}$

$17{,}85\ € \triangleq x$ $\quad x \approx 109{,}51\,\%$

Die Preissteigerung beträgt 109,51 % – 100 % = 9,51 %.

.106

c) $714\,€ \mathrel{\hat=} 100\,\%$ $\qquad x = \frac{714\,€ \cdot 97{,}5\,\%}{100\,\%}$

$x \mathrel{\hat=} 97{,}5\,\%$ $\qquad x = 696{,}15\,€$

Zu überweisen sind 696,15 €.

4. a) Gesamtpreis bei 3 Übernachtungen: $3 \cdot 60\,€ + 50\,€ = 230\,€$
Anzahl der Übernachtungen bei einem Gesamtpreis von 650 €: $(650\,€ - 50\,€) : 60\,€ = 10$

b)

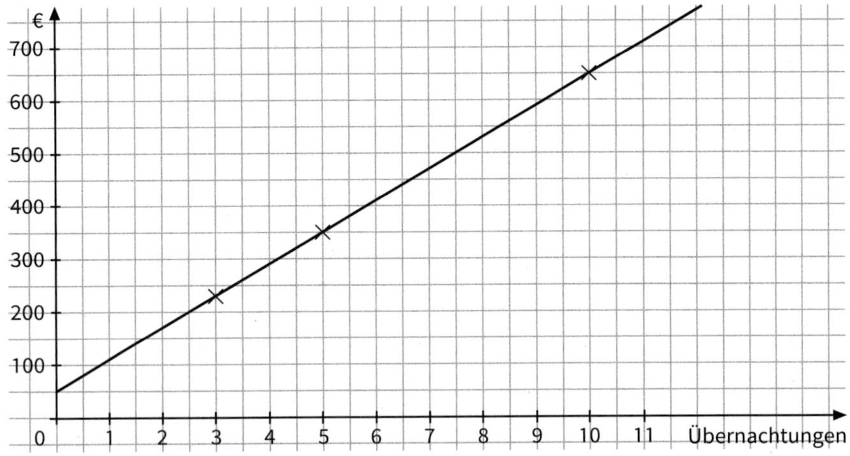

c) Gesamtkosten für Ferienwohnung B: $67\,€ \cdot 5 = 335\,€$
Bei Ferienwohnung B können $350\,€ - 335\,€ = 15\,€$ gespart werden.
Für jeden der drei Freunde können damit $15\,€ : 3 = 5\,€$ gespart werden.

Teil B – Aufgabengruppe III 2019

.107

1. Klammern auflösen $\quad 82 - (44{,}5 + 0{,}625x) : 0{,}25 = (-2) \cdot (-6{,}5x + 17)$
Zusammenfassen $\quad 82 - 178 - 2{,}5x = 13x - 34$
Umformen $\quad -96 - 2{,}5x = 13x - 34 \quad | + 96$

$-2{,}5x = 13x + 62 \quad | - 13x$

$-15{,}5x = 62 \quad | : (-15{,}5)$

$x = -4$

2. a) $500\,g \mathrel{\hat=} 100\,\%$ $\qquad x = \frac{34\,g \cdot 100\,\%}{500\,g}$

$34\,g \mathrel{\hat=} x$ $\qquad x = 6{,}8\,\%$

Es handelt sich um einen Fruchtjoghurt. Der Fruchtanteil ist größer als 6 %.

b) $x \mathrel{\hat=} 100\,\%$ $\qquad x = \frac{26\,g \cdot 100\,\%}{104\,\%}$

$26\,g \mathrel{\hat=} 104\,\%$ $\qquad x = 25\,g$ $\qquad$ Vorher waren 25 g Frucht im Becher.

c) $x \mathrel{\hat=} 100\,\%$ $\qquad x = \frac{270\,g \cdot 100\,\%}{30\,\%}$

$270\,g \mathrel{\hat=} 30\,\%$ $\qquad x = 900\,g$ $\qquad$ Jeder der Freunde erhält $900\,g : 4 = 225\,g$ Fruchtjoghurt.

3. Die Figur besteht aus einem gleichschenkligen Dreieck und einem Halbkreis:
Flächeninhalt A_H des Halbkreises: $\quad A_H = (35\,cm)^2 \cdot 3{,}14 : 2$

$A_H = 1\,923{,}25\,cm^2$

Berechnung der Höhe h des Dreiecks mit dem Satz des Pythagoras: $h = \sqrt{91^2 - 35^2}\,cm = 84\,cm$

Flächeninhalt A_D des Dreiecks: $\quad A_D = 70\,cm \cdot 84\,cm : 2$

$A_D = 2\,940\,cm^2$

Flächeninhalt A des Logos: $\quad A = 3 \cdot (1\,923{,}25\,cm^2 + 2\,940\,cm^2)$

$A = 14\,589{,}75\,cm^2$

Der Flächeninhalt des Logos beträgt rund $14\,590\,cm^2$.

S. 107

4. a) $15{,}9\,°C - (-2{,}9\,°C) = 18{,}8\,°C$

b) $(61 + 56 + 61 + 76 + 102 + 115 + 122 + 125 + 93 + 69 + 70 + 73)\ \text{mm} : 12 = 85{,}25\ \text{mm}$
Die durchschnittliche Niederschlagsmenge betrug rund 85 mm.

c) Anzahl der Regentage in einem Jahr: $14{,}5 \cdot 12 = 174$
Anzahl der Regentage im Juni: $174 - (17 + 15 + 13 + 14 + 15 + 16 + 15 + 12 + 13 + 14 + 14) = 16$

d) Anzahl der Tage ohne Regen im April: $30 - 14 = 16$

30 Tage ≙ 100 % $\qquad x = \frac{16\ \text{Tage} \cdot 100\,\%}{30\ \text{Tage}}$

16 Tage ≙ x $\qquad x \approx 53{,}33\,\%$

Der Anteil der Tage ohne Regen ist rund 53 %.

Qualifizierender Abschluss der Mittelschule Bayern 2018

Teil A 2018

.108 **1.** 15 % von 400 € und 30 % von 200 € haben das gleiche Ergebnis (60 €).
Der Prozentsatz ist doppelt so groß und der Grundwert ist halb so groß.

2. $-27\,°C \xrightarrow{+9\,°C} -18\,°C \xrightarrow{+30\,°C} 12\,°C$

3.

	richtig	falsch	*Hinweis:*
a) $1{,}1 \cdot 1{,}1 = 1{,}11$	☐	☒	$11 \cdot 11 = 121$
b) $\sqrt{71}$ liegt zwischen 8 und 9	☒	☐	$8^2 = 64$ und $9^2 = 81$
c) $0{,}825 + 0{,}085 = 0{,}91$	☒	☐	
d) $8 \cdot x - 6 = 72$ $x = 12$	☐	☒	$8 \cdot 12 - 6 = 90$

4. $\beta = 180° - 140° = 40°$ (Nebenwinkelbeziehung)
$\alpha = 40°$ Es gilt: $\gamma = 180° - 40° - 40° = 100°$

.109 **5.**

Packungsgröße	50 g	200 g	500 g
Packungspreis	0,65 €	2,30 €	6,00 €
Preis / kg	$0{,}65\ € \cdot \frac{1\,000\ g}{50\ g} = 13{,}00\ €$	$2{,}30\ € \cdot \frac{1\,000\ g}{200\ g} = 11{,}50\ €$	$6{,}00\ € \cdot \frac{1\,000\ g}{500\ g} = 12{,}00\ €$
günstigstes Angebot	☐	☒	☐

6. Berechnung der Länge der Grundlinie g:
$96\ cm^2 : 8\ cm = 12\ cm$
Berechnung der Hypotenuse des rechtwinkligen Dreiecks c:
$c = \sqrt{8^2 + 6^2}\ cm$
$c = 10\ cm$
Berechnung des Umfangs:
$u = 12\ cm + 6\ cm + 10\ cm + 12\ cm + 8\ cm$
$u = 48\ cm$

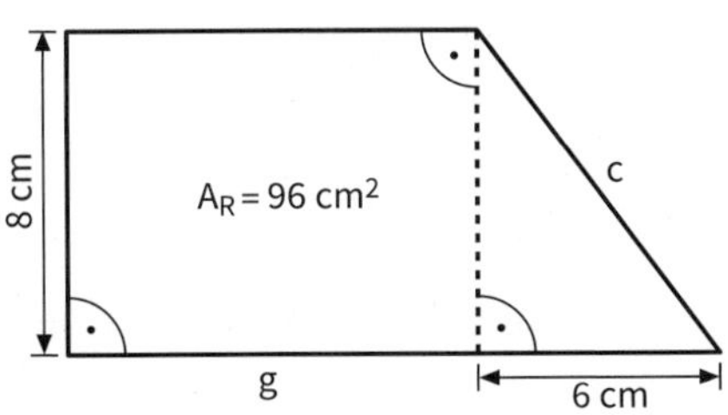

7. a) $27\,\% > 0{,}25$ b) $0{,}58 < \frac{3}{5}$ c) $\frac{4}{10} = 40\,\%$

.110 **8.** Im Gefäß D steht das Wasser am höchsten.
Im Gefäß B steht das Wasser am niedrigsten.

Hinweis: Für das Volumen gilt: $V = G \cdot h_k$

9. Eintrittspreis für 1 Kind: $10{,}20\ € : 3 = 3{,}40\ €$
Eintrittspreis für 1 Erwachsenen: $18{,}40\ € - 3{,}40\ € = 15{,}00\ €$ $15{,}00\ € : 2 = 7{,}50\ €$

10. In ein Regalfach passen $4 \cdot 2 \cdot 2 = 16$ Schachteln.
In das Regal passen 32 Schachteln.

11. Anzahl der Streifen · Sitzbreite
$14 \cdot 0{,}5\ m = 7\ m$
$7\ m + 2 \cdot 0{,}2\ m = 7{,}40\ m$
Die Breite des Strandkorbs beträgt ungefähr 7,40 m.

Teil B – Aufgabengruppe I 2018

S. 111

1. Rote Schürzen: x
   Gelbe Schürzen: 3x
   Blaue Schürzen: 3x + 20

   Gesamtzahl: 83

   Gleichung: $x + 3x + 3x + 20 = 83$
   $7x + 20 = 83 \quad | -20$
   $7x = 63 \quad | : 7$
   $x = 9$

   Anzahl rote Schürzen: 9, gelbe Schürzen: 27, blaue Schürzen: 47

2. a) Berechnung des Oberflächeninhalts:
   Zunächst muss die Höhe h des Dreiecks berechnet werden.
   $h = \sqrt{5{,}5^2 - 4{,}5^2}$ cm
   $h = 3{,}162$ cm
   $h \approx 3{,}2$ cm

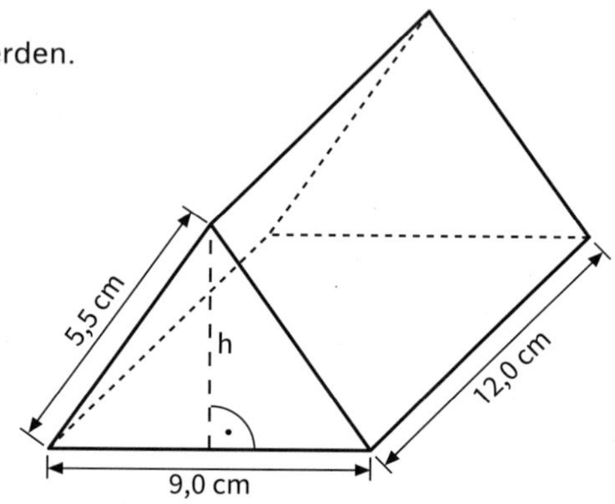

   Flächeninhalt des Dreiecks:
   $A_D = 0{,}5 \cdot (9\text{ cm} \cdot 3{,}2\text{ cm})$
   $A_D = 14{,}4\text{ cm}^2$

   Flächeninhalt des Mantels:
   $M = 12\text{ cm} \cdot (5{,}5\text{ cm} + 5{,}5\text{ cm} + 9\text{ cm})$
   $M = 240\text{ cm}^2$

   $O = 2 \cdot 14{,}4\text{ cm}^2 + 240\text{ cm}^2$
   $O = 268{,}8\text{ cm}^2$
   $O \approx 269\text{ cm}^2$

   b) Berechnung des Volumens:
   $V = 14{,}4\text{ cm}^2 \cdot 12\text{ cm}$
   $V = 172{,}8\text{ cm}^3$
   $V \approx 173\text{ cm}^3$

3. a) Strecke [BD]
   b) Dreieck ABD, gleichschenkliges Dreieck
   c) Senkrechte zu [BD] durch A
   d) Raute ABCD

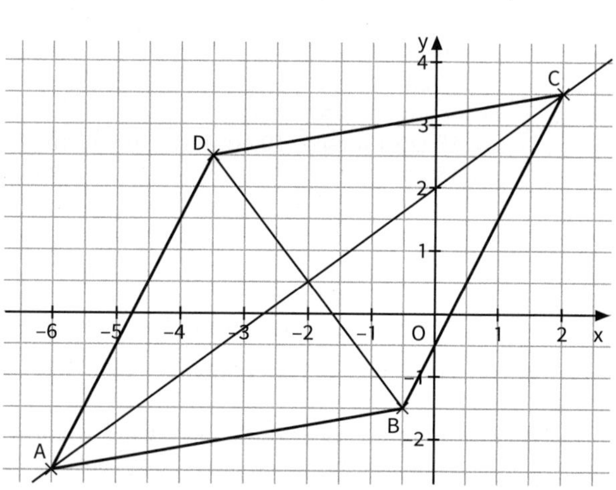

4. a) $93\text{ kg} \triangleq 100\,\%$
   $x \triangleq 6{,}8\,\%$

   $x = \frac{93\text{ kg} \cdot 6{,}8\,\%}{100\,\%}$
   $x = 6{,}324$ kg

   Der durchschnittliche Gurkenverzehr pro Person liegt bei rund 6,3 kg pro Jahr.

   b) $93\text{ kg} \triangleq 100\,\%$
   $24{,}9\text{ kg} \triangleq x$

   $x = \frac{24{,}9\text{ kg} \cdot 100\,\%}{93\text{ kg}}$
   $x = 26{,}774\,\%$

   Der Anteil der Tomaten beträgt rund 26,8 %.

i11

c) Für eine Person gilt: 93 kg : 12 = 7,75 kg
Für vier Personen ergibt sich dann: 4 · 7,75 kg = 31 kg

d) 93 kg ≙ 102,6 % $\quad x = \frac{93\text{ kg} \cdot 100\,\%}{102,6\,\%}$

x ≙ 100 % $\quad x = 90{,}643\text{ kg}$

In Bayern isst jede Person durchschnittlich rund 90,6 kg Gemüse pro Jahr.

Aufgaben, die mit [Symbol: durchgestrichener Taschenrechner] gekennzeichnet sind, sollten ohne Taschenrechner bearbeitet werden.

So arbeitest du mit **FiNALE**

Liebe Schülerin, lieber Schüler!

Dieses **FiNALE-Arbeitsbuch** mit dem beiliegenden **Lösungsheft** hilft dir, dich selbstständig auf die Zentrale Prüfung am Ende des Schuljahres 2022/23 vorzubereiten. Das Arbeitsbuch besteht aus drei Teilen.

- **TEIL 1 – BASISAUFGABEN**
- **TEIL 2 – KOMPLEXE AUFGABEN**
- **TEIL 3 – PRÜFUNGSAUFGABEN**

TEIL 1 – BASISAUFGABEN

Im **Eingangstest** kannst du testen, wie gut dein Grundwissen schon ist.

Die Aufgaben sind thematisch sortiert:
- Arithmetik/Algebra
- Funktionen
- Geometrie
- Daten und Zufall

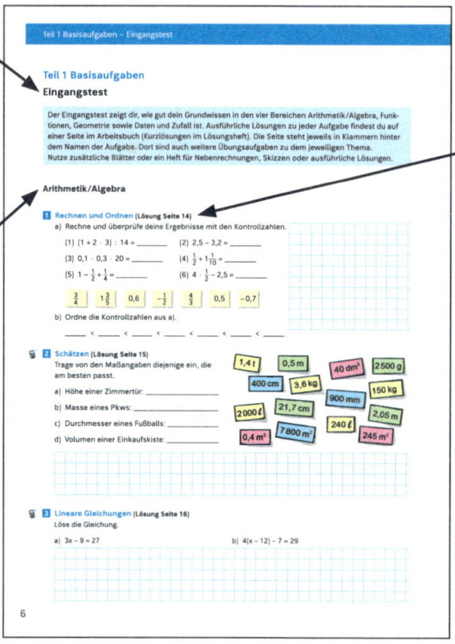

Jede Aufgabe hat eine Überschrift. Dahinter steht, wo du hier im Arbeitsbuch die **Lösung** zu dieser Aufgabe und weitere **Übungsaufgaben** findest.

Die **Selbsteinschätzung** hilft dir herauszufinden, wo du noch besonders üben musst.

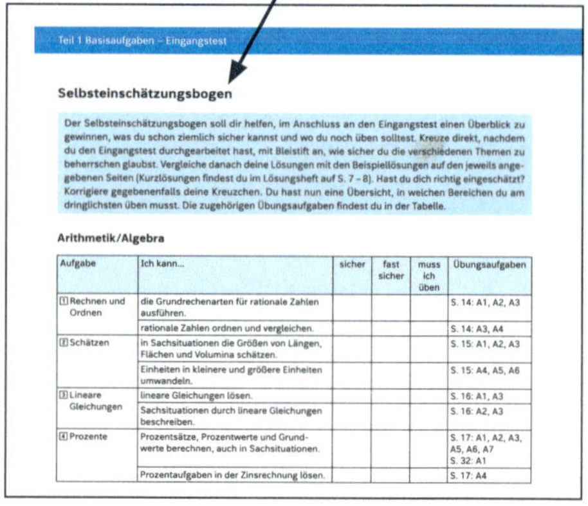

Die weiteren **Übungsaufgaben** sind ebenfalls thematisch sortiert.

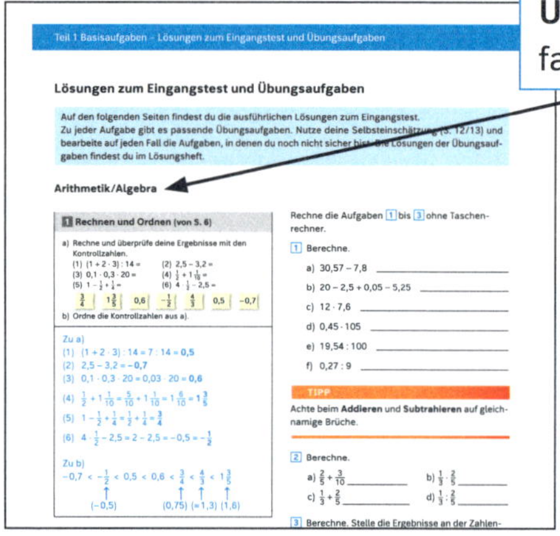

Der **Abschlusstest** soll dir zeigen, wie viel du bereits im Vergleich zum Einstiegstest gelernt hast.
Die Aufgaben sind hier nicht nach Themen sortiert.

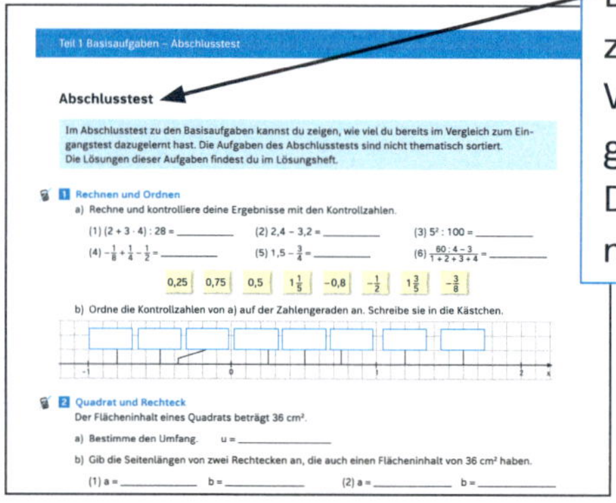

TEIL 2 – KOMPLEXE AUFGABEN

Die **komplexen Aufgaben** sind ein besonderes Training. Die Aufgaben sind, wie in der Prüfung, nicht thematisch sortiert.

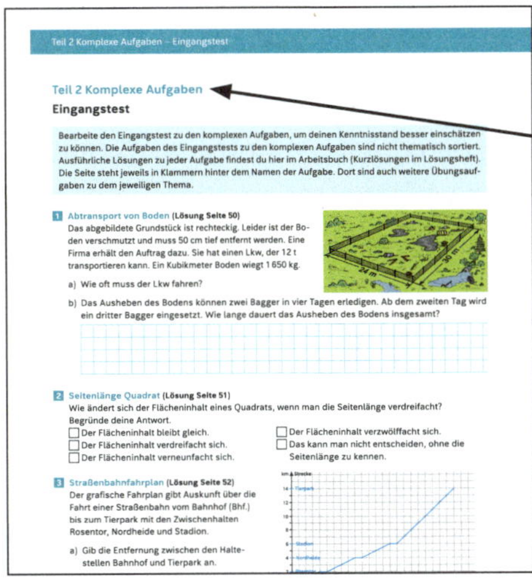

Der Teil 2 ist ähnlich wie der Teil 1 aufgebaut. Es gibt einen **Eingangstest** und zu jeder Aufgabe weitere **Übungen.**

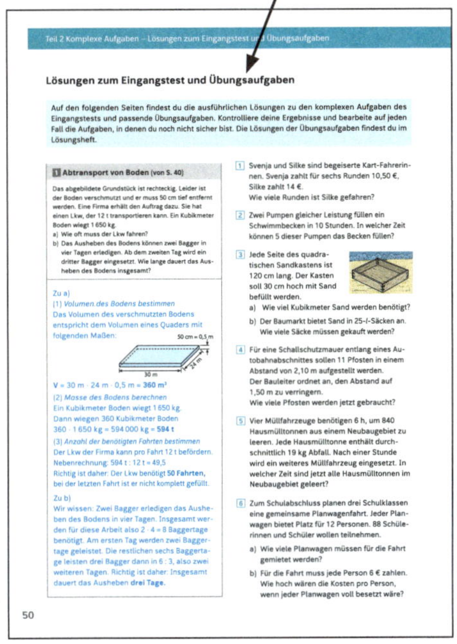

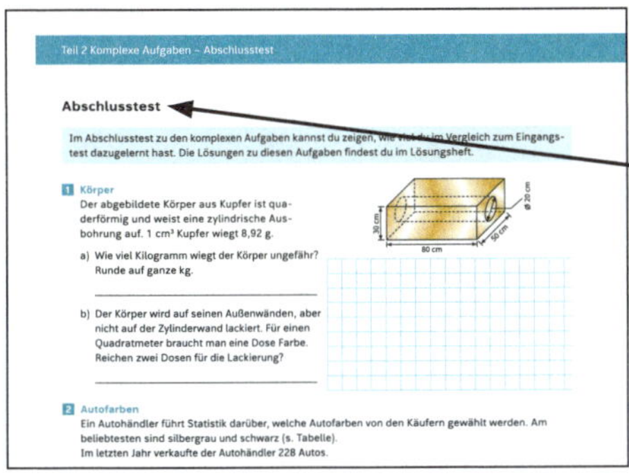

Der **Abschlusstest** zeigt dir am Ende von Teil 2, wie gut du auf die Prüfung vorbereitet bist.

TEIL 3 – PRÜFUNGSAUFGABEN

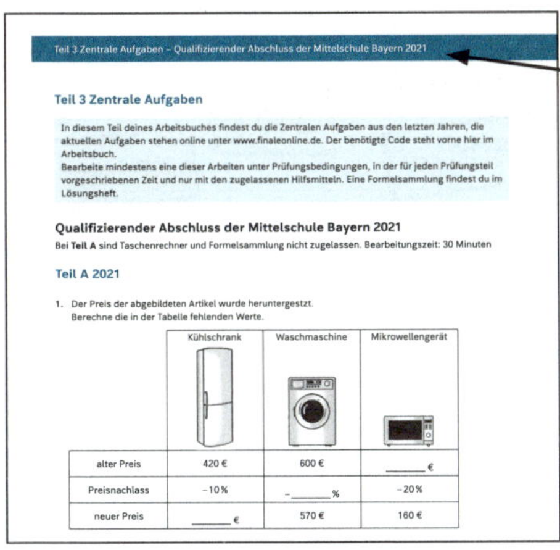

Hier sind **Original-Prüfungsarbeiten** aus den letzten Jahren abgedruckt. Mindestens eine dieser Arbeiten solltest du unter Prüfungsbedingungen bearbeiten, in der vorgeschriebenen Zeit und nur mit den zugelassenen Hilfsmitteln.
Änderungen ab dem Schuljahr 2021/22: Im Teil B ist nur noch eine Aufgabengruppe zu bearbeiten. Der Umfang der Aufgabengruppe ist vergleichbar mit dem von zwei Aufgabengruppen der Prüfungen bis 2021.
Die Bearbeitungszeit beträgt jetzt 90 Minuten.

Eine **Formelsammlung**, die auch bei der Abschlussprüfung zugelassen ist, findest du im **Lösungsheft.** Unter **www.finaleonline.de** ist ein **Übungstagebuch,** mit dem du deine Prüfungsvorbereitung gut organisieren kannst. Nutze dafür auch den Code von Seite 2.

Wir wünschen dir viel Erfolg bei deiner Abschlussprüfung!
Dein **FiNALE**-Team

Teil 1 Basisaufgaben

Eingangstest

Der Eingangstest zeigt dir, wie gut dein Grundwissen in den vier Bereichen Arithmetik/Algebra, Funktionen, Geometrie sowie Daten und Zufall ist. Ausführliche Lösungen zu jeder Aufgabe findest du auf einer Seite im Arbeitsbuch (Kurzlösungen im Lösungsheft). Die Seite steht jeweils in Klammern hinter dem Namen der Aufgabe. Dort sind auch weitere Übungsaufgaben zu dem jeweiligen Thema.
Nutze zusätzliche Blätter oder ein Heft für Nebenrechnungen, Skizzen oder ausführliche Lösungen.

Arithmetik/Algebra

1 Rechnen und Ordnen **(Lösung Seite 14)**

a) Rechne und überprüfe deine Ergebnisse mit den Kontrollzahlen.

(1) $(1 + 2 \cdot 3) : 14 =$ ______ (2) $2{,}5 - 3{,}2 =$ ______

(3) $0{,}1 \cdot 0{,}3 \cdot 20 =$ ______ (4) $\frac{1}{2} + 1\frac{1}{10} =$ ______

(5) $1 - \frac{1}{2} + \frac{1}{4} =$ ______ (6) $4 \cdot \frac{1}{2} - 2{,}5 =$ ______

$\frac{3}{4}$ | $1\frac{3}{5}$ | $0{,}6$ | $-\frac{1}{2}$ | $\frac{4}{3}$ | $0{,}5$ | $-0{,}7$

b) Ordne die Kontrollzahlen aus a).

______ < ______ < ______ < ______ < ______ < ______ < ______

2 Schätzen **(Lösung Seite 15)**

Trage von den Maßangaben diejenige ein, die am besten passt.

a) Höhe einer Zimmertür: ______

b) Masse eines Pkws: ______

c) Durchmesser eines Fußballs: ______

d) Volumen einer Einkaufskiste: ______

1,4 t | 0,5 m | 40 dm³ | 2 500 g | 400 cm | 3,6 kg | 900 mm | 150 kg | 2 000 ℓ | 21,7 cm | 2,05 m | 240 ℓ | 7 800 m² | 0,4 m³ | 245 m²

3 Lineare Gleichungen **(Lösung Seite 16)**

Löse die Gleichung.

a) $3x - 9 = 27$

b) $4(x - 12) - 7 = 29$

4 Prozente (Lösung Seite 17)

a) Wie viel sind 30 % von 250 €?

b) Wie viel Prozent sind 25 cm von 5 m?

c) Von wie viel Kilogramm sind 5 % genau 10 kg?

d) Ein Kapital von 620 € wird ein Jahr lang mit 4 % verzinst. Berechne die Jahreszinsen.

Funktionen

5 Zuordnungen (Lösung Seite 18)

In welchen Beispielen erkennst du proportionale (p) oder antiproportionale (a) Zuordnungen? Wo liegt keines von beiden (k) vor? Trage in die rechte Spalte jeweils p, a oder k ein.

1	Alex kauft auf dem Wochenmarkt Tomaten: *Menge Tomaten (kg) → Preis (€)*		4	1 Liter Orangensaft wird gleichmäßig verteilt: *Anzahl der Gläser → Füllmenge pro Glas*	
2	Laufwettbewerb auf verschieden langen Strecken: *Länge der Laufstrecke → Laufzeit in Minuten*		5	Im August scheint die Sonne am häufigsten: *Anzahl Tage → Summe der Sonnenstunden an diesen Tagen*	
3	Im Gartenmarkt kann man Grassamen kaufen: *Rasenfläche (m^2) → benötigter Samen (kg)*		6	Gegeben sind Rechtecke mit gleichem Flächeninhalt: *Rechtecklänge → Rechteckbreite*	

6 Radfahren (Lösung Seite 19)

Mareike fährt mit gleichbleibender Geschwindigkeit Rad und legt in 10 Minuten eine Strecke von 2 500 m zurück. Wie viel Kilometer schafft sie in einer Stunde? Notiere deine Rechnung.

Ergebnis: ____________________

7 Graphen und Gleichungen (Lösung Seite 20)

Ordne den Geraden g_1, g_2, g_3 und g_4 die zugehörige Funktionsgleichung zu.

$y = 2x - 1$

$y = x - 1$

$y = 2x + 2$

$y = x + 1$

$y = -x - 1$

$y = -x + 2$

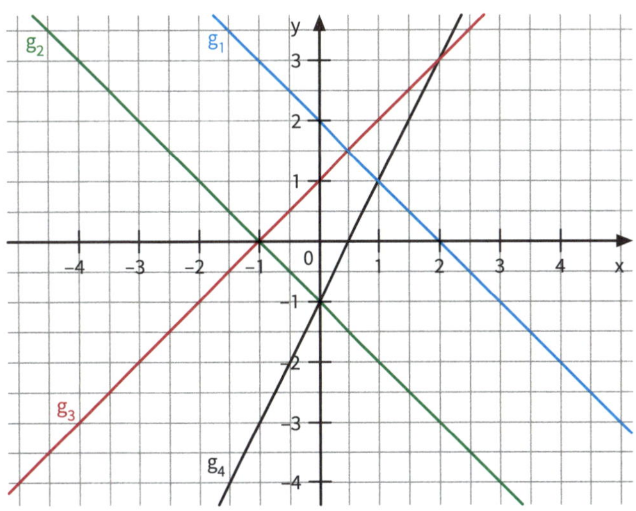

8 **Passend dargestellt** **(Lösung Seite 21)**

Welcher Graph passt am besten zu welcher Geschichte?

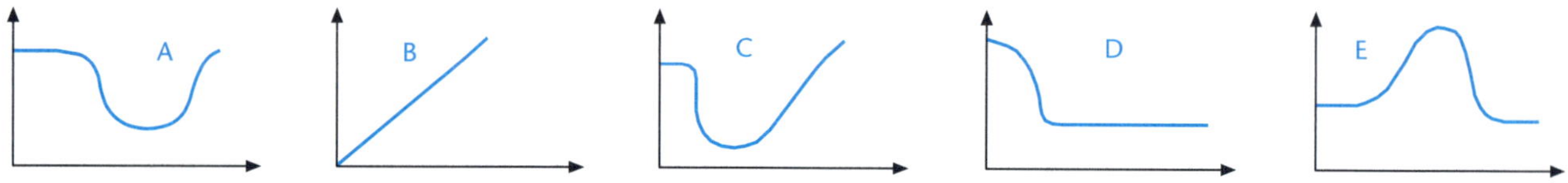

(1) Kurz nach dem Beginn der Segeltour ließ der zuvor kräftige Wind stark nach. Dann nahm die Windstärke nach und nach wieder zu, zum Schluss blies der Wind sogar kräftiger als zu Beginn der Segeltour. Graph ______

(2) Anfangs war die monatliche Telefonrechnung von Thomas sehr hoch. Inzwischen zahlt er deutlich weniger und jeden Monat in etwa den gleichen Betrag. Graph ______

9 **Sanduhr** **(Lösung Seite 22)**

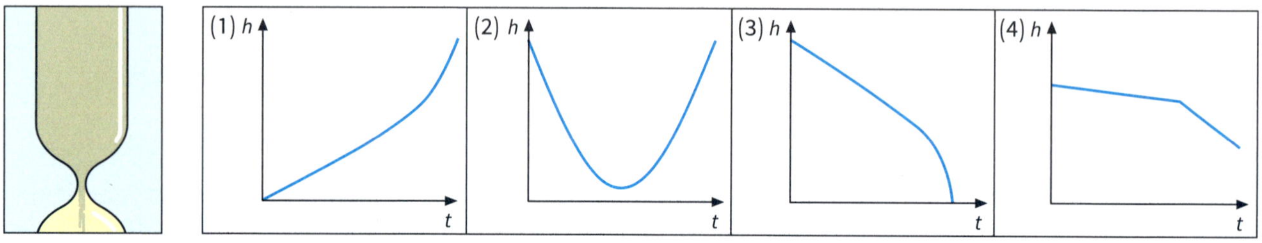

Eine Sanduhr besteht aus zwei Glaskolben. Durch eine enge Verbindungsstelle der beiden Kolben rieselt langsam der Sand aus dem oberen in den unteren Kolben. Mit zunehmender Zeit t ändert sich die Höhe h des Sandes in dem oberen Kolben. Welcher Graph beschreibt diese Änderung am besten? Begründe.

____

10 **Lineare Funktion – Füllmenge** **(Lösung Seite 23)**

Die im Koordinatensystem dargestellte Funktion stellt den Zusammenhang zwischen der Füllmenge in einem Bewässerungstank und der Zeit dar.

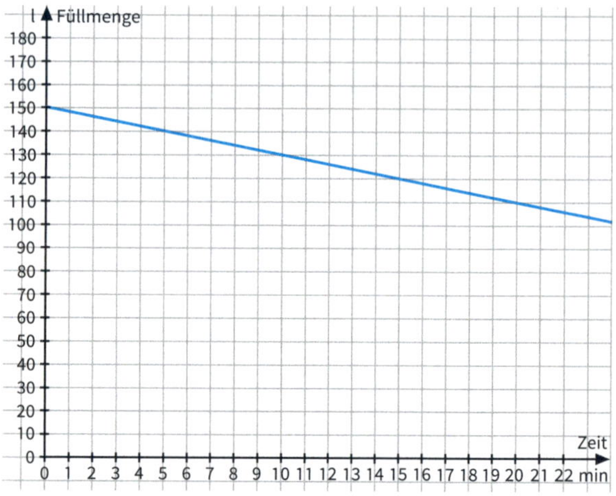

a) Wie viel Liter Wasser sind am Anfang im Tank?

Am Anfang sind __________ im Tank.

b) Bestimme, um wie viel Liter pro Minute die Wassermenge abnimmt.

____

c) Gib die Funktionsgleichung an. ______________

Geometrie

11 **Flächeninhalt und Umfang eines Rechtecks** **(Lösung Seite 24)**

Ein Rechteck ist 8 cm lang und 6 cm breit.

a) Wie groß ist sein Flächeninhalt? Kreuze an.

☐ 14 cm ☐ 14 cm² ☐ 28 cm ☐ 28 cm² ☐ 48 cm² ☐ 48 cm

b) Wie groß ist sein Umfang? u = ______________________

12 Kreisverkehr (Lösung Seite 25)

Außerhalb einer Ortschaft wird ein neuer Kreisverkehr gebaut.
Sein Außendurchmesser beträgt d = 40 m, die Fahrbahnbreite ist b = 7 m.

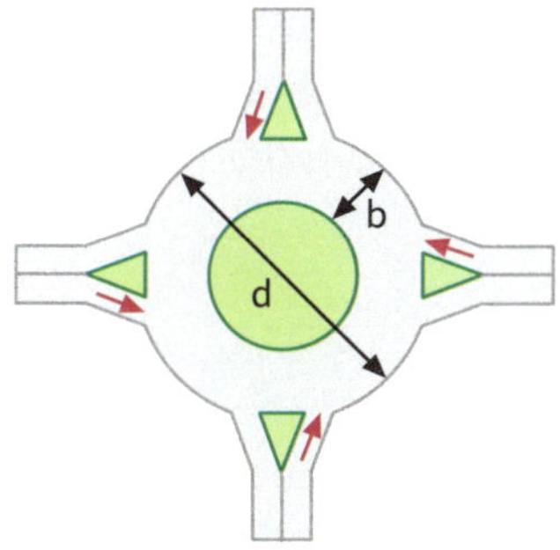

a) Berechne den Flächeninhalt und den Umfang des Außenkreises.

____

____

b) In der Mitte wird eine Grünfläche angelegt.
Wie viel Quadratmeter nimmt sie ein?

____

____

13 Zylinder (Lösung Seite 26)

Der abgebildete Zylinder ist aus Stahl.
Ein Kubikzentimeter wiegt 7,8 g.

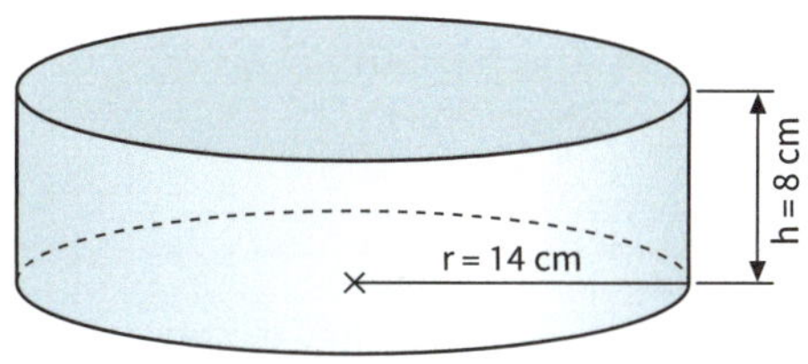

a) Berechne den Oberflächeninhalt und das Volumen des Zylinders.

Oberflächeninhalt: ____________________

Volumen: ____________________

b) Berechne die Masse des Zylinders in kg.

Masse: ____________________

14 Schiffscontainer (Lösung Seite 27)

Ein Schiffscontainer hat die Innenmaße 12,03 m x 2,35 m x 2,39 m und wird voll beladen. Wie viel Kubikmeter beträgt das Fassungsvermögen dieses Containers?

15 Winkelbestimmung (Lösung Seite 28)

Wie groß sind die fehlenden Winkel?

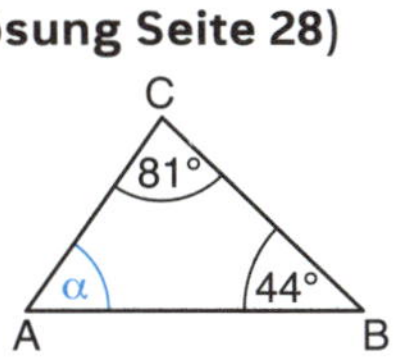

$\alpha =$ __________

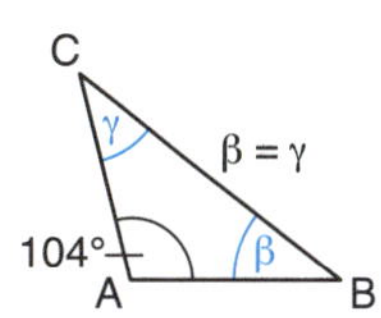

$\beta = \gamma =$ __________

16 Flächenberechnung (**Lösung Seite 29**)

Bestimme den Flächeninhalt und den Umfang der Figur.
Notiere deine Rechnung.

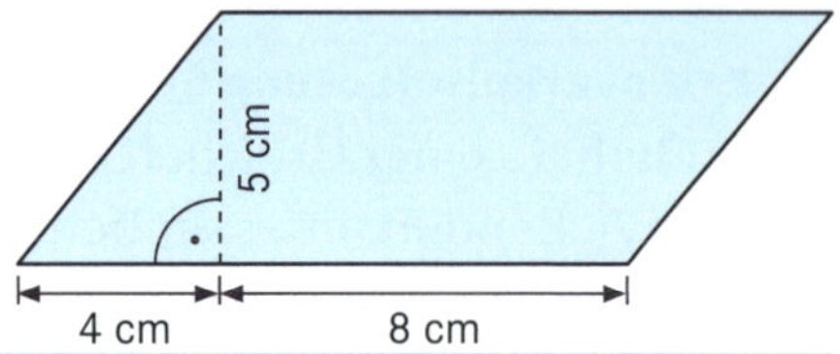

17 Dreieck im Koordinatensystem (**Lösung Seite 30**)

a) Gib die Koordinaten der Punkte P, Q und R an.
P(|), Q(|), R(|)

b) Welchen Flächeninhalt hat das Dreieck PQR?

A = ______________________

c) Trage den Punkt S (9|6) in das Koordinatensystem ein.
Wie heißt die Figur PQSR?

____

d) Bestimme den Umfang des Vierecks PQSR.

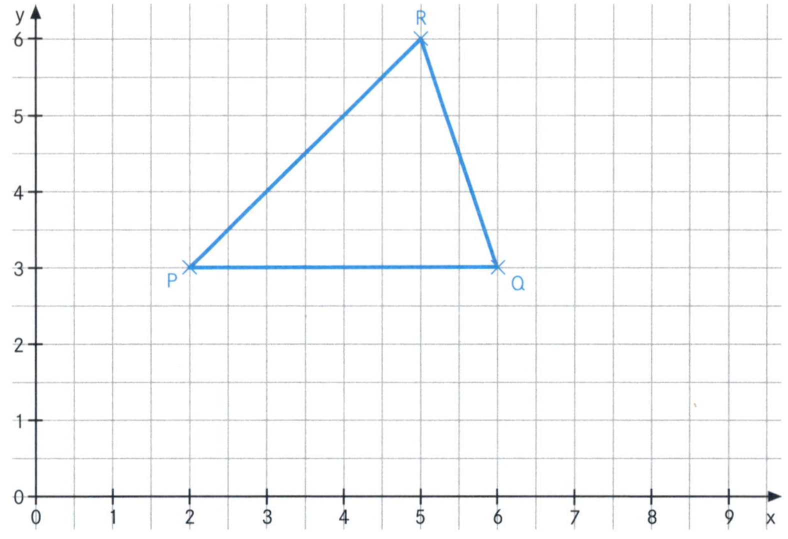

Daten und Zufall

18 Tablet (**Lösung Seite 31**)

Im Internet wird ein Tablet zu folgenden Preisen angeboten.

a) Gib den Zentralwert (Median), die Spannweite und das arithmetische Mittel der Preise an.

Zentralwert: ____________ Spannweite: ____________ arithmetisches Mittel: ____________

b) Im Internet taucht noch ein sechstes Angebot auf für 269 €. Vergleiche den Zentralwert und das arithmetische Mittel dieser sechs Angebote mit den Werten aus Teilaufgabe a).

Zentralwert: ______________________ arithmetisches Mittel: ______________________

19 Werbung (Lösung Seite 32)

Aus dem Diagramm kannst du für die wichtigsten Medien ablesen, welche Einnahmen durch Werbung mit ihnen erzielt wurden.

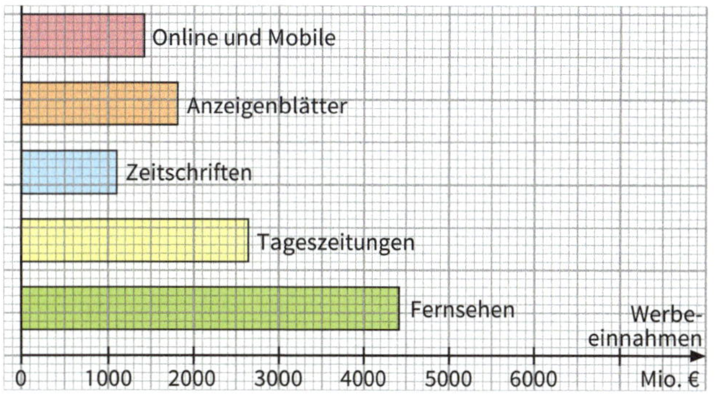

a) Trage die drei Medien mit den größten Einnahmen in der richtigen Rangfolge in die Tabelle ein.

	Rang 1	Rang 2	Rang 3
Medium			
Einnahmen (in Mio. €)			

b) Insgesamt betrugen die Einnahmen durch Werbung in allen Medien 15 200 Millionen €.
Welchen Anteil dieser Einnahmen hat das Fernsehen erzielt?

---

c) Die folgende Tabelle zeigt die Anteile der Werbeeinnahmen für die im Diagramm genannten Medien.
Daneben wurden auch noch Werbeeinnahmen in anderen (sonstigen) Medien erzielt.
Ergänze die Tabelle und stelle die Anteile in einem Streifendiagramm dar.

Fernsehen (FS)	Tageszeitungen (TZ)	Zeitschriften (ZS)	Anzeigenblätter (AB)	Online und Mobile (OM)	Sonstige (S)
%	17 %	7 %	12 %	9 %	%

20 Hausaufgaben (Lösung Seite 33)

In Annikas Klasse sind 9 Jungen und 15 Mädchen. Die Lehrerin lost zu Beginn der Mathematikstunde aus, wer die Hausaufgaben vorträgt.

a) Mit welcher Wahrscheinlichkeit wird Annika ausgelost?

P = ____________________

b) Wie wahrscheinlich ist es, dass ein Junge ausgelost wird?

P = ____________________

Selbsteinschätzungsbogen

Der Selbsteinschätzungsbogen soll dir helfen, im Anschluss an den Eingangstest einen Überblick zu gewinnen, was du schon ziemlich sicher kannst und wo du noch üben solltest. Kreuze direkt, nachdem du den Eingangstest durchgearbeitet hast, mit Bleistift an, wie sicher du die verschiedenen Themen zu beherrschen glaubst. Vergleiche danach deine Lösungen mit den Beispiellösungen auf den jeweils angegebenen Seiten (Kurzlösungen findest du im Lösungsheft auf S. 7 – 8). Hast du dich richtig eingeschätzt? Korrigiere gegebenenfalls deine Kreuzchen. Du hast nun eine Übersicht, in welchen Bereichen du am dringlichsten üben musst. Die zugehörigen Übungsaufgaben findest du in der Tabelle.

Arithmetik/Algebra

Aufgabe	Ich kann...	sicher	fast sicher	muss ich üben	Übungsaufgaben
1 Rechnen und Ordnen	die Grundrechenarten für rationale Zahlen ausführen.				S. 14: A1, A2, A3
	rationale Zahlen ordnen und vergleichen.				S. 14: A3, A4
2 Schätzen	in Sachsituationen die Größen von Längen, Flächen und Volumina schätzen.				S. 15: A1, A2, A3
	Einheiten in kleinere und größere Einheiten umwandeln.				S. 15: A4, A5, A6
3 Lineare Gleichungen	lineare Gleichungen lösen.				S. 16: A1, A3
	Sachsituationen durch lineare Gleichungen beschreiben.				S. 16: A2, A3
4 Prozente	Prozentsätze, Prozentwerte und Grundwerte berechnen, auch in Sachsituationen.				S. 17: A1, A2, A3, A5, A6, A7 S. 32: A1
	Prozentaufgaben in der Zinsrechnung lösen.				S. 17: A4

Funktionen

Aufgabe	Ich kann...	sicher	fast sicher	muss ich üben	Übungsaufgaben
5 Zuordnungen	in Sachsituationen und Wertetabellen proportionale und antiproportionale Zuordnungen erkennen				S. 18: A1, A3
	Wertetabellen ergänzen und damit Graphen zeichnen				S. 18: A2, A4 S. 19: A3
6 Radfahren	bei Bewegungsaufgaben den Zusammenhang zwischen Zeit, Strecke und Geschwindigkeit herstellen				S. 19: A4
	bei proportionalen Zuordnungen den Zweisatz oder Dreisatz anwenden				S. 19: A1, A2, A3, A5
7 Graphen und Gleichungen	einer Geraden im Koordinatensystem die passende Funktionsgleichung zuordnen und umgekehrt				S. 20: A1 bis A4 S. 22: A3
8 Passend dargestellt	einen Graphen einer Sachsituation oder einer Wertetabelle zuordnen.				S. 21: A1 bis A3

Funktionen

9 Sanduhr	einen Graphen einer Sachsituation zuordnen.				S. 22: A1 bis A3
10 Lineare Funktion – Füllmenge	Sachsituationen mit linearen Funktionen beschreiben.				S. 23: A1 bis A3

Geometrie

Aufgabe	Ich kann...	sicher	fast sicher	muss ich üben	Übungsaufgaben
11 Rechteck	den Umfang und Flächeninhalt eines Rechtecks berechnen, auch in Sachsituationen.				S. 24: A1 bis A5
12 Kreisverkehr	den Umfang und Flächeninhalt eines Kreises berechnen, auch in Sachsituationen.				S. 25: A1 bis A4
13 Zylinder	den Oberflächeninhalt und das Volumen eines Zylinders berechnen.				S. 26: A1 bis A4
	die Masse eines Körpers berechnen, wenn ich sein Volumen und seine Dichte kenne.				S. 26: A4
14 Schiffscontainer	das Volumen eines Quaders bestimmen, auch in Sachsituationen.				S. 27: A1 bis A5
15 Winkelbestimmung	Winkelgrößen in Dreiecken und Vierecken mit dem Winkelsummensatz bestimmen.				S. 28: A1 bis A5
16 Flächenberechnung	Umfang und Flächeninhalt von Parallelogrammen und anderen Figuren berechnen.				S. 29: A1, A2 S. 30: A1 c)
	den Satz des Pythagoras anwenden.				S. 29: A2 S. 30: A2 a)
17 Dreieck im Koordinatensystem	Punkte in ein Koordinatensystem eintragen und ablesen.				S. 30: A1, A2
	den Flächeninhalt und den Umfang eines Dreiecks bestimmen.				S. 30: A1, A2

Daten und Zufall

Aufgabe	Ich kann...	sicher	fast sicher	muss ich üben	Übungsaufgaben
18 Tablet	Spannweite, Zentralwert und arithmetisches Mittel angeben.				S. 31: A1 bis A3
19 Werbung	Werte aus einem Diagramm ablesen.				S. 32: A1
	relative Häufigkeiten berechnen und als Prozente angeben.				S. 32: A3
	Säulen- und Streifendiagramme erstellen.				S. 32: A2, A3
20 Hausaufgaben	angeben, welche Ergebnisse zu einem Ereignis gehören.				S. 33: A1
	die Wahrscheinlichkeit eines Ereignisses bei einem Laplace-Experiment bestimmen.				S. 33: A2, A3

Lösungen zum Eingangstest und Übungsaufgaben

Auf den folgenden Seiten findest du die ausführlichen Lösungen zum Eingangstest.
Zu jeder Aufgabe gibt es passende Übungsaufgaben. Nutze deine Selbsteinschätzung (S. 12/13) und bearbeite auf jeden Fall die Aufgaben, in denen du noch nicht sicher bist. Die Lösungen der Übungsaufgaben findest du im Lösungsheft.

Arithmetik/Algebra

1 Rechnen und Ordnen (von S. 6)

a) Rechne und überprüfe deine Ergebnisse mit den Kontrollzahlen.

(1) $(1 + 2 \cdot 3) : 14 =$ (2) $2{,}5 - 3{,}2 =$
(3) $0{,}1 \cdot 0{,}3 \cdot 20 =$ (4) $\frac{1}{2} + 1\frac{1}{10} =$
(5) $1 - \frac{1}{2} + \frac{1}{4} =$ (6) $4 \cdot \frac{1}{2} - 2{,}5 =$

$\frac{3}{4}$ | $1\frac{3}{5}$ | $0{,}6$ | $-\frac{1}{2}$ | $\frac{4}{3}$ | $0{,}5$ | $-0{,}7$

b) Ordne die Kontrollzahlen aus a).

Zu a)
(1) $(1 + 2 \cdot 3) : 14 = 7 : 14 = \mathbf{0{,}5}$
(2) $2{,}5 - 3{,}2 = \mathbf{-0{,}7}$
(3) $0{,}1 \cdot 0{,}3 \cdot 20 = 0{,}03 \cdot 20 = \mathbf{0{,}6}$
(4) $\frac{1}{2} + 1\frac{1}{10} = \frac{5}{10} + 1\frac{1}{10} = 1\frac{6}{10} = \mathbf{1\frac{3}{5}}$
(5) $1 - \frac{1}{2} + \frac{1}{4} = \frac{1}{2} + \frac{1}{4} = \mathbf{\frac{3}{4}}$
(6) $4 \cdot \frac{1}{2} - 2{,}5 = 2 - 2{,}5 = -0{,}5 = \mathbf{-\frac{1}{2}}$

Zu b)
$-0{,}7 < -\frac{1}{2} < 0{,}5 < 0{,}6 < \frac{3}{4} < \frac{4}{3} < 1\frac{3}{5}$

$-\frac{1}{2}$ ↑ (−0,5); $\frac{3}{4}$ ↑ (0,75); $\frac{4}{3}$ ↑ (≈1,3); $1\frac{3}{5}$ ↑ (1,6)

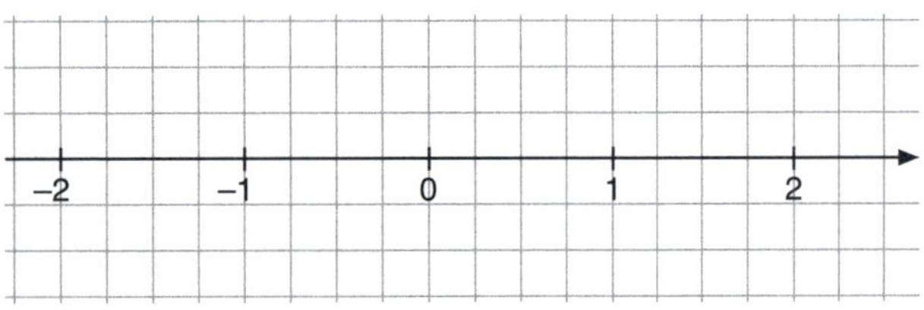

Rechne die Aufgaben 1 bis 3 ohne Taschenrechner.

1 Berechne.

a) $30{,}57 - 7{,}8$ ____
b) $20 - 2{,}5 + 0{,}05 - 5{,}25$ ____
c) $12 \cdot 7{,}6$ ____
d) $0{,}45 \cdot 105$ ____
e) $19{,}54 : 100$ ____
f) $0{,}27 : 9$ ____

TIPP

Achte beim **Addieren** und **Subtrahieren** auf gleichnamige Brüche.

2 Berechne.

a) $\frac{2}{5} + \frac{3}{10}$ ____ b) $\frac{1}{3} \cdot \frac{2}{5}$ ____
c) $\frac{1}{3} + \frac{2}{5}$ ____ d) $\frac{1}{3} : \frac{2}{5}$ ____

3 Berechne. Stelle die Ergebnisse an der Zahlengeraden links dar.

a) $\frac{1}{2} - \frac{3}{4}$ b) $0{,}5 + 1\frac{1}{2}$
c) $-\frac{1}{2} + 1\frac{1}{4}$ d) $0{,}7 - 2{,}2$
e) $-\frac{1}{4} + 2{,}75$ f) $1\frac{1}{2} - 0{,}25$

4 Ordne der Größe nach, beginne mit der kleinsten Zahl.

a) $0{,}4$ $\frac{3}{6}$ $0{,}38$ $\frac{1}{4}$ $\frac{3}{5}$ $0{,}2$

☐ < ☐ < ☐ < ☐ < ☐ < ☐

b) $-1\frac{1}{2}$ $-\frac{7}{5}$ $-\frac{3}{4}$ $-0{,}8$ $-1\frac{1}{4}$ $-1{,}3$

☐ < ☐ < ☐ < ☐ < ☐ < ☐

c) $0{,}7$ $-\frac{3}{4}$ $-1{,}3$ $\frac{4}{5}$ $-1\frac{1}{2}$ $\frac{9}{10}$

☐ < ☐ < ☐ < ☐ < ☐ < ☐

d) $2{,}8$ $-0{,}41$ $-\frac{2}{5}$ $\frac{20}{10}$ $-\frac{9}{2}$ $2{,}805$

☐ < ☐ < ☐ < ☐ < ☐ < ☐

1 Wie viel Sekunden hat eine Schülerin vom ersten Schultag bis zum Ende der 10. Klasse etwa in der Schule verbracht?

☐ 3 600 000 s ☐ 360 000 000 s

☐ 36 000 000 s ☐ 3 600 000 000 s

2 Schätze den Flächeninhalt eines 20-€-Scheins.

☐ 957,6 cm² ☐ 95 760 mm²

☐ 95,76 dm² ☐ 9 576 mm²

3 Kreuze an, welche Schätzung am besten passt.

a) ungefähre Größe der lackierten Fläche eines Pkws

☐ 72 m² ☐ 720 dm²

☐ 720 000 mm² ☐ 7 200 dm²

b) Größe des Kofferraums eines Pkws

☐ 37 hl ☐ 370 000 ml

☐ 0,037 m³ ☐ 37 000 *l*

2 Schätzen (von S. 6)

Trage von den Maßangaben diejenige ein, die am besten passt.

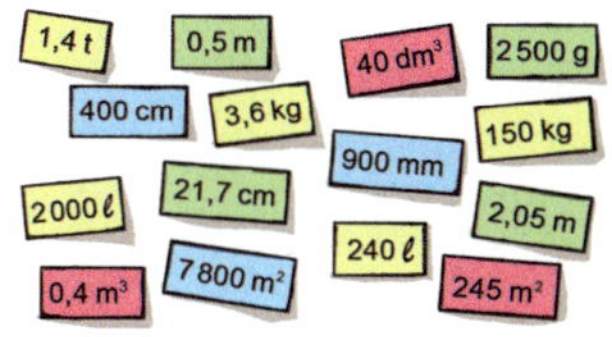

a) Höhe einer Zimmertür
b) Masse eines Pkws
c) Durchmesser eines Fußballs
d) Volumen einer Einkaufskiste

Zu a)
Eine Tür ist höher als 1 m (1 000 mm) und niedriger als 3 m (300 cm). Deshalb kann nur **2,05 m** die Lösung sein.

Zu b)
Von den Gewichtsangaben passt nur **1,4 t**. Die anderen Maßangaben sind zu gering.

Zu c)
Der Durchmesser kann **21,7 cm** betragen. Das ist ungefähr die Breite deines FiNALE-Arbeitsbuchs.

Zu d)
Geschätzte Maße: 50 cm x 40 cm x 20 cm. Für das Volumen erhältst du geschätzt: 50 cm · 40 cm · 20 cm = 40 000 cm³
40 dm³ ist deshalb die richtige Angabe.

TIPP

Achte beim **Vergleichen von Größen** auf die gleiche Einheit.
Rechnest du in eine kleinere (größere) Einheit um, wird die Maßzahl größer (kleiner).

4 Wandle in die angegebene Einheit um.

a) 500 g = ______________ kg

b) 1,8 t = ______________ kg

c) 25 ha = ______________ m²

d) 4 600 cm² = ______________ m²

e) 4 500 *l* = ______________ m³

f) 180 s = ______________ min

g) 1,2 h = ______________ min

5 Wandle in die nächstkleinere Einheit um.

a) 35 cm = ______________

b) 2,5 m² = ______________

c) 85 min = ______________

6 Wandle in die nächstgrößere Einheit um.

a) 56 000 mm = ______________

b) 5 050 m² = ______________

c) 150 min = ______________

3 Lineare Gleichungen (von S. 6)

Löse die Gleichung.
a) $3x - 9 = 27$ b) $4(x - 12) - 7 = 29$

Zu a)

$3x - 9 = 27 \quad | + 9$

$3x = 36 \quad | : 3$

$\mathbf{x = 12}$

Zu b)

$4(x - 12) - 7 = 29 \quad | + 7$

$4(x - 12) = 36 \quad | : 4$

$x - 12 = 9 \quad | + 12$

$\mathbf{x = 21}$

oder $4(x - 12) - 7 = 29$

$4x - 48 - 7 = 29$

$4x - 55 = 29 \quad | + 55$

$4x = 84 \quad | : 4$

$\mathbf{x = 21}$

2 Welche Sachtexte passen zu der Gleichung $5x + 17 = 57$? Was gibt in diesen Fällen x an?

(1) Fünf Freunde gehen ins Kino. Sie kaufen Karten und anschließend für 17 € Popcorn. Insgesamt bezahlen sie 57 €.
(2) Frau May kauft 5 Flaschen Wein und 17 Flaschen Sekt. Sie bezahlt insgesamt 57 €.
(3) Ein 5 km langer Rundkurs für Crossräder wird x-mal durchfahren. Der Kurs liegt 17 km von Tannendorf entfernt. Es sind 57 Teilnehmer am Start.
(4) Ein Unternehmen soll 57 m^3 Muttererde transportieren. Der große Lkw bringt 17 m^3, der kleine Lkw den Rest mit fünf Fahrten, jeweils voll beladen.
(5) Ein Rechteck ist 5 cm breit, seine Länge unbekannt. Wäre es 17 cm^2 größer, hätte es einen Flächeninhalt von 57 cm^2.

TIPP

Texte in **Terme** übersetzen:

Das Zehnfache einer Zahl:	$10x$
Der achte Teil einer Zahl:	$x : 8$
Eine Zahl vermindert um 4:	$x - 4$
Eine Zahl vermehrt um 5:	$x + 5$

TIPP

Forme bei Bedarf die **Gleichung** so um, dass die Variable auf einer Seite steht. Notiere hinter der Gleichung, wie die beiden Seiten der Gleichung verändert werden.

1 Löse die Gleichung.

a) $3x - 7 = 35$ b) $9 - 4x = 13$

c) $7(3x - 2) + 1 = 50$

d) $8 - (2x + 6) - 5x = 16$

3 Löse das Zahlenrätsel mithilfe einer Gleichung.

a) Das Neunfache einer Zahl vermindert um 7 ergibt 47.

b) Addiert man zum dritten Teil einer Zahl 17, so erhält man 30.

c) Vermindert man das Achtfache einer Zahl um 9 und addiert 3, so erhält man 26.

1 Berechne.

a) 40 % von 650 € b) 23 % von 40 m

2 a) Wie viel Prozent sind 374 Personen von 800 Personen?

b) Wie viel Prozent sind 35 € von 1 400 €?

3 a) Von welchem Betrag sind 20 % 100 €?

b) Von welcher Länge sind 45 % 288 m?

4 Berechne die Zinsen.

a) Ein Kapital von 3 200 € wird ein Jahr lang mit 0,5 % verzinst.

b) Ein halbes Jahr lang werden 560 € mit einem Zinssatz von 1,2 % verzinst.

5 Auf einem freien Gelände am Stadtrand, das 16 ha groß ist, wird ein neues Fußballstadion gebaut. Es nimmt 13 % der Gesamtfläche ein. Berechne die Fläche des neuen Stadions in Quadratmetern.

6 Von 827 kontrollierten Fahrzeugen waren 43 mit Mängeln versehen. Wie viel Prozent sind das?

7 Familie Meier zahlt monatlich 550 € Miete. Die Miete soll zum 1. Januar um 3,5 % erhöht werden.

a) Berechne die Mieterhöhung.

b) Gib die ab Januar zu zahlende Miete an.

4 Prozente (von S. 7)

a) Wie viel sind 30 % von 250 €?

b) Wie viel Prozent sind 25 cm von 5 m?

c) Von wie viel Kilogramm sind 5 % genau 10 kg?

d) Ein Kapital von 620 € wird ein Jahr lang mit 4 % verzinst. Berechne die Jahreszinsen.

Zu a)
W ist gesucht.

$30\,\% = \frac{30}{100} = 0{,}30$

$\mathbf{W} = 250\text{ €} \cdot 0{,}30$
$= \mathbf{75\text{ €}}$

Zu b)
p % ist gesucht.

$\mathbf{p\,\%} = \frac{0{,}25\text{ m}}{5\text{ m}} = 0{,}05$
$= \mathbf{5\,\%}$

Zu c)
G ist gesucht.

$G = \frac{10\text{ kg}}{0{,}05} = \mathbf{200\text{ kg}}$

Zu d)
Z ist gesucht.

$Z = 620\text{ €} \cdot 0{,}04$
$= \mathbf{24{,}80\text{ €}}$

TIPP

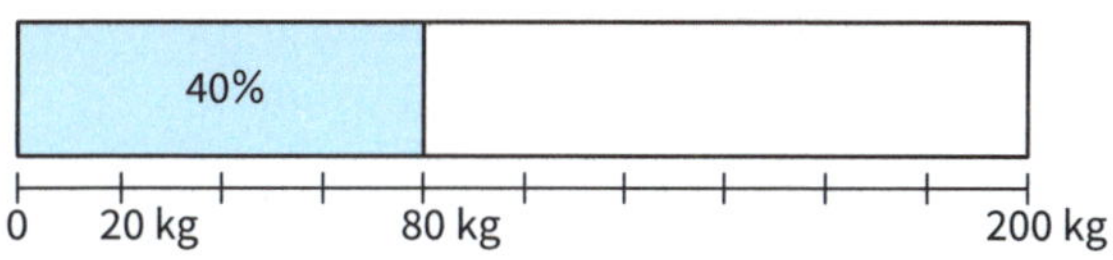

Prozentrechnung:
– Grundwert G
– Prozentwert W
– Prozentsatz p %

40 % von 200 kg sind 80 kg
p % – G – W

Formeln: $\mathbf{W = G \cdot p\,\%}$ $\mathbf{p\,\% = \frac{W}{G}}$ $\mathbf{G = \frac{W}{p\,\%}}$

Zinsrechnung:
Kapital K ↔ Grundwert G
Zinsen Z ↔ Prozentwert W
Zinssatz p % ↔ Prozentsatz p %
$\mathbf{Z = K \cdot p\,\%}$

Funktionen

5 Zuordnungen (von S. 7)

In welchen Beispielen erkennst du proportionale (p) oder antiproportionale (a) Zuordnungen? Wo liegt keines von beiden (k) vor? Trage in die rechte Spalte jeweils p, a oder k ein.

1	Alex kauft auf dem Wochenmarkt Tomaten: *Menge Tomaten (kg) → Preis (€)*	p
2	Laufwettbewerb auf verschieden langen Strecken: *Länge der Laufstrecke → Laufzeit in Minuten*	k
3	Im Gartenmarkt kann man Grassamen kaufen: *Rasenfläche (m²) → benötigter Samen (kg)*	p
4	1 Liter Orangensaft wird gleichmäßig verteilt: *Anzahl der Gläser → Füllmenge pro Glas*	a
5	Im August scheint die Sonne am häufigsten: *Anzahl Tage → Summe der Sonnenstunden an diesen Tagen*	k
6	Gegeben sind Rechtecke mit gleichem Flächeninhalt: *Rechtecklänge → Rechteckbreite*	a

1) Verdoppelt sich die Menge an Tomaten in kg, verdoppelt sich auch deren Preis; also **p.**

2) Bei längeren Strecken wird langsamer gelaufen; also **k.**

3) Verdoppelt man die Rasenfläche, benötigt man auch doppelt so viel Samen; also **p.**

4) Verdoppelt man die Anzahl der Gläser, halbiert sich die Füllmenge pro Glas; also **a.**

5) Die Sonnenstunden haben über die Tage hinweg betrachtet keine Regelmäßigkeit; also **k.**

6) Verdoppelt man bei gleichbleibendem Flächeninhalt die Länge, so halbiert sich die Breite; also **a.**

4 Eine zylinderförmige Kerze brennt gleichmäßig ab.
Die Tabelle stellt die Zuordnung *Brenndauer (h) → Höhe der Kerze (cm)* dar.

a) Berechne die fehlenden Werte.

Brenndauer (in h)	Höhe der Kerze (in cm)
0	10
1	9,5
2	
3	
6	
8	

1 Ist die Zuordnung proportional? Begründe.

Zuordnung (A)

Anzahl	Preis (in €)
3	1,50
4	2,00
8	4,00

Zuordnung (B)

Zeit (h)	Weg (in m)
2	1 200
3	1 800
5	2 600

Zuordnung (A) ist ____________________, weil
____

Zuordnung (B) ist ____________________, weil
____

2 Vervollständige die Wertetabelle bei a) zur proportionalen Zuordnung und bei b) zur antiproportionalen Zuordnung.

a)

x	1,5	3
y	4,5	

b)

x	7,5	2,5
y	20	

3 Welche Art der Zuordnung liegt vor?

1	Eier werden hartgekocht: *Anzahl Eier → Kochdauer*	
2	5 Minuten wird geradelt: *durchschnittliche Geschwindigkeit → zurückgelegte Strecke*	
3	Vom Kind zum Erwachsenen: *Gewicht eines Menschen → Schuhgröße*	
4	1,5 Liter Eistee wird gerecht verteilt: *Anzahl Kinder → Eistee (in ml) pro Kind*	
5	Justus kauft auf dem Markt ein: *Kilogramm Kartoffeln → Preis*	

b) Zeichne den Graphen der Zuordnung.

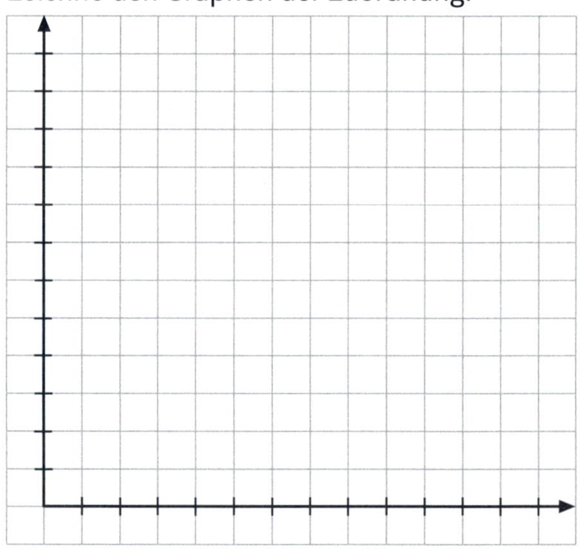

1 Ergänze den fehlenden Preis

a) 3 Äpfel kosten 1,50 €.

6 Äpfel kosten _______ €.

b) 4 Liter Saft kosten 8,20 €.

2 Liter Saft kosten _______ €.

c) 10 kg Mehl kosten 12,40 €.

20 kg Mehl kosten _______ €.

d) 12 Brötchen kosten 7,20 €.

3 Brötchen kosten _______ €.

6 Radfahren (von S. 7)

Mareike fährt mit gleichbleibender Geschwindigkeit Rad und legt in 10 Minuten eine Strecke von 2500 m zurück. Wie viel Kilometer schafft sie in einer Stunde? Notiere deine Rechnung.

Da Mareike mit gleichbleibender Geschwindigkeit Rad fährt, legt sie z. B. in der doppelten Zeit die doppelte Strecke zurück. Die Zuordnung *Zeit* → *Weg* ist also proportional.

(1) Lösung mit Dreisatz

: 10	10 min	2 500 m	: 10
· 60	1 min	250 m	· 60
	60 min	**15 000 m**	

(2) Lösung mit Zweisatz

·6	10 min	2 500 m	·6
	60 min	**15 000 m**	

In einer Stunde legt Mareike **15 km** zurück.

2 Friederike möchte Tomatensuppe für 6 Personen nach dem rechts abgebildeten Rezept kochen.

a) Friederike berechnet die benötigte Tomatenmenge. Vervollständige ihre Rechnung.

☐	4 Personen	2000 g	☐
☐	1 Person	500 g	☐
	6 Personen		

b) Berechne auf die gleiche Weise alle anderen Zutatenmengen für 6 Personen.

3 Ergänze die fehlenden Werte der proportionalen Zuordnungen.

a)

3 kg	36 €
1 kg	
5 kg	

b)

24 *l*	72 €
1 *l*	
7 *l*	

c)

40 Stück	18 €
1 Stück	
9 Stück	

d)

200 g	4,20 €
40 g	

4 Paul und Ivo joggen mit gleichmäßiger Geschwindigkeit um den nahegelegenen Waldsee. In 18 min legen sie 3 km zurück. Die Länge des Rundwegs beträgt 7 km. Wie viel Zeit benötigen sie für den Rundweg?

5 Das Sportcenter Megafit vermietet Badmintonplätze für 3,50 € für 30 Minuten. Die Sportoase verlangt 5,50 € Platzmiete für 45 Minuten. Welches Angebot ist günstiger, wenn man 90 Minuten spielen möchte?

7 Graphen und Gleichungen (von S. 7)

Ordne den Graphen g_1, g_2, g_3 und g_4 die zugehörige Funktionsgleichung zu.

- $y = x - 1$
- $y = 2x - 1$
- $y = 2x + 2$
- $y = x + 1$
- $y = -x - 1$
- $y = -x + 2$

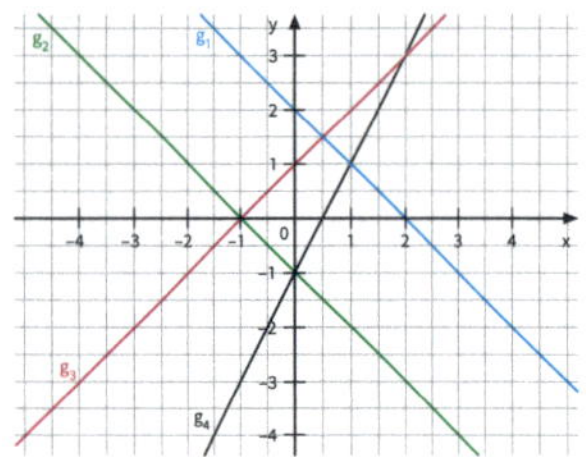

Bei Geradengleichungen der Form $y = mx + t$ gibt m die Steigung an. Wenn m positiv ist, steigt die Gerade, wenn m negativ ist, fällt sie. t gibt den Schnittpunkt $(0 | t)$ mit der y-Achse an.
$\mathbf{g_1}$ schneidet die y-Achse im Punkt $(0 | 2)$, also: $t = +2$. Steigung: $m = -1$.
Funktionsgleichung von $\mathbf{g_1}$: $\mathbf{y = -x + 2}$.
$\mathbf{g_2}$ schneidet die y-Achse in $(0 | -1)$, also ist $t = -1$. Steigung $m = -1$.
Funktionsgleichung von $\mathbf{g_2}$: $\mathbf{y = -x - 1}$.
Bei $\mathbf{g_3}$ ist $t = +1$, die Steigung beträgt $m = +1$.
Funktionsgleichung von $\mathbf{g_3}$: $\mathbf{y = x + 1}$.
Bei $\mathbf{g_4}$ ist $t = -1$, die Steigung beträgt $m = +2$.
Funktionsgleichung von $\mathbf{g_4}$: $\mathbf{y = 2x - 1}$.

1 Bestimme die zum Graphen gehörende Funktionsgleichung.

a) 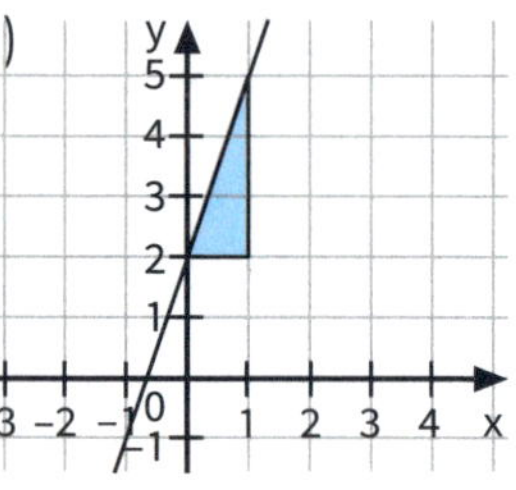

y = ______________

b) 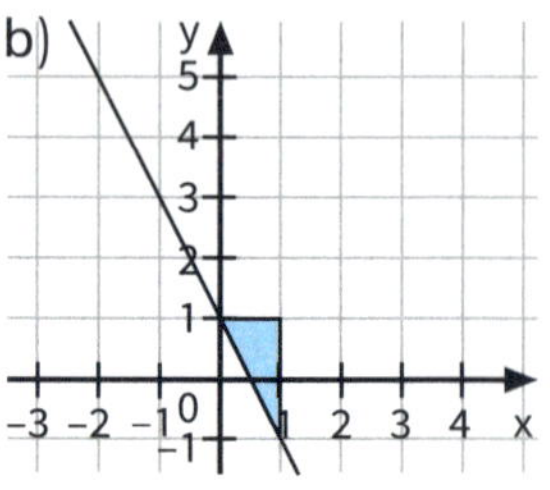

y = ______________

c) 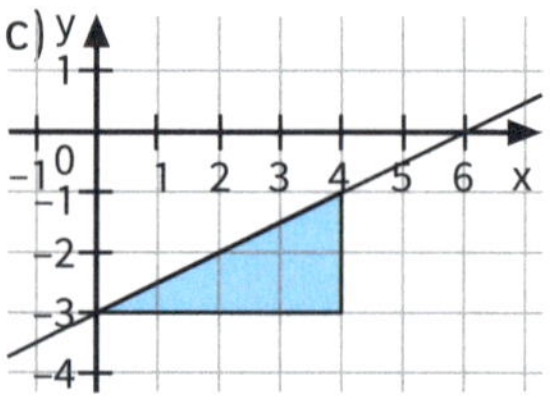

y = ______________

d) 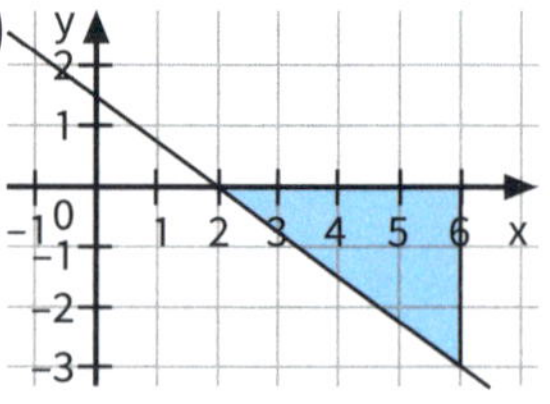

y = ______________

2 Zeichne in ein Koordinatensystem die Graphen zu den Funktionen
$y = \frac{1}{4}x + 3$ und $y = -x + 3$.
Gib die Koordinaten des Schnittpunkts S an.

S = (_____ | _____)

3 Die lineare Funktion f verläuft durch die Punkte $A(-2 | 5)$ und $B(3 | 2{,}5)$.

a) Zeichne den Graphen der Funktion in das Koordinatensystem rechts.

b) Gib die Funktionsgleichung an.

y = ______________________

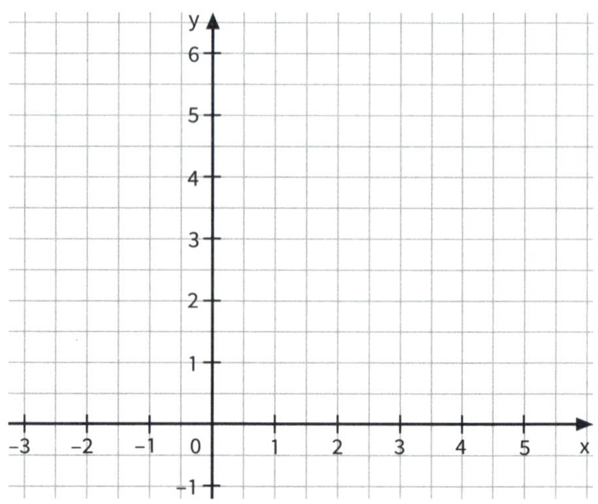

4 a) Ordne jeder Geraden g_1, g_2 und g_3 die passende Funktionsgleichung zu.

- $y = 2x + 1$
- $y = x + 2$
- $y = x - 2$
- $y = -x + 1$
- $y = 2x - 1$

b) Zeichne die Geraden zu den beiden übrigen Funktionen in das Koordinatensystem.

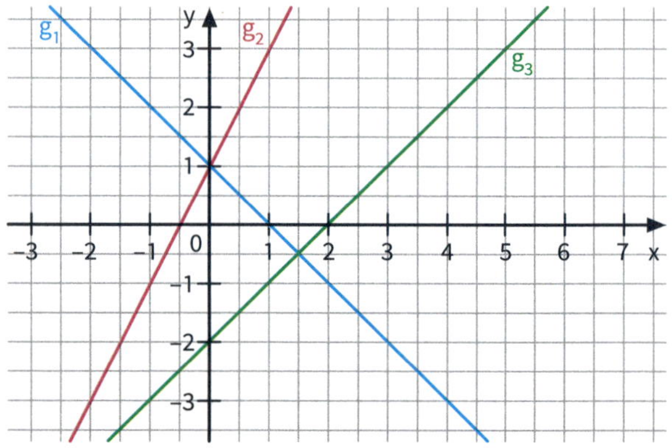

1 Welche Darstellung passt zu dem Sachverhalt? Ordne zu.

A: Wertentwicklung einer Aktie
B: Handytarif mit Grundgebühr und sekundengenauer Abrechnung
C: Eintrittspreise ins Schwimmbad gestaffelt nach Aufenthaltsdauer
D: Preis für getankte Bezinmenge

(1) 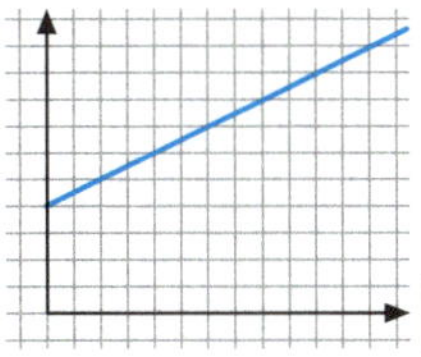 ☐

(2) 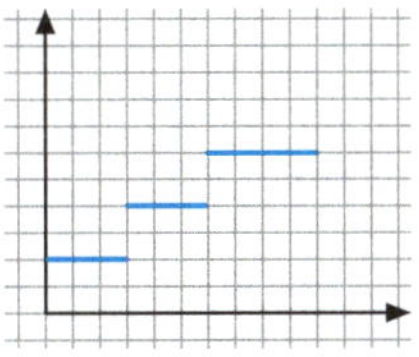 ☐

(3) 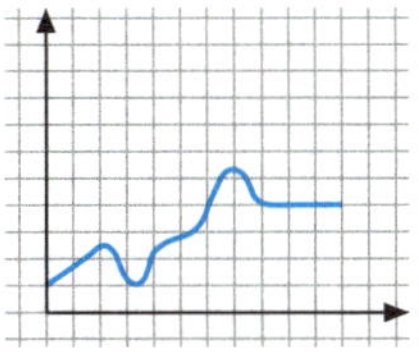 ☐

(4) 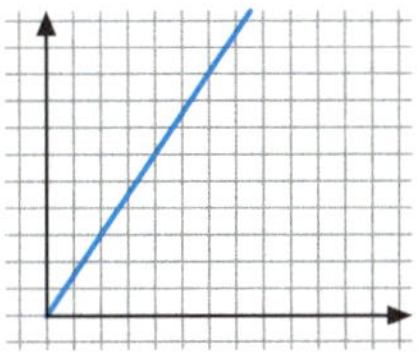 ☐

8 Passend dargestellt (von S. 8)

Welcher Graph passt am besten zu welcher Geschichte?

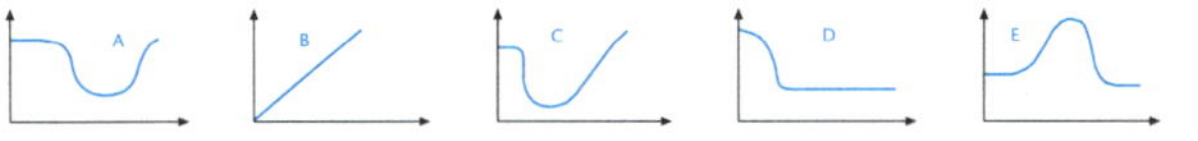

(1) Kurz nach dem Beginn der Segeltour ließ der zuvor kräftige Wind stark nach. Dann nahm die Windstärke nach und nach wieder zu, zum Schluss blies der Wind sogar kräftiger als zu Beginn der Segeltour.
(2) Anfangs war die monatliche Telefonrechnung von Thomas sehr hoch. Inzwischen zahlt er deutlich weniger und jeden Monat in etwa den gleichen Betrag.

(1) Anfangs: kräftiger Wind lässt nach (Graph fällt). Dann: allmähliche Zunahme (Graph steigt langsam an). Zum Schluss: kräftigerer Wind als zu Beginn (Graph steigt höher als je zuvor). Deshalb: Graph **C**.
(2) Anfangs: sehr hohe Rechnung. Dann: niedriger und unverändert (Graph fällt und bleibt auf gleicher Höhe). Deshalb: Graph **D**.

2 Welcher Graph passt am besten zu welcher Wertetabelle? Ordne zu.

(A)

Weg (in km)	0	1	2	3
Preis (in €)	3,60	6,00	8,40	10,80

(C)

Anzahl	0	2	4	6
Preis (in €)	0	80	160	240

(B)

Höhe (in cm)	20	15	12	2
Zeit (in h)	0	5	8	18

(D)

Anzahl	3	6	12	18
Tage	36	18	9	6

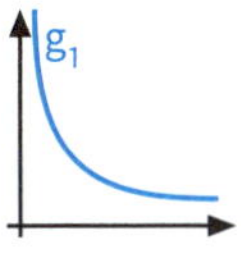

☐

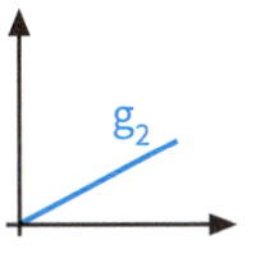

☐

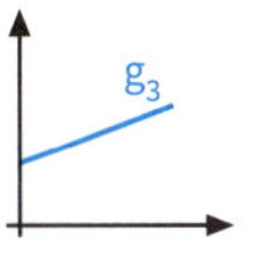

☐

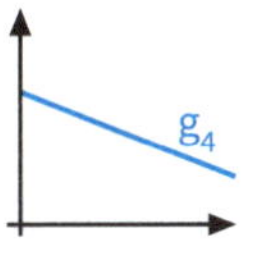

☐

3 In dem Diagramm ist der Weg von Hatice zu ihrer Freundin Elif dargestellt.

a) Wann startet sie? ______________________

b) Wie lange wartet sie an der Ampel?

____

c) In welcher Zeitspanne ist ihre Geschwindigkeit am größten? Begründe.

____

____

____

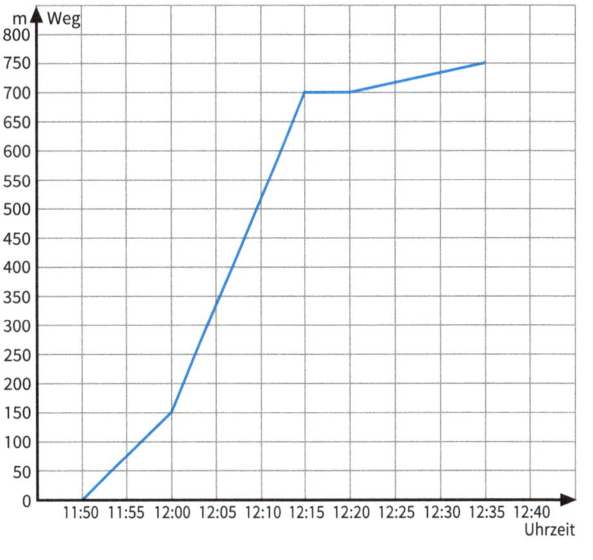

9 Sanduhr (von S. 8)

Eine Sanduhr besteht aus zwei Glaskolben. Durch eine enge Verbindungsstelle der beiden Kolben rieselt langsam der Sand aus dem oberen in den unteren Kolben. Mit zunehmender Zeit t ändert sich die Höhe h des Sandes in dem oberen Kolben. Welcher Graph beschreibt diese Änderung am besten? Begründe.

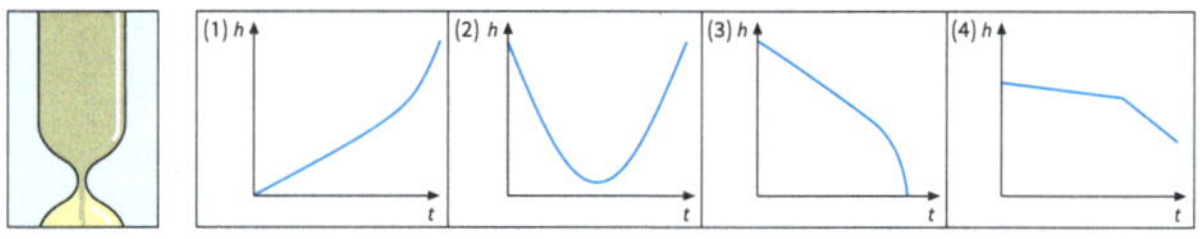

Je höher ein Punkt des Graphen liegt, desto höher steht der Sand in dem oberen Kolben. Und das bedeuten die Graphen:

(1) Die meiste Zeit steigt die Höhe h des Sandes gleichmäßig im oberen Kolben. Am Ende nimmt dieser Anstieg noch schneller zu.

(2) Anfangs nimmt die Höhe h des Sandes ab, wobei sich die Abnahme verlangsamt. Danach zeigt der Graph den umgekehrten Verlauf. Die Höhe h des Sandes nimmt nach und nach immer schneller zu.

(3) Die meiste Zeit nimmt die Höhe h des Sandes im oberen Kolben gleichmäßig ab. Kurz bevor der Kolben ganz leergelaufen ist, beschleunigt sich diese Abnahme.

(4) Die Höhe h des Sandes nimmt die meiste Zeit nur in sehr geringem Maße ab. Dann beschleunigt sich die Abnahme abrupt.

Der obere Teil des oberen Glaskolbens hat die Form eines Zylinders, der untere Teil die Form eines Kegels. Da in gleicher Zeit stets die gleiche Sandmenge durch die Öffnung rieselt, nimmt die Höhe des Sandes h in dem oberen Kolben anfangs gleichmäßig ab. Ist nur noch der kegelförmige Teil des Kolbens mit Sand gefüllt, verringert sich dessen Höhe h schneller. Deshalb: **Richtig ist (3).**

1 Ein Stein fällt in einen 40 m tiefen Brunnen. Welcher Graph stellt die Zuordnung Zeit (t) → zurückgelegter Weg (s) richtig dar? Begründe.

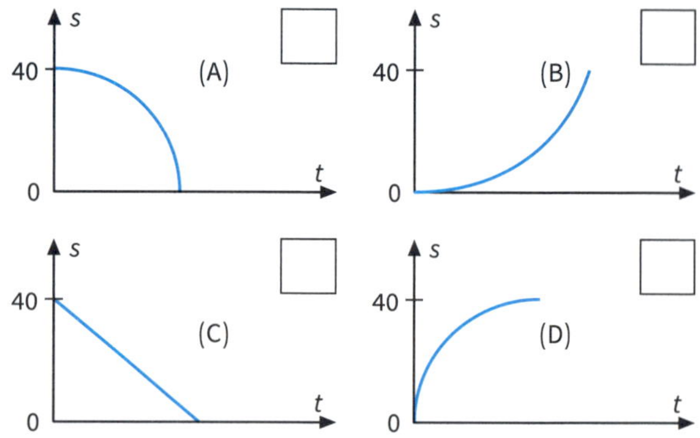

2 Bei der Segelscheinprüfung muss ein Dreieckskurs zurückgelegt werden. Die Segelstrecke ist mit Bojen markiert. Ein Graph gibt für jeden Zeitpunkt den Abstand a des Segelboots von der Küste an. Welcher ist es? Begründe.

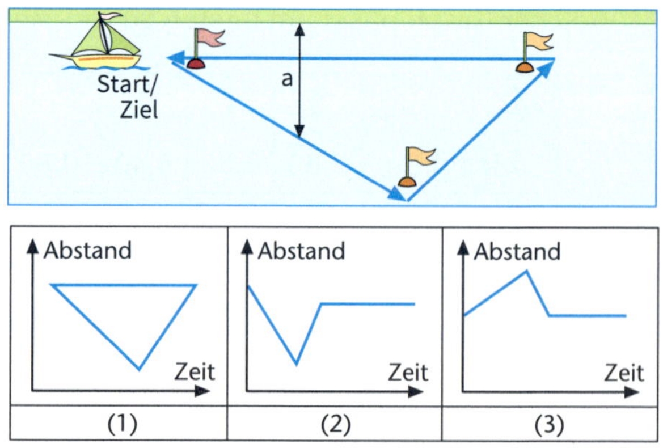

____

____

3 Die drei Graphen stellen den Zusammenhang von Brenndauer x und Höhe y der Kerzen 1 bis 3 dar.

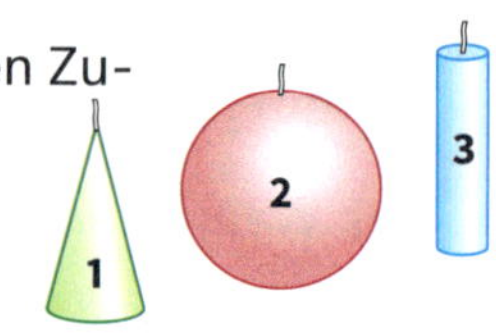

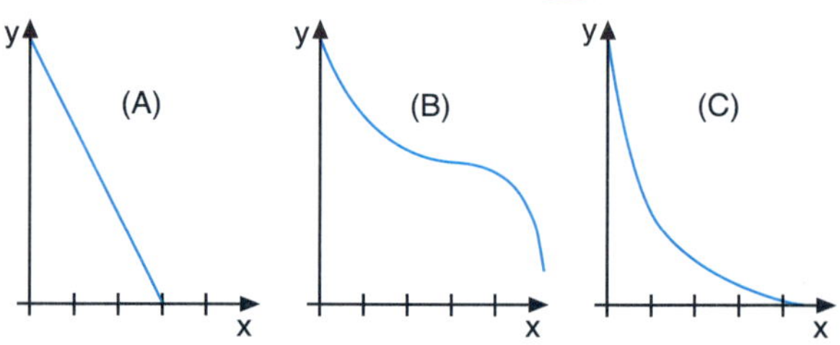

a) Ordne die Kerzen den Graphen zu. Begründe.

____

b) Die Kerze 3 ist 6 cm hoch und brennt mit einer Geschwindigkeit von 2 cm pro Stunde ab. Kreuze die zugehörige Funktionsgleichung an.

☐ $y = 2x - 6$ ☐ $y = 6 + 2x$ ☐ $y = 6 - 2x$ ☐ $y = 2 - 6x$

1 Welcher Graph passt zu der Sachsituation?

(A) Eine Taxifahrt kostet pro Kilometer 2 €. Unabhängig von der Fahrtstrecke wird eine Grundgebühr von 4 € verlangt.

(B) 1 kg Äpfel kostet 2 €.

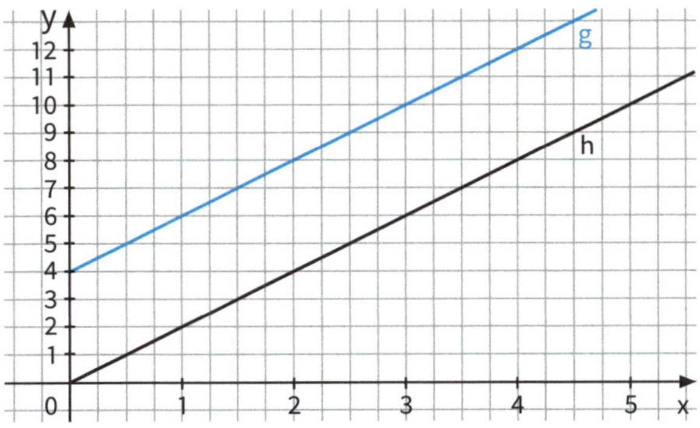

Situation A: ________ Situation B: ________

2 Die im Koordinatensystem dargestellte Funktion gibt den Zusammenhang zwischen der Futtermenge und der Zeit an.

a) Wie viel Kilogramm Futter sind zu Beginn vorhanden?

____

b) Nach wie vielen Tagen ist die Futtermenge aufgebraucht?

____

c) Bestimme die Funktionsgleichung.

____

3 Zeichne die Graphen der linearen Funktionen $y = -3x + 4$ und $y = 4x - 3$ in ein Koordinatensystem.
Gib die Koordinaten des Schnittpunkts der beiden Graphen an. S (___|___)

10 Lineare Funktion – Füllmenge (von S. 8)

Die im Koordinatensystem dargestellte Funktion stellt den Zusammenhang zwischen der Füllmenge in einem Bewässerungstank und der Zeit dar.

a) Wie viel Liter Wasser sind am Anfang im Tank?

b) Bestimme, um wie viel Liter pro Minute die Wassermenge abnimmt.

c) Gib die Funktionsgleichung an.

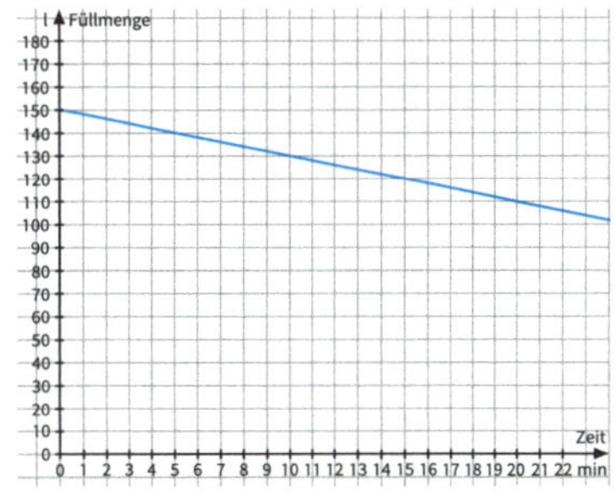

Zu a)
Der Graph schneidet die y-Achse an der Stelle 150. Am Anfang sind **150 *l*** im Tank.

Zu b)
Wir suchen uns zwei Punkte, deren Koordinaten gut ablesbar sind, z. B. A(0|150) und B(15|120).
Aus den Koordinaten lesen wir ab:
In 15 Minuten nimmt die Füllmenge um 30 *l* ab.
In 1 Minute nimmt sie dann um **2 *l*** (= 30 l|: 15) ab.

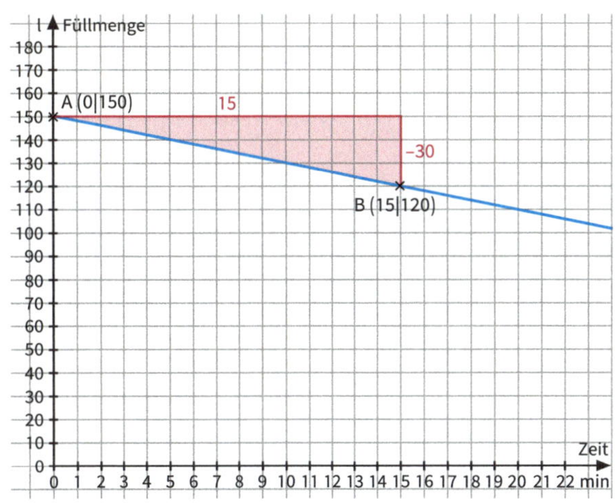

Zu c)
Bei der allgemeinen Funktionsgleichung $y = mx + t$ gibt m die Steigung des Graphen an und t den y-Achsenabschnitt.
In diesem Beispiel ist $t = 150$.
Da der Graph fällt, ist $m = -\frac{30}{15} = -2$.
Die Funktionsgleichung lautet also:
$\mathbf{y = -2x + 150}$

Geometrie

11 Flächeninhalt und Umfang/Rechteck (von S. 8)

Ein Rechteck ist 8 cm lang und 6 cm breit.

a) Wie groß ist sein Flächeninhalt? Kreuze an.

☐ 14 cm ☐ 14 cm^2 ☐ 28 cm

☐ 28 cm^2 ☐ 48 cm^2 ☐ 48 cm

b) Wie groß ist sein Umfang?

Zu a)

Für den Flächeninhalt A eines Rechtecks gilt:

$A = a \cdot b$ (Länge · Breite)

$A = 8\text{ cm} \cdot 6\text{ cm} = \mathbf{48\text{ cm}^2}$

Mit der Einheit „cm" werden Längen gemessen, aber keine Flächeninhalte angegeben. Deshalb kommen nur die drei Felder mit der Einheit cm^2 in Frage. Angekreuzt wird 48 cm^2.

Zu b)

$u = 8\text{ cm} + 6\text{ cm} + 8\text{ cm} + 6\text{ cm}$

$u = 28$ cm

Hinweis: Der Umfang ist die Summe von Seitenlängen und wird daher immer in Längeneinheiten (wie cm oder m) angegeben.

1 Ein Rechteck ist 7 cm breit und 3 cm länger als breit. Berechne Flächeninhalt und Umfang dieses Rechtecks.

A = ____________ u = ____________

2 Ein Rechteck hat einen Umfang von 24 cm. Wie breit und wie lang könnte es sein? Gib verschiedene Möglichkeiten an.

Breite	Länge
2 cm	10 cm
4 cm	

3 Berechne für die abgebildete Fläche den Flächeninhalt und den Umfang.

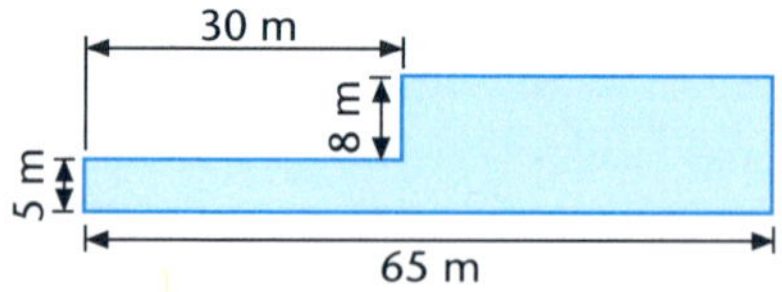

A = ____________ u = ____________

4 Ein Baugrundstück ist rechteckig und hat die Maße 32 m x 24 m.

a) Wie viel Quadratmeter ist es groß?

A = ____________

b) Wie teuer ist das Grundstück, wenn es pro Quadratmeter 75 € kostet?

____________ €

5 Abgebildet ist ein Sportplatz, der komplett bis zu einer Höhe von 2 m eingezäunt werden soll.
An drei Stellen im Zaun sind ein Meter breite Türen eingelassen.
Außerdem soll der Platz einen neuen Belag bekommen.

a) Wie viel Meter Zaun werden benötigt?

____

b) Wie viel Quadratmeter müssen neu belegt werden?

____

1 Der Mittelkreis eines Fußballfeldes hat einen Radius von 9,15 m. Berechne seinen Umfang und seinen Flächeninhalt.

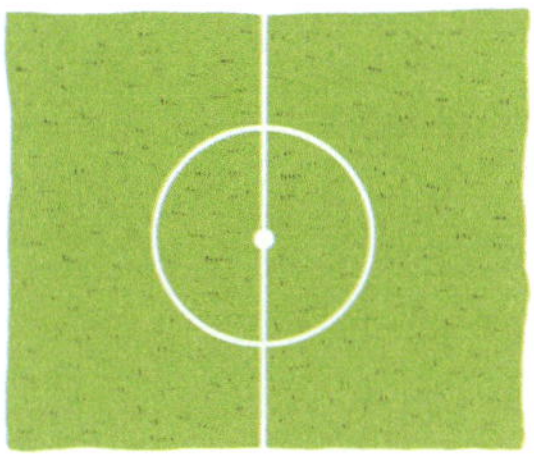

u = ______________ A = ______________

12 Kreisverkehr (von S. 9)

Außerhalb einer Ortschaft wird ein neuer Kreisverkehr gebaut. Sein Außendurchmesser beträgt d = 40 m, die Fahrbahnbreite ist b = 7 m.

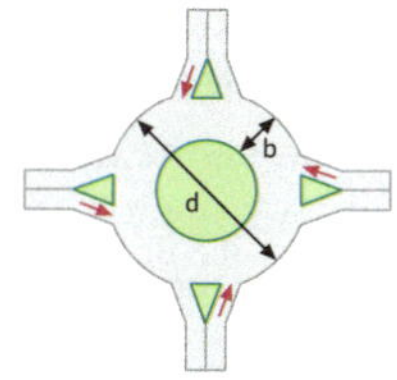

a) Berechne den Flächeninhalt und den Umfang des Außenkreises.

b) In der Mitte wird eine Grünfläche angelegt. Wie viel Quadratmeter nimmt sie ein?

Zu a)
Für den Flächeninhalt A eines Kreises gilt:
$A = r^2 \cdot \pi$.

Der Radius r ist halb so groß wie der Durchmesser d des Kreises, also r = 20 m.
A = $(20\text{ m})^2 \cdot \pi \approx$ **1 257 m²**

Für den Umfang eines Kreises gilt: $u = d \cdot \pi$,
also **u** = $40\text{ m} \cdot \pi \approx$ **125,7 m.**

Zu b)
Um den Radius r_G der Grünfläche zu bestimmen, wird die Fahrbahnbreite subtrahiert:
$r_G = 20\text{ m} - 7\text{ m} = 13\text{ m}$. Der Flächeninhalt A_G beträgt damit
$\mathbf{A_G} = (13\text{ m})^2 \cdot \pi \approx$ **531 m².**

2 Die Reifen von Laras Fahrrad haben einen Durchmesser von 26 Zoll. (1 Zoll = 2,54 cm)

a) Welchen Umfang hat ein Reifen?

u = ______________

b) Lara fährt 4,6 km zur Schule. Bestimme, wie oft sich dabei jeder der beiden Reifen dreht.

3 a)

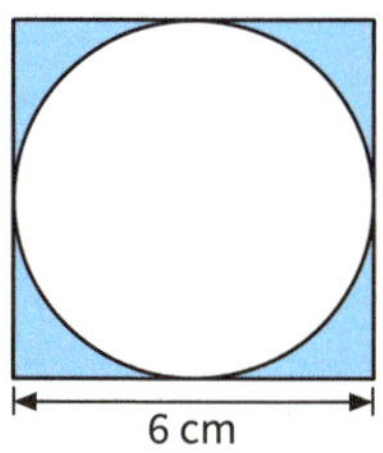

b)

Berechne jeweils den Inhalt der blauen Flächen.

A = ______________ A = ______________

4 Emily und Kim haben sich in der Pizzeria für die Pizza „4 Stagioni" (mit Spinat, Champignons, Salami und Paprika) entschieden. Es gibt sie in drei Größen:

Größe	d = 24 cm	d = 34 cm	d = 42 cm
4 Stagioni	4, 95 €	6,95 €	10,95 €

a) Emily sagt: „Wenn wir uns eine 34-cm-Pizza teilen, bekommt jede von uns genauso viel Pizza wie wenn jede eine kleine Pizza bestellt. Und von dem gesparten Geld kann sich jede noch eine Cola kaufen." Überprüfe mit einer Rechnung, ob Emily recht hat.

____

b) Kim meint: „Im Vergleich zu der 34-cm-Pizza ist die ganz große Pizza viel zu teuer." Begründe.

____

____

13 Zylinder (von S. 9)

Der abgebildete Zylinder ist aus Stahl. Ein Kubikzentimeter wiegt 7,8 g.

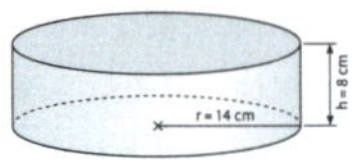

a) Berechne den Oberflächeninhalt und das Volumen des Zylinders.

b) Berechne die Masse des Zylinders in kg.

Zylinder — Oberfläche des Zylinders

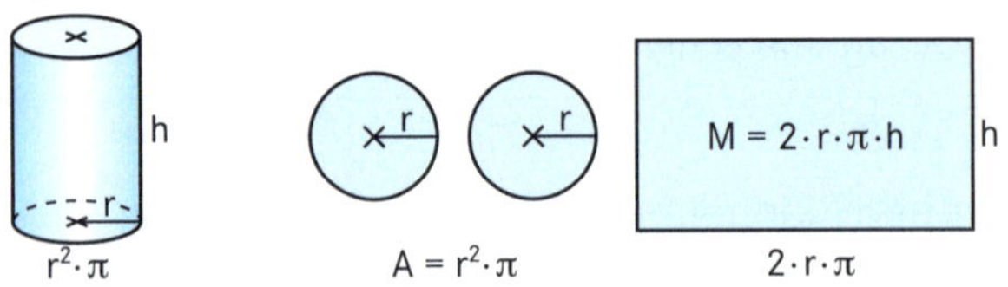

Zu a)

$O = 2 \cdot r^2 \cdot \pi + 2 \cdot r \cdot \pi \cdot h$

$O = 2 \cdot (14\text{ cm})^2 \cdot \pi + 2 \cdot 14\text{ cm} \cdot \pi \cdot 8\text{ cm}$

$O = 2 \cdot 196\text{ cm}^2 \cdot \pi + 2 \cdot 112\text{ cm}^2 \cdot \pi$

$\mathbf{O \approx 1\,935\text{ cm}^2}$

$V = r^2 \cdot \pi \cdot h$

$V = (14\text{ cm})^2 \cdot \pi \cdot 8\text{ cm}$

$V \approx 4\,926\text{ cm}^3$

oder **$V \approx 4{,}926\ l$**

> $1\,000\text{ cm}^3 = 1\text{ dm}^3$
> $1\text{ dm}^3 = 1\ l$

Zu b)

Masse des Zylinders:

$4\,926\text{ cm}^3 \cdot 7{,}8\,\frac{\text{g}}{\text{cm}^3} \approx 38\,400\text{ g} = \mathbf{38{,}4\text{ kg}}$

1 Die Abbildung zeigt das Netz eines Zylinders.

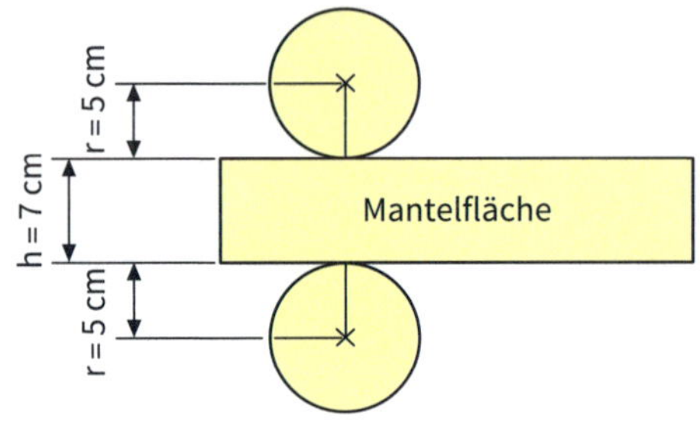

a) Berechne den Inhalt der Mantelfläche M.

M = ____________________

b) Bestimme den Oberflächeninhalt.

O = ____________________

TIPP

Eine Seite der Mantelfläche ist genauso lang wie der Umfang der kreisförmigen Grundfläche, also $2 \cdot r \cdot \pi$.

2 Berechne vom abgebildeten Zylinder

a) den Flächeninhalt des Mantels,

b) den Oberflächeninhalt,

c) das Volumen in Litern.

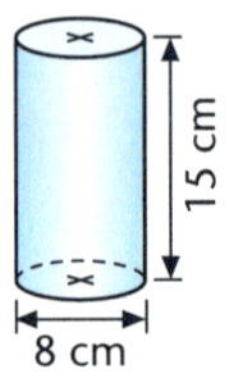

a) M = ____________________

b) O = ____________________

c) V = ____________________

3 Eine Dose Suppe hat einen Durchmesser von 10,4 cm und eine Höhe von 12 cm. Auf der Banderole (Etikett auf der Dose) ist ein Inhalt von 1 000 ml angegeben.

a) Überprüfe, ob diese Angabe zutrifft.

b) Berechne, wie viel Quadratmeter Papier man zur Herstellung von 50 000 Banderolen braucht.

4 Abgebildet ist der Mantel eines 8 cm hohen Zylinders.

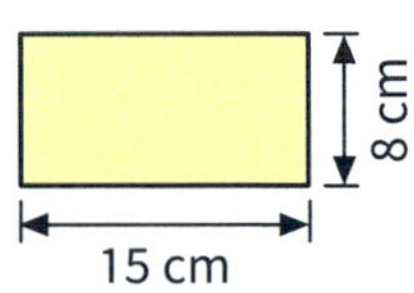

a) Welchen Durchmesser hat die Grundfläche des Zylinders?

d = ____________________

b) Wie groß ist das Volumen des Zylinders?

V = ____________________

c) Ein Kubikzentimeter des Zylinders wiegt 8,9 g. Berechne seine Masse.

Masse des Zylinders: ____________________

1 Berechne das Volumen des abgebildeten Quaders.

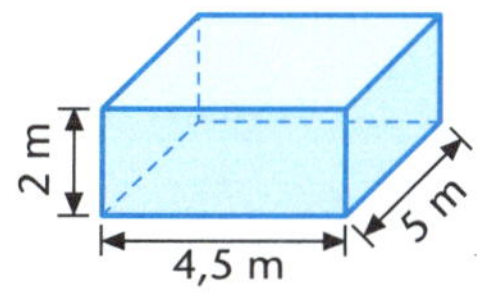

14 Schiffscontainer (von S. 9)

Ein Schiffscontainer hat die Innenmaße 12,03 m x 2,35 m x 2,39 m und wird voll beladen.
Wie viel Kubikmeter beträgt das Fassungsvermögen dieses Containers?

Der Schiffscontainer hat die Form eines Quaders. Bei der Frage nach dem Fassungsvermögen wird das Volumen (der Rauminhalt) gesucht.

$V = a \cdot b \cdot c$ (Länge · Breite · Höhe)

$V = 12{,}03\ \text{m} \cdot 2{,}35\ \text{m} \cdot 2{,}39\ \text{m}$

$\mathbf{V \approx 67{,}57\ m^3}$

2 Ein quaderförmiges Aquarium hat die Bodenmaße 8 dm x 4,5 dm und ist 60 cm hoch. Es ist bis 5 cm unter dem Rand gefüllt.
Wie viel Liter Wasser befinden sich in diesem Aquarium?

3 Ein Schwimmbecken ist 25 m lang und verfügt über acht Bahnen von je 1,50 m Breite. Es ist an allen Stellen gleich tief und fasst 750 m³ Wasser. Ermittle, wie tief das Becken ist.

4 Eine Firma stellt Geschenkkartons in verschiedenen Größen her. Zu einem Set gehören drei Kartons mit den nebenstehenden Maßen.

Karton groß: 23 cm x 17 cm x 10,1 cm
Karton mittel: 15 cm x 11 cm x 7,3 cm
Karton klein: 7 cm x 5 cm x 4,5 cm

a) Berechne die Volumina der drei Kartons.

$V_{groß}$ = ______________________________

V_{mittel} = ______________________________

V_{klein} = ______________________________

b) Wie viele der kleinen Kartons passen in den großen Karton?

______________ Kartons

TIPP
Fertige eine Skizze an.

5 Ein Quader ist doppelt so lang wie breit und dreimal so hoch wie breit. Sein Volumen beträgt 48 cm³.
Wie breit ist der Quader?

Breite = ______________ cm

15 Winkelbestimmung (von S. 9)

Wie groß sind die fehlenden Winkel?

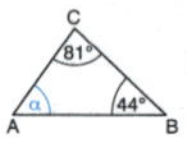

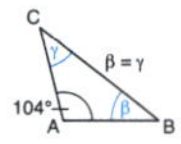

Die Summe der Innenwinkel in einem Dreieck beträgt 180°.

$\alpha = 180° - 81° - 44°$

$\alpha = 180° - 125°$

$\boldsymbol{\alpha = 55°}$

$\beta + \gamma = 180° - 104°$

$\beta + \gamma = 76°$

$\gamma = 76° : 2 = 38°$

$\boldsymbol{\beta = \gamma = 38°}$

1 Wie groß ist der Winkel ∢ AMC?

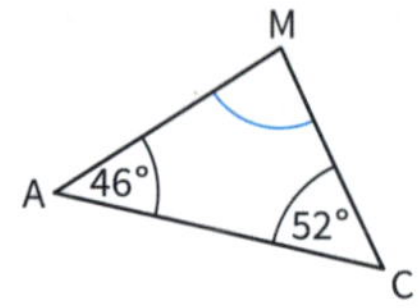

∢ AMC = ______________

2 Berechne die fehlende Winkelgrößen.

a)

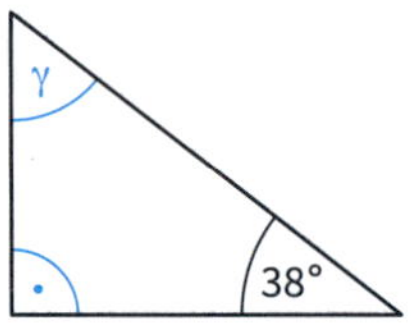

rechtwinklig

b)

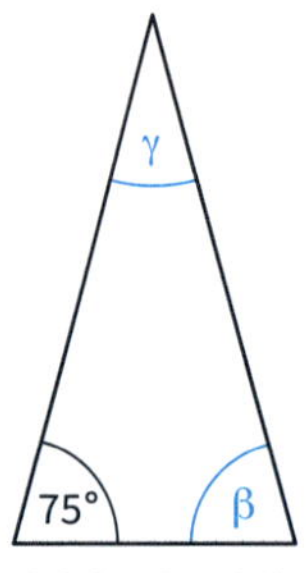

gleichschenklig

3 Wie groß sind die Winkel des Dreiecks?

β ist 20°größer als α
γ ist 26° größer als β

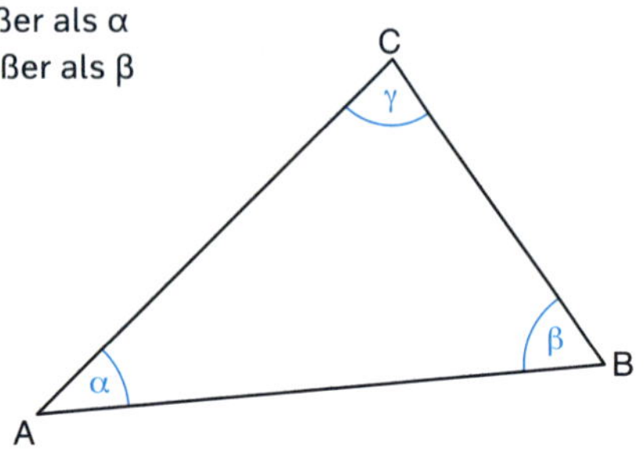

4 Bestimme die Innenwinkel des Parallelogramms.

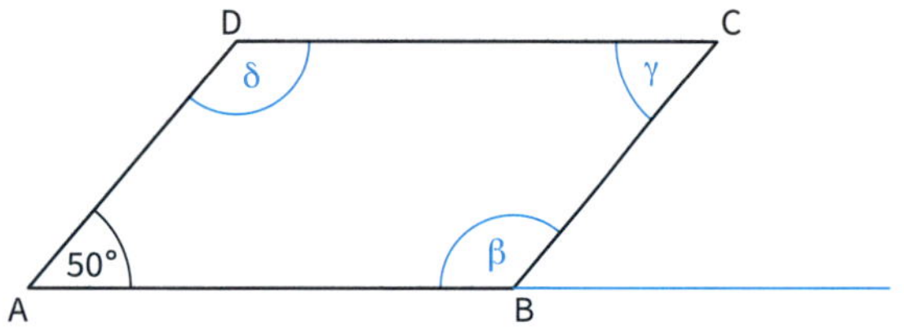

5 Von einem Viereck sind die Winkel $\alpha = 60°$, $\beta = 114°$ und $y = 105$ ° bekannt. Berechne den Winkel δ.

δ = ______________________

1

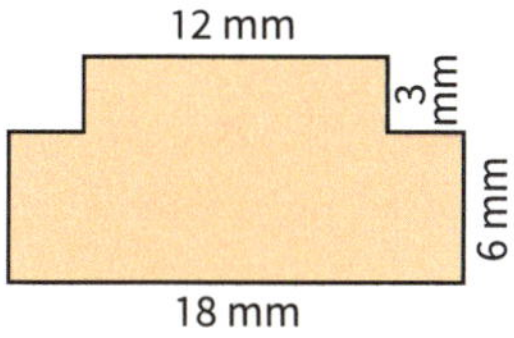

a) Berechne den Flächeninhalt der Figur durch geschicktes Zerlegen.

b) Berechne den Flächeninhalt der Figur durch Ergänzen.

2 Gib an, um welche Figur es sich jeweils handelt. Bestimme Flächeninhalt und Umfang der Figur.

a)

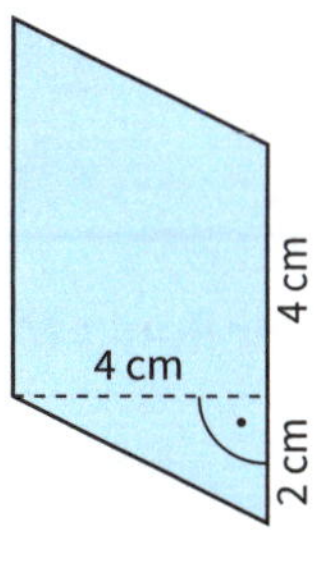

Figur: ____________________

A = ____________________

u = ____________________

16 Flächenberechnung (von S. 10)

Bestimme den Flächeninhalt und den Umfang der Figur. Notiere deine Rechnung.

Bei der abgebildeten Fläche handelt es sich um ein Parallelogramm. Der Flächeninhalt A eines Parallelogramms lässt sich mit folgender Formel berechnen:

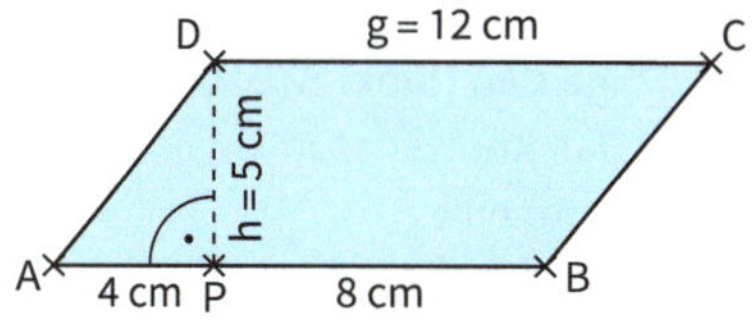

$A = g \cdot h$

Für g = 4 cm + 8 cm = 12 cm und h = 5 cm ergibt sich so:

A = 12 cm · 5 cm = **60 cm²**

Für den Umfang muss noch die Länge der Seite $\overline{AD}$ berechnet werden. Das Dreieck APD ist rechtwinklig, und damit gilt der Satz des Pythagoras. Die Katheten sind 4 cm und 5 cm lang. Für die Hypotenuse $\overline{AD}$ ergibt sich:

$\overline{AD} = \sqrt{(4\ \text{cm})^2 + (5\ \text{cm})^2}$

$AD = \sqrt{41\ \text{cm}^2}$

$AD \approx 6{,}4$ cm

Damit gilt für den Umfang u:

u ≈ 2 · 12 cm + 2 · 6,4 cm = **36,8 cm**

b)

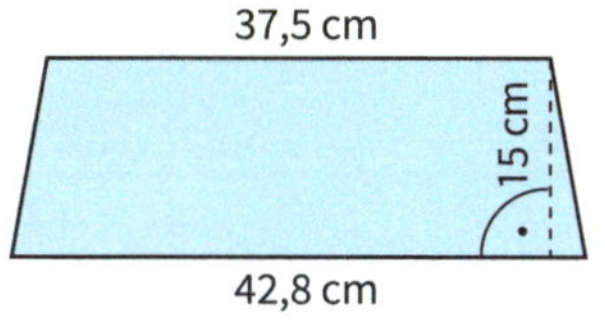

c)

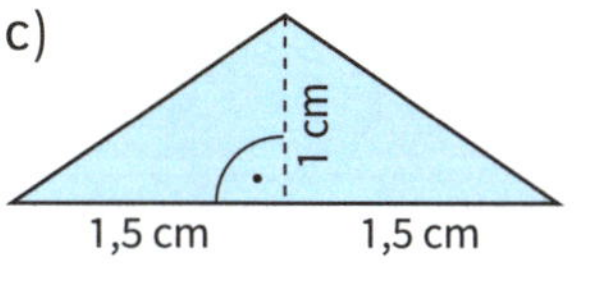

d)

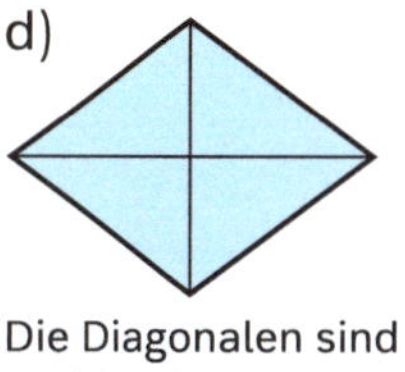

Die Diagonalen sind 8 m und 6 m lang.

Figur: ____________________

Figur: ____________________

Figur: ____________________

17 Dreieck im Koordinatensystem (von S. 10)

a) Gib die Koordinaten der Punkte P, Q und R an.

b) Welchen Flächeninhalt hat das Dreieck PQR?

c) Trage den Punkt S (9 | 6) in das Koordinatensystem ein. Wie heißt die Figur PQSR?

d) Bestimme den Umfang des Vierecks PQSR.

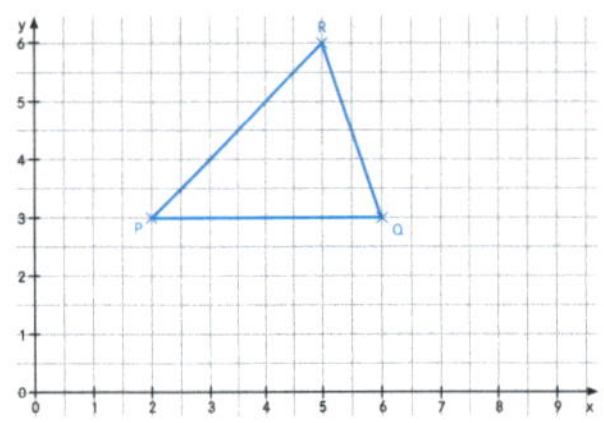

Zu a)

P (2 | 3); Q (6 | 3); R (5 | 6)

Zu b)

$A = \frac{g \cdot h}{2} \rightarrow A = \frac{4\text{ cm} \cdot 3\text{ cm}}{2} \rightarrow \mathbf{A = 6\ cm^2}$

Zu c)

Das Viereck PQSR ist ein **Parallelogramm**.

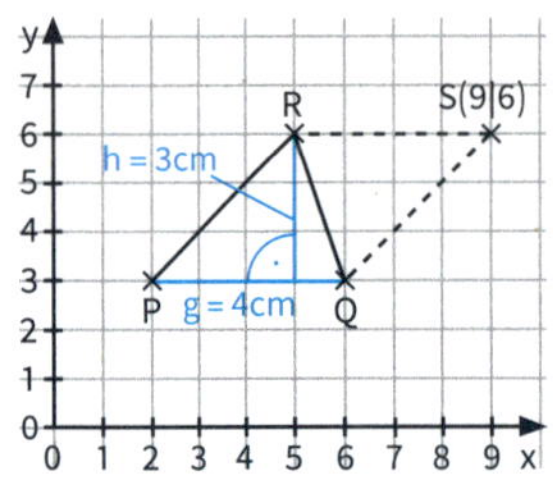

Zu d)

Für die Länge von $\overline{PR}$ gilt nach dem Satz des Pythagoras:

$\overline{PR} = \sqrt{(3\text{ cm})^2 + (3\text{ cm})^2} = \sqrt{18}\text{ cm} \approx 4{,}2\text{ cm}$

$u \approx 2 \cdot 4\text{ cm} + 2 \cdot 4{,}2\text{ cm}$

$\mathbf{u \approx 16{,}4\ cm}$

1 Trage das Dreieck ABC mit A (1 | 5), B (1 | 1) und C (6 | 5) in das unten abgebildete Koordinatensystem mit der Einheit 1 cm ein.

a) Bestimme den Flächeninhalt des Dreiecks.

A_Δ = ________

b) Trage den Punkt D (–4 | 1) in das Koordinatensystem ein und ergänze die Strecken $\overline{AD}$ und $\overline{BD}$.

c) Wie nennt man das Viereck ADBC und welchen Flächeninhalt hat es?

Name: ______________________________

Flächeninhalt: ______________________________

2 Zeichne mit einer anderen Farbe die Punkte A (–4 | 2), B (7 | 2) und C (6 | 6) in das Koordinatensystem unten ein, verbinde sie zu einem Dreieck und markiere den Mittelpunkt M der Seite $\overline{AC}$.

a) Welchen Umfang hat das Dreieck ABC? Miss benötigte Längen.

____

b) Welche Koordinaten hat der Punkt M?

____

c) Bestimme die Flächeninhalte der Dreiecke (1) ABC, (2) ABM, (3) BCM.

____

Zu **1** und **2**

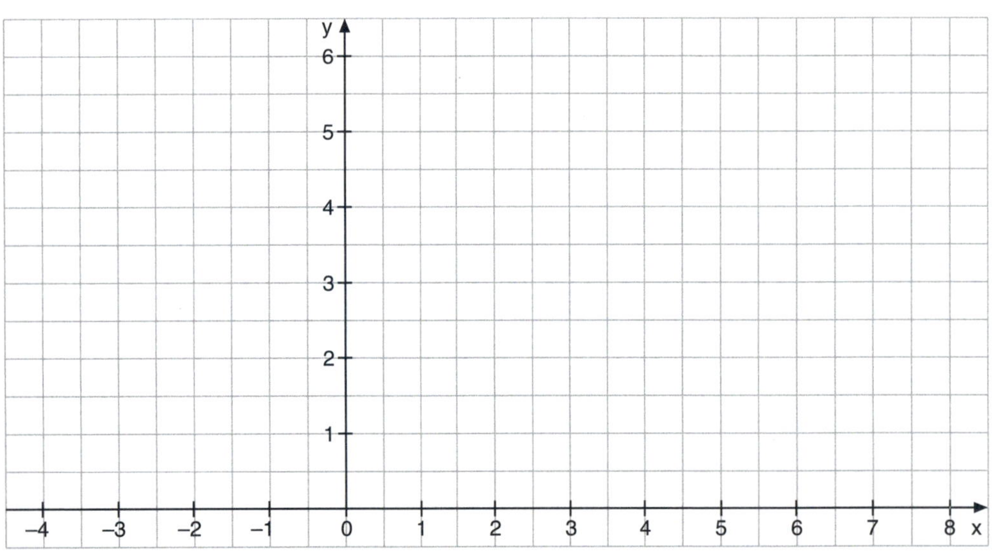

Daten und Zufall

1 Gib jeweils die Spannweite, den Zentralwert (Median) und das arithmetische Mittel der Stichprobe an.

a) 84,30 €; 65,80 €; 111,40 €; 99,70 €; 107,20 €

Spannweite: ________ Zentralwert: ________

arithmetisches Mittel: ________________

b) 4,50 m; 4,20 m; 5,10 m; 4,80 m; 5,30 m; 4,60 m

Spannweite: ________ Zentralwert: ________

arithmetisches Mittel: ________________

2 Ein Fahrstuhl darf maximal 12 Personen befördern. Es steigen 12 Personen mit den angegebenen Gewichten ein.

78,5 kg	96,0 kg	81,4 kg	54,5 kg
67,5 kg	93,4 kg	72,2 kg	56,8 kg
98,6 kg	78,2 kg	73,8 kg	84,3 kg

Bei der Angabe „max. 12 Personen" wurde davon ausgegangen, dass eine Person durchschnittlich 80 kg wiegt.
Ist das hier so?

____

____

____

3 Sechs Freunde haben an einem Marathonlauf teilgenommen.
Ihre Laufzeiten waren:

4 h 10 min; 5 h 20 min; 5 h 35 min; 5 h 45 min; 5 h 55 min; 6 h 15 min.

Der Gewinner benötigte 2 h 54 min.
Ergänze die Liste der Laufzeiten um die Bestzeit und vier weitere Zeiten, sodass der Median der Daten 4 h 10 min beträgt.

Ergänzungen:

____

18 Tablet (von S. 10)

Im Internet wird ein Tablet zu folgenden Preisen angeboten.

a) Gib den Zentralwert (Median), die Spannweite und das arithmetische Mittel der Preise an.
b) Im Internet taucht noch ein sechstes Angebot auf für 269 €. Vergleiche den Zentralwert und das arithmetische Mittel dieser sechs Angebote mit den Werten aus Teilaufgabe a).

Zu a)
Zuerst werden die Daten der Größe nach geordnet:
252 €; 256 €; **269 €;** 279 €; 320 €
Bei einer ungeraden Anzahl von Daten ist der Zentralwert der Wert in der Mitte. Bei einer geraden Anzahl von Daten stehen in der Mitte zwei Werte. Als Zentralwert gibt man das arithmetische Mittel dieser beiden Werte an.

Zentralwert: 269 €

Die Spannweite ist die Differenz zwischen dem größten und kleinsten Preis.

Spannweite: 320 € – 252 € = **68 €**

Beim arithmetischen Mittel werden alle Preise addiert und die Summe durch die Anzahl der Daten dividiert.

arithmetisches Mittel:
(252 € + 256 € + 269 € + 279 € + 320 €) : 5
= 1 376 € : 5 = **275,20 €**

Zu b)
252 €; 256 €; **269 €; 269 €;** 279 €; 320 €

Der **Zentralwert** ändert sich nicht, weil die beiden Werte in der Mitte gleich groß sind. Das **arithmetische Mittel** wird aber etwas kleiner:

(252 € + 256 € + 2 · 269 € + 279 € + 320 €) : 6
= 1 645 € : 6
≈ **274,17 €**

19 Werbung (von S. 11)

Aus dem Diagramm kannst du für die wichtigsten Medien ableen, welche Einnahmen durch Werbung mit ihnen erzielt wurden.

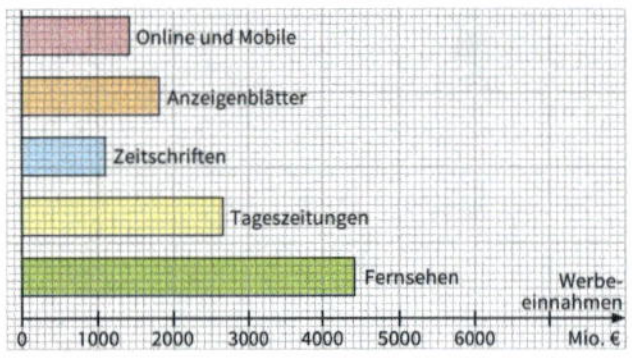

a) Trage die drei Medien mit den größten Einnahmen in der richtigen Rangfolge in die Tabelle ein.

b) Insgesamt betrugen die Einnahmen durch Werbung in allen Medien 15 200 Millionen €.
Welchen Anteil dieser Einnahmen hat das Fernsehen erzielt?

c) Die folgende Tabelle zeigt die Anteile der Werbeeinnahmen für die im Diagramm genannten Medien. Daneben wurden auch noch Werbeeinnahmen in anderen (sonstigen) Medien erzielt. Ergänze die Tabelle und stelle die Anteile in einem Streifendiagramm dar.

Zu a)
Rang 1: Fernsehen: ≈ 4 400 Mio. €
Rang 2: Tageszeitungen: ≈ 2 650 Mio. €
Rang 3: Anzeigenblätter: ≈ 1 800 Mio. €

Zu b)
Anteil des Fernsehens: $\frac{4400}{15200} \approx 0{,}29 = \mathbf{29\,\%}$

Dieser Wert wird in die Tabelle unter c) übertragen.

Zu c)
Den Anteil der Werbeeinnahmen der sonstigen Medien erhält man, wenn man die Anteile der fünf genannten Medien von 100 % abzieht.
100 % – (29 % + 17 % + 7 % + 12 % + 9 %) =
100 % – 74 % = 26 %

Streifendiagramm (5 cm lang):

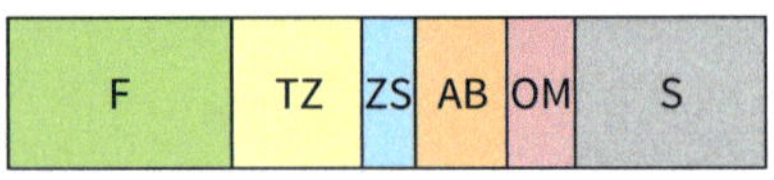

Längen im vorgegebenen Streifendiagramm:

F: 2,9 cm	AB: 1,2 cm
TZ: 1,7 cm	OM: 0,9 cm
ZS: 0,7 cm	S: 2,6 cm

1 Ein Online-Händler hat dargestellt, wie sich der Umsatz auf verschiedene Bereiche verteilt:

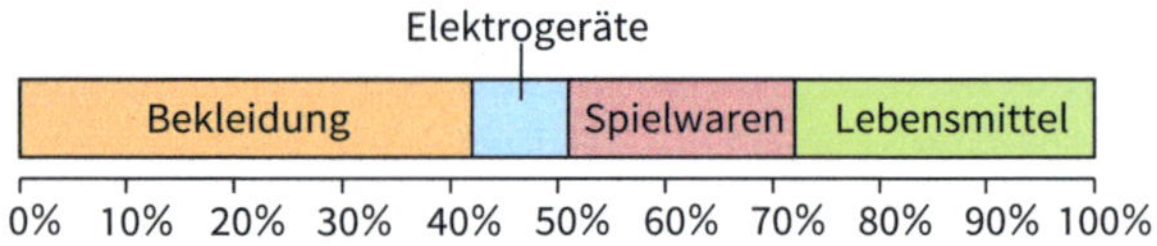

a) Bestimme, wie viel Prozent des Umsatzes er in den vier Bereichen etwa gemacht hat.

Bekleidung: ____ % Elektrogeräte: ____ %

Spielwaren: ____ % Lebensmittel: ____ %

b) Insgesamt hat der Händler 128,6 Mio. Euro Umsatz gemacht. Wie verteilt sich diese Summe auf die vier Bereiche?

Bekleidung: ________ Mio. €

Spielwaren: ________ Mio. €

Elektrogeräte: ________ Mio. €

Lebensmittel: ________ Mio. €

2 In einer Schule wurde eine Umfrage durchgeführt, wie Schülerinnen und Schüler in die Schule kommen:

öffentlicher Nahverkehr	391
Fahrrad, Roller etc.	254
Auto der Eltern	214
zu Fuß	99

Erstelle ein Säulendiagramm.

3 2019 verbrauchte jeder Einwohner in Deutschland im Durchschnitt 126 Liter Trinkwasser. Davon entfielen 45 Liter auf ‚Baden/Duschen', 34 Liter auf die ‚Toilettenspülung' und 15 Liter auf ‚Wäsche waschen'. Der Rest wird zum Trinken, Kochen usw. verbraucht. Fülle die Tabelle aus und stelle die Informationen in einem Streifendiagramm dar.

	Verbrauch (in *l*)	Anteil (in %)
Baden/Duschen		
Toilette		
Wäsche		
Sonstiges (Rest)		

Streifendiagramm:

1 Ein Würfel wird geworfen.

a) Gib zu folgenden Ereignissen die günstigen Ergebnisse an und berechne jeweils die Wahrscheinlichkeit des Ereignisses.

A: *Die Augenzahl ist gerade.*
Günstige Ergebnisse: ______________

Wahrscheinlichkeit: ______________

B: *Die Augenzahl ist größer als 4.*
Günstige Ergebnisse: ______________

Wahrscheinlichkeit: ______________

C: *Die Augenzahl ist durch 2 und durch 3 teilbar.*
Günstige Ergebnisse: ______________

Wahrscheinlichkeit: ______________

b) Beschreibe ein weiteres Ereignis mit der Wahrscheinlichkeit $\frac{2}{6}$.

____

____

20 Hausaufgaben (von S. 11)

In Annikas Klasse sind 9 Jungen und 15 Mädchen. Die Lehrerin lost zu Beginn der Mathematikstunde aus, wer die Hausaufgaben vorträgt.

a) Mit welcher Wahrscheinlichkeit wird Annika ausgelost?

b) Wie wahrscheinlich ist es, dass ein Junge ausgelost wird?

Wahrscheinlichkeit, wenn alle Ergebnisse eines Zufallsexperiments gleich wahrscheinlich sind:

$P = \frac{\text{Anzahl der günstigen Ergebnisse}}{\text{Anzahl der möglichen Ergebnisse}}$.

Zu a)

Es gibt 24 Schülerinnen und Schüler in der Klasse und ein günstiges Ergebnis (Annika). Also ist $\mathbf{P = \frac{1}{24}}$.

Zu b)

Es gibt 24 Möglichkeiten, einen Schüler oder eine Schülerin auszulosen. Da in der Klasse 9 Jungen sind, gibt es 9 günstige Ergebnisse. Also ist $\mathbf{P} = \frac{9}{24} = \frac{3}{8} = 0{,}375 = \mathbf{37{,}5\,\%}$.

2

Aus einem Skatblatt wird verdeckt eine Karte gezogen. Bestimme die Wahrscheinlichkeit für

(1) Dame ______________

(2) schwarze Karte ______________

(3) Pik-Karte ______________

(4) Bube oder Ass ______________

(5) keine schwarze Zahl ______________

(6) rote Karte, aber kein Bube ______________

3 Das Glücksrad rechts soll drei farbige Felder mit den angegebenen Mittelpunktswinkeln haben.

Farbe	Winkel	Wahrscheinlichkeit
rot	90°	
gelb	144°	
blau		

Vervollständige die Tabelle und das Glücksrad.

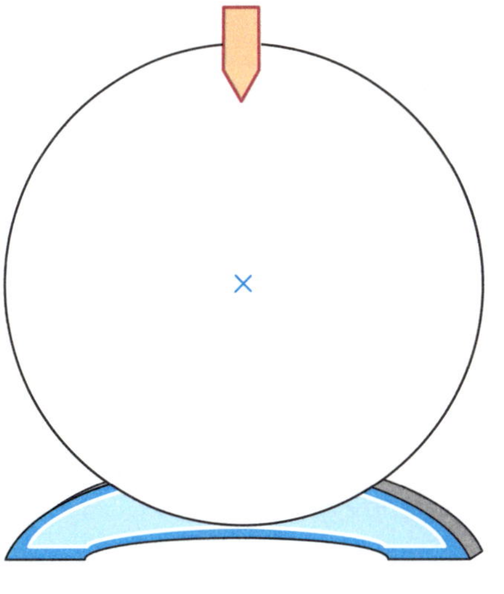

Abschlusstest

Im Abschlusstest zu den Basisaufgaben kannst du zeigen, wie viel du bereits im Vergleich zum Eingangstest dazugelernt hast. Die Aufgaben des Abschlusstests sind nicht thematisch sortiert. Die Lösungen dieser Aufgaben findest du im Lösungsheft.

1 Rechnen und Ordnen

a) Rechne und kontrolliere deine Ergebnisse mit den Kontrollzahlen.

(1) $(2 + 3 \cdot 4) : 28 =$ ______ (2) $2{,}4 - 3{,}2 =$ ______ (3) $5^2 : 100 =$ ______

(4) $-\frac{1}{8} + \frac{1}{4} - \frac{1}{2} =$ ______ (5) $1{,}5 - \frac{3}{4} =$ ______ (6) $\frac{60 : 4 - 3}{1 + 2 + 3 + 4} =$ ______

$0{,}25$ | $0{,}75$ | $0{,}5$ | $1\frac{1}{5}$ | $-0{,}8$ | $-\frac{1}{2}$ | $1\frac{3}{5}$ | $-\frac{3}{8}$

b) Ordne die Kontrollzahlen von a) auf der Zahlengeraden an. Schreibe sie in die Kästchen.

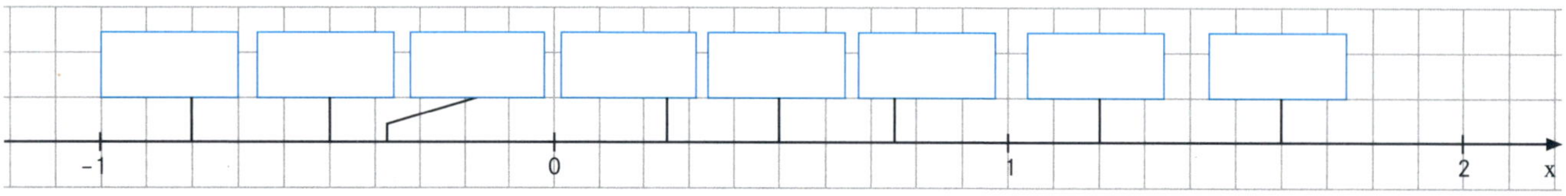

2 Quadrat und Rechteck

Der Flächeninhalt eines Quadrats beträgt 36 cm².

a) Bestimme den Umfang. u = ______

b) Gib die Seitenlängen von zwei Rechtecken an, die auch einen Flächeninhalt von 36 cm² haben.

(1) a = ______ b = ______ (2) a = ______ b = ______

3 Abschlussfahrt

Für die Abschlussfahrt einer Jahrgangsstufe 10 stehen Venedig, Paris, Prag oder London als Ziele zur Auswahl. Eine Abstimmung unter den 80 Schülerinnen und Schülern der Jahrgangsstufe ergab: Jeder Vierte ist für Venedig, 20 % sind für Paris. Nach London wollen dreimal so viele wie nach Prag.

a) Wie viele Schülerinnen und Schüler sind für die einzelnen Ziele?

Venedig: ______ Paris: ______ London: ______ Prag: ______

b) Gib die Anteile (relativen Häufigkeiten) für die einzelnen Ziele in Prozent an. Runde auf volle Prozent.

	Anteil (in %)
Venedig	
Paris	
London	
Prag	

c) Stelle die relativen Häufigkeiten in einem Streifendiagramm dar.

Streifendiagramm:

4 Punkte

Durch welche Punkte verläuft die Gerade mit der Gleichung $y = -x + 3$? Kreuze an.

☐ (0 | 0)	☐ (1 | 3)	☐ (9 | −6)	☐ (3 | 0)
☐ (−6 | −10)	☐ (0 | 3)	☐ (5 | 5)	☐ (9 | 12)

5 Wochenendfahrt

Herr Fuchs ist Monteur auf einer Großbaustelle und kann nur am Wochenende nach Hause fahren. Bei einer Durchschnittsgeschwindigkeit von 90 $\frac{km}{h}$ braucht er dafür mit seinem Auto vier Stunden.

a) Wegen vieler Staus braucht er acht Stunden. Berechne die Durchschnittsgeschwindigkeit.

____

b) Wie lange braucht er bei durchschnittlich 120 $\frac{km}{h}$?

____

6 Zuordnungen

In welchen Beispielen erkennst du proportionale (p) oder antiproportionale (a) Zuordnungen? Wo liegt keines von beiden (k) vor? Trage in die rechte Spalte jeweils p, a oder k ein.

1	Malerarbeiten: *Wandfläche (m^2) → benötigte Farbe (l)*	
2	Handballspiel: *Spieldauer in Minuten → Anzahl der Tore*	
3	Sparbuch bei der Bank: *Geldbetrag (€) → Jahreszinsen (€)*	
4	Füllen eines leeren Beckens: *Anzahl leistungsgleicher Wasserpumpen → Füllzeit*	
5	Wind an der Nordseeküste: *Windgeschwindigkeit → Anzahl der umgerissenen Bäume*	

7 Dreieck im Koordinatensystem

a) Zeichne das Dreieck A (1 | 1), B (10 | 1) und C (10 | 5) in das gegebene Koordinatensystem.

b) Bestimme den Umfang des Dreiecks.

u = ______________________

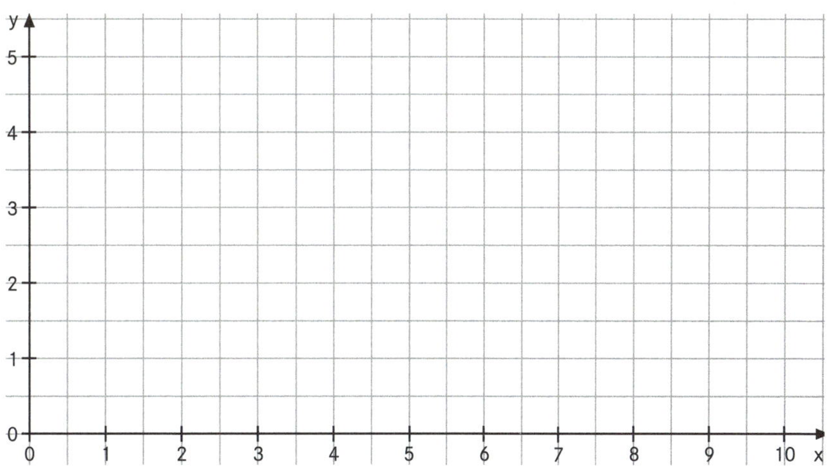

8 Mensch ärgere Dich nicht

Emil und Jette spielen das Brettspiel „Mensch ärgere Dich nicht“. Emil hat einen blauen Stein kurz vor den vier Zielfeldern, auf denen der Stein nicht mehr rausgeworfen werden kann.

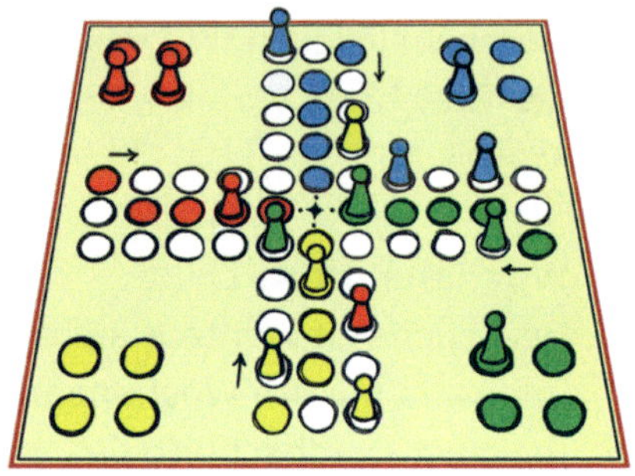

a) Mit welcher Wahrscheinlichkeit kann Emil beim nächsten Wurf seinen Stein direkt auf das oberste Zielfeld stellen?

b) Mit welcher Wahrscheinlichkeit kann Emil den Stein auf ein sicheres Zielfeld stellen?

9 Kinobesucher

In der ersten Woche nach der Premiere eines neuen Science Fiction Films sind in einem Kino folgende Besucherzahlen notiert worden:

Donnerstag	Freitag	Samstag	Sonntag	Montag	Dienstag	Mittwoch
625	745	820	655	423	388	495

a) Gib für diese erste Woche das arithmetische Mittel der Besucherzahlen pro Tag an.

b) Stimmt das: „Der Zentralwert (Median) der Besucherzahlen beträgt 655“? Begründe.

10 Größen ordnen

a) Suche alle Flächen-Angaben heraus.

b) Ordne die Flächen-Angaben. Beginne mit der kleinsten Angabe.

200 mm² | 10 *l* (Liter) | 1 m³ | 2,5 m | 0,1 m² | 300 cm | 1 000 cm³ | 20 cm²

11 Gleichungen und Graphen

Ordne den Funktionsgleichungen die zugehörigen Graphen g_1, g_2 und g_3 zu.

	$y = 2x$
	$y = -2x - 1$
	$y = -x$

	$y = x + 4$
	$y = 4x + 1$
	$y = -x + 4$

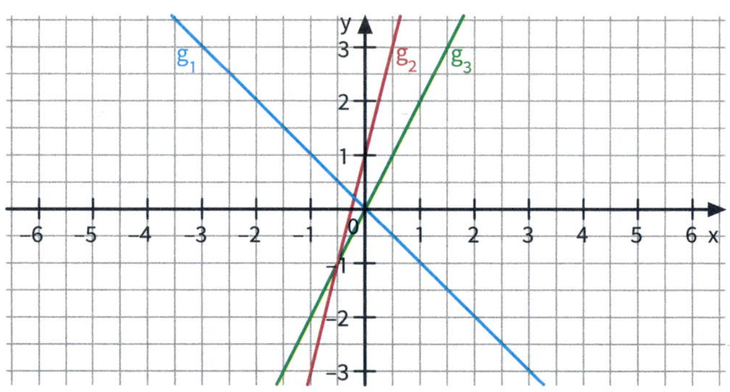

12 Netz eines Körpers

Abgebildet ist das Netz eines Körpers.

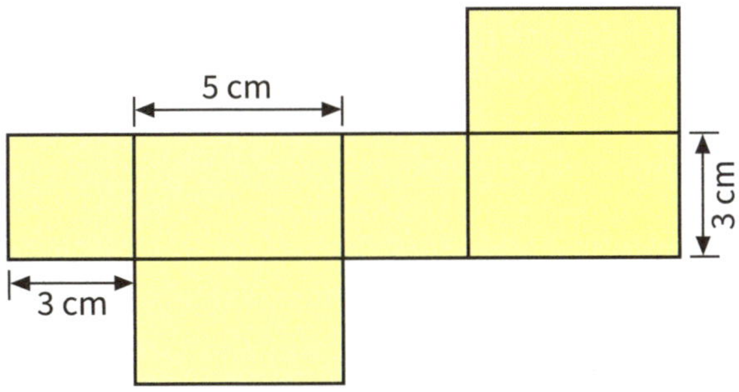

a) Wie heißt der Körper? ____________________

b) Berechne das Volumen des Körpers.

____

c) Ein solcher Körper wird massiv aus Aluminium hergestellt. Ein Kubikzentimeter wiegt 2,7 g. Wie schwer ist der Körper?

____

13 Winkelberechnung im Dreieck

Wie groß sind die Winkel α und β?

α = __________

β = __________

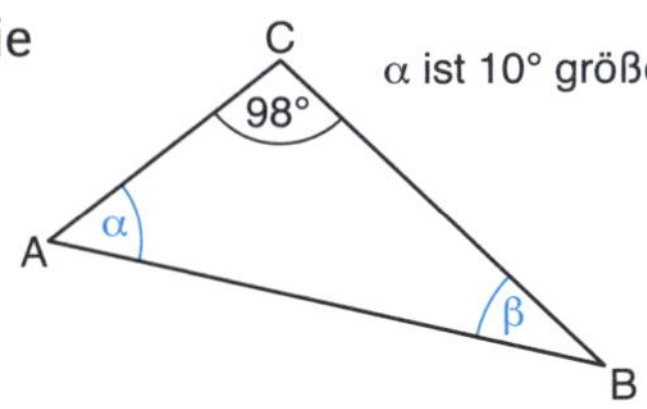

α ist 10° größer als β

14 Fass

Wie viel Liter passen in das abgebildete Wasserfass?

TIPP

$1\ l = 1\,000\ cm^3$

____

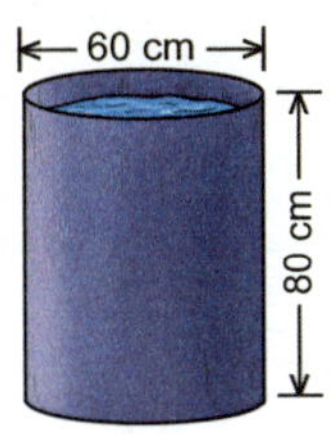

15 Größen bestimmen

Kreuze an, welche Maßangabe stimmen könnte.

TIPP

Schätze zuerst die Maße.

Ladevolumen eines Lasters

☐ $5\ m^3$ ☐ $500\,000\ dm^3$

☐ $50\,000\ l$ ☐ $500\ cm^3$

Länge eines Springseils

☐ 250 000 mm ☐ 25 dm

☐ 2 500 cm ☐ 0,025 km

Fläche eines Handballfeldes

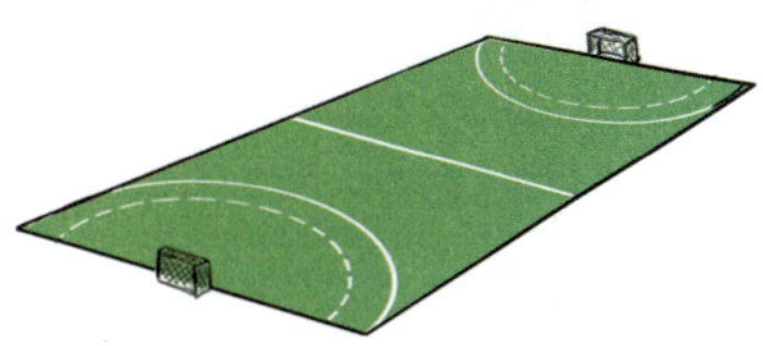

☐ $80\,000\ cm^2$ ☐ $8\,000\ dm^2$

☐ $800\ m^2$ ☐ $0{,}8\ km^2$

16 Gleichung

Arbeite mit der Gleichung $y = 20 - 5 \cdot (x - 6)$.

a) Welchen Wert hat y für $x = 7$?

$y =$ ______________________

b) Für welchen x-Wert ist $y = 0$?

x-Wert: ______________________

17 Prozente

a) Wie viel sind 40 % von 130 €?

____

b) Von wie viel Kilogramm sind 4 % genau 12 kg?

____

c) Wie viel Prozent sind 24 cm von 6 m?

____

d) Berechne 3 % Zinsen von 760 € Spareinlage.

____

18 Füllkurven

Vier unterschiedliche Gefäße werden mit gleichmäßig einlaufendem Wasser gefüllt. Die vier Graphen stellen den Zusammenhang zwischen der Füllzeit x und der Füllhöhe y der abgebildeten Gefäße dar. Welcher der abgebildeten Graphen passt am besten zu welchem Gefäß? Ordne zu.

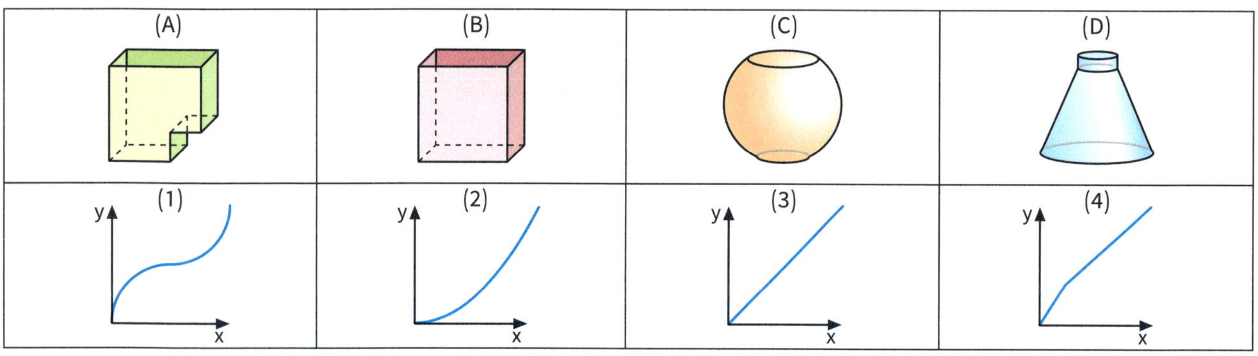

____

____

____

____

19 **Pfannkuchen selbst gemacht**

Lars und Mia möchten Pfannkuchen zubereiten. Beim Blick in den Kühlschrank stellen sie fest, dass nur noch ein kleines Stück Butter (125 g) vorhanden ist. Sie stellen die restlichen Zutaten entsprechend zusammen. Wie viel Zucker und wie viele Eier müssen sie verwenden?

Zucker: ______________ Eier: ____________

Pfannkuchen lecker und süß

200 g Butter mit 400 g Zucker und
4 Pck. Vanillezucker vermengen.
16 Eigelbe hinzufügen und schaumig rühren.
800 ml Milch hinzugeben.
800 g Mehl und 4 TL Backpulver
darüber sieben und gut durchrühren.
Zum Schluss Eiweiß steif schlagen und
unterheben. Jetzt ist alles fertig für die Pfanne.

20 **400-m-Lauf**

Die Zeichnung stellt den Innenbereich eines Leichtathletikstadions dar. Rundherum sind die Laufbahnen angelegt.

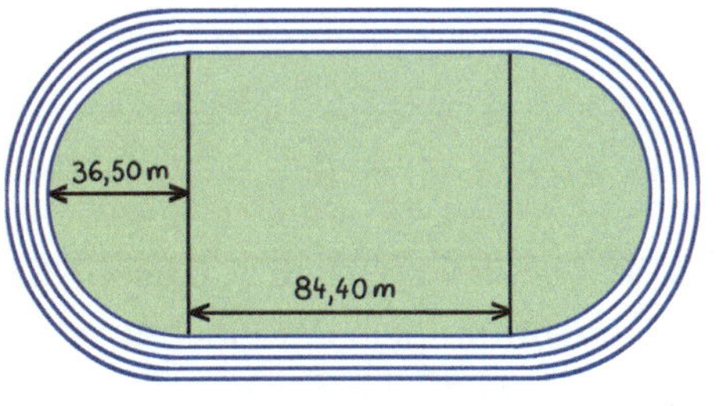

a) Berechne die Gesamtfläche des Innenbereichs.

____

b) Weise nach, dass eine Läuferin, die mit 30 cm Abstand von der Innenkante läuft, genau 400 m zurücklegt.

21 **Veränderungen**

Welche Darstellung passt am besten zum Sachverhalt (1), welche zum Sachverhalt (2)?

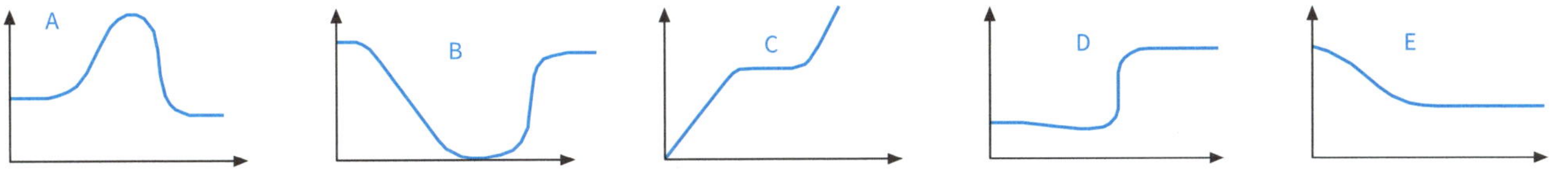

(1) Durch gesunde Ernährung und Sport gelang es einem Patienten zunächst, sein Gewicht zu reduzieren. Inzwischen nimmt er nicht mehr ab, aber auch nicht zu. Graph ____________

(2) Kurz nach Eröffnung eines Theaters nahm die Besucherzahl gleichmäßig ab, eine Zeitlang kam nicht eine einzige Person in die Vorstellung. Inzwischen erreichen die Besucherzahlen durch ein erfolgreiches Musical fast die Höhe wie zur Eröffnung. Graph ____________

Teil 2 Komplexe Aufgaben

Eingangstest

Bearbeite den Eingangstest zu den komplexen Aufgaben, um deinen Kenntnisstand besser einschätzen zu können. Die Aufgaben des Eingangstests zu den komplexen Aufgaben sind nicht thematisch sortiert. Ausführliche Lösungen zu jeder Aufgabe findest du hier im Arbeitsbuch (Kurzlösungen im Lösungsheft). Die Seite steht jeweils in Klammern hinter dem Namen der Aufgabe. Dort sind auch weitere Übungsaufgaben zu dem jeweiligen Thema.

1 **Abtransport von Boden** **(Lösung Seite 50)**

Das abgebildete Grundstück ist rechteckig. Leider ist der Boden verschmutzt und muss 50 cm tief entfernt werden. Eine Firma erhält den Auftrag dazu. Sie hat einen Lkw, der 12 t transportieren kann. Ein Kubikmeter Boden wiegt 1 650 kg.

a) Wie oft muss der Lkw fahren?

b) Das Ausheben des Bodens können zwei Bagger in vier Tagen erledigen. Ab dem zweiten Tag wird ein dritter Bagger eingesetzt. Wie lange dauert das Ausheben des Bodens insgesamt?

2 **Seitenlänge Quadrat** **(Lösung Seite 51)**

Wie ändert sich der Flächeninhalt eines Quadrats, wenn man die Seitenlänge verdreifacht? Begründe deine Antwort.

- ☐ Der Flächeninhalt bleibt gleich.
- ☐ Der Flächeninhalt verdreifacht sich.
- ☐ Der Flächeninhalt verneunfacht sich.
- ☐ Der Flächeninhalt verzwölffacht sich.
- ☐ Das kann man nicht entscheiden, ohne die Seitenlänge zu kennen.

3 **Straßenbahnfahrplan** **(Lösung Seite 52)**

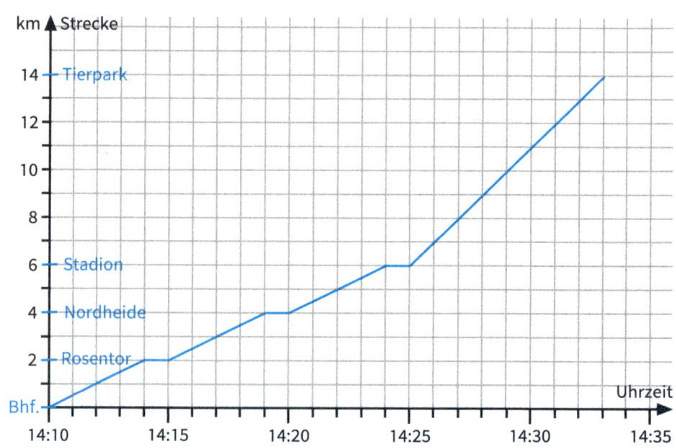

Der grafische Fahrplan gibt Auskunft über die Fahrt einer Straßenbahn vom Bahnhof (Bhf.) bis zum Tierpark mit den Zwischenhalten Rosentor, Nordheide und Stadion.

a) Gib die Entfernung zwischen den Haltestellen Bahnhof und Tierpark an.

b) Bestimme mithilfe der Grafik die Durchschnittsgeschwindigkeiten zwischen den Haltestellen.

c) Vervollständige mithilfe der Grafik den Fahrplan mit Ankunfts- und Abfahrtzeiten.

Haltestelle	Bahnhof	Rosentor		Nordheide		Stadion		Tierpark
	ab	an	ab	an	ab	an	ab	an
Uhrzeit								

4 Fahrradurlaub (Lösung Seite 53)

Die nebenstehende Grafik zeigt, wie sich der Verbrauch eines Autos ändert, wenn man einen Dach- oder Heckträger (mit Fahrrädern) montiert.

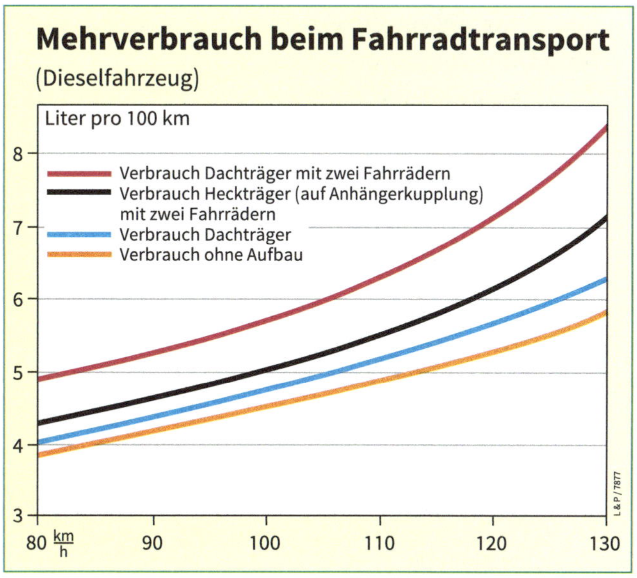

a) Wie viel verbraucht ein Auto ohne Aufbau, das 85 $\frac{\text{km}}{\text{h}}$ schnell fährt?

b) An einem Auto ist ein Dachträger mit zwei Fahrrädern montiert. Um wie viel Prozent steigt der Verbrauch, wenn es statt 80 $\frac{\text{km}}{\text{h}}$ nun 130 $\frac{\text{km}}{\text{h}}$ schnell fährt?

c) Lennard behauptet: Bei 80 $\frac{\text{km}}{\text{h}}$ ist der Verbrauch eines Autos mit Dachträger und zwei Fahrrädern ungefähr doppelt so hoch wie bei einem Auto ohne Aufbau. Erkläre, warum das nicht stimmt.

5 Jugend-Triathlon (Lösung Seite 54)

Jan absolvierte beim Jugend-Triathlon die Schwimmstrecke in 9 min 45 s. Für die Radrennstrecke benötigte er 19 min 30 s, für den abschließenden 3-km-Lauf brauchte er 14 min 5 s.

Jugend-Triathlon

Schwimmen	300 m	Laufen	3 km
Radfahren	10 km	Start:	9:00 Uhr

a) Wie lange brauchte Jan für alle drei Sportarten zusammen?

b) Mit welcher Geschwindigkeit fuhr Jan die Radrennstrecke? Kreuze den Wert an, der diese Geschwindigkeit am besten angibt.

15 $\frac{\text{km}}{\text{h}}$ ☐ 25 $\frac{\text{km}}{\text{h}}$ ☐ 35 $\frac{\text{km}}{\text{h}}$ ☐

20 $\frac{\text{km}}{\text{h}}$ ☐ 30 $\frac{\text{km}}{\text{h}}$ ☐ 40 $\frac{\text{km}}{\text{h}}$ ☐

6 Konservendosen (**Lösung Seite 55**)

Sechs Konservendosen werden von einem Plastikband umfasst.
Jede Dose hat einen Radius von 4 cm.
Zu berechnen ist die Länge b des Plastikbandes.

I. So löst Karim die Aufgabe:
Ich rechne den Umfang des Rechtecks aus:
$b = 2 \cdot \text{Länge} + 2 \cdot \text{Breite}$; also $b = 2 \cdot 24\ \text{cm} + 2 \cdot 16\ \text{cm}$

II. So löst Anke die Aufgabe:
Ich rechne von jeder Dose den Umfang aus:
$u = \pi \cdot d$, also $u \approx 3{,}14 \cdot 8\ \text{cm}$; dann ist $b = 6 \cdot u$

III. So löst Mia die Aufgabe:
Ich fange oben in der Mitte an und gehe rechts herum:
$b = 4\ \text{cm} + 4\ \text{cm} + \frac{1}{4}u + 4\ \text{cm} + 4\ \text{cm} + \frac{1}{4}u + 4\ \text{cm} + \ldots$

a) Beende die Rechnungen von Karim, Anke und Mia.

b) Alle Ergebnisse sind verschieden. Es kann aber nur eins richtig sein. Ist der richtige Lösungsweg dabei? Begründe.

____

____

7 Statistik (**Lösung Seite 56**)

Im Diagramm sind die Besucherzahlen der Dauerausstellung „Gesunde Ernährung“ dargestellt. Die Darstellung erweckt den Eindruck, dass sich die Besucherzahlen halbiert haben.

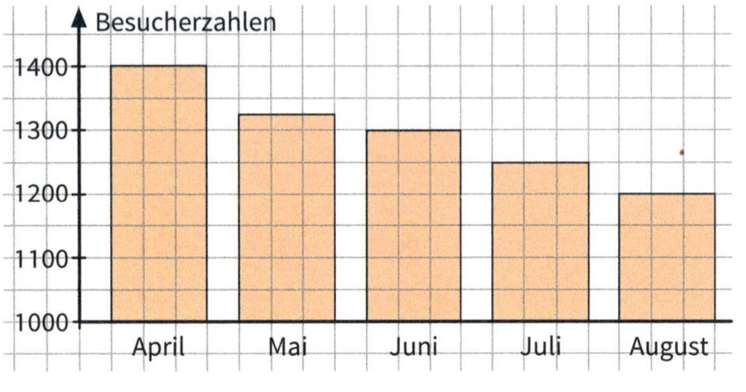

a) Stimmt das? Begründe.

b) Zeichne ein Säulendiagramm, das keinen falschen Eindruck vermittelt.

8 Agenturmeldung (**Lösung Seite 57**)

> Laut einer Umfrage besitzt fast jede neunte Frau (87,4%) eine weiße Bluse.

Die Meldung ist fehlerhaft. Begründe und korrigiere den Text.

____

____

____

____

9 Erdgaskosten (**Lösung Seite 58**)

Familie Firat hat die Wahl zwischen zwei Tarifen für die Erdgaslieferung:

Tarif I	Grundpreis pro Monat 10 € Arbeitspreis 7 ct pro kWh
Tarif II	Grundpreis pro Monat 25 € Arbeitspreis 4 ct pro kWh

a) Berechne für beide Tarife die Kosten für einen monatlichen Verbrauch von 1 000 kWh.

b) Stelle beide Tarife bis zu einem Monatsverbrauch von 1 000 kWh grafisch dar.

c) Familie Firat verbraucht durchschnittlich 600 kWh pro Monat. Welchen Tarif sollte sie wählen?

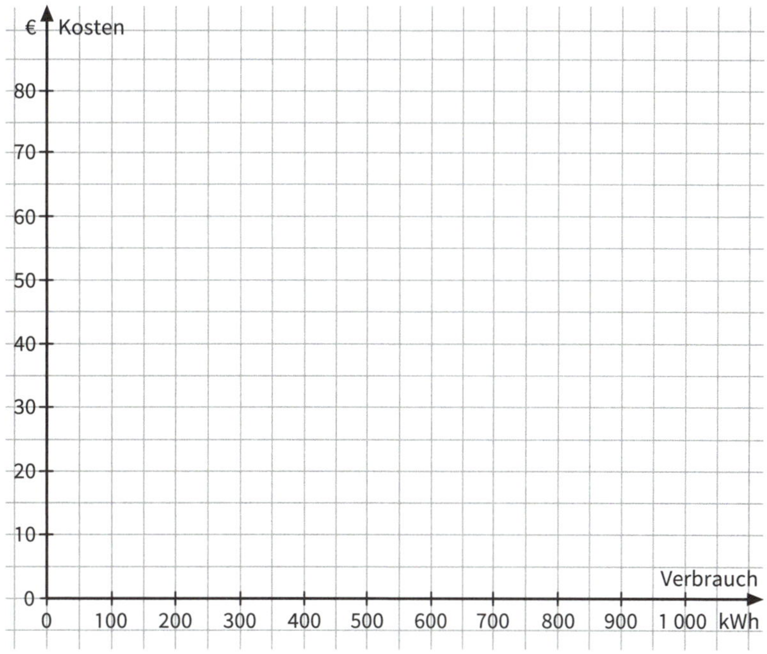

d) Bei welchem Monatsverbrauch sind beide Tarife gleich teuer?

10 Elfmeter (**Lösung Seite 59**)

Fußballweltmeisterschaft 2014 in Brasilien: Im ersten Spiel gegen Portugal verwandelte Thomas Müller einen Elfmeter zum 1 : 0. Der Ball traf ganz flach unmittelbar neben dem Pfosten ins Tor. Ein Fußballtor ist 7,32 m breit und 2,44 m hoch. Der Ball hat einen Durchmesser von 20 cm. Welche Strecke legt der Ball vom Elfmeterpunkt bis zur Torlinie zurück?

TIPP

Eine Skizze mit den angegebenen Maßen kann dir helfen.

11 **Kontakte** **(Lösung Seite 60)**

688 Jugendliche zwischen 10 und 18 Jahren wurden befragt, welche Möglichkeiten sie nutzen, um mit ihren Freunden in Kontakt zu bleiben. Die Grafik zeigt das Ergebnis der Umfrage.

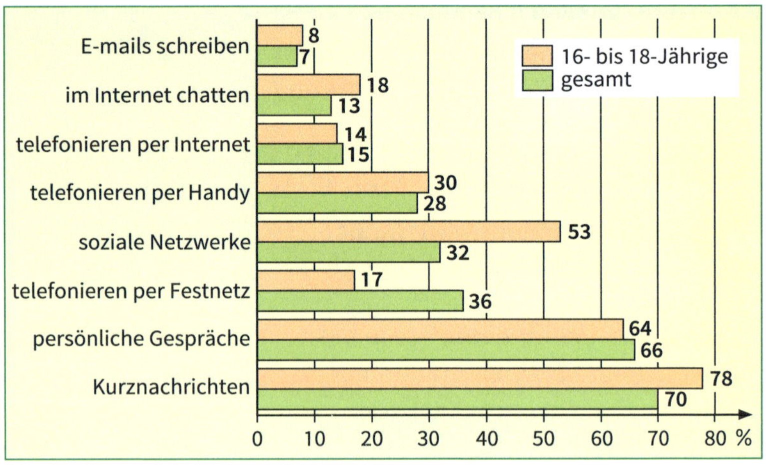

a) Wie viel Prozent der 16- bis 18-Jährigen nutzen das Handy, um zu telefonieren?

____

b) Bei welchen beiden Kontakt-Möglichkeiten unterscheidet sich das Nutzungsverhalten der 16- bis 18-Jährigen am stärksten von dem aller befragten Jugendlichen?

____

c) Wie viele aller 688 befragten Jugendlichen schicken sich Kurznachrichten?

12 **Pkw-Antriebe und Kosten** **(Lösung Seite 61)**

Fahrzeughersteller bieten ihre Modelle mit alternativen Antrieben an.

Modell	Antrieb	Kosten pro 100 km
Eco B	Benzinmotor	7,80 €
Eco D	Dieselmotor	5,82 €
Eco H	Hybridmotor	5,33 €
Eco E	Elektromotor	2,93 €

a) Berechne, wie weit man mit den verschiedenen Antrieben für 10 € kommt.
Stelle die Ergebnisse in einem geeigneten Diagramm dar.

b) Im Preis von einem Liter Super (1,30 €) ist eine Energiesteuer von 65,45 ct enthalten. Berechne den Anteil in Prozent.

c) Berechne die Kostenersparnis bei einer Fahrleistung von 100 000 km für einen Hybridmotor gegenüber einem Benzinmotor.

13 **Werkstück** (Lösung Seite 62)

Der abgebildete Körper ist aus Stahl. 1 cm^3 wiegt 7,9 g.

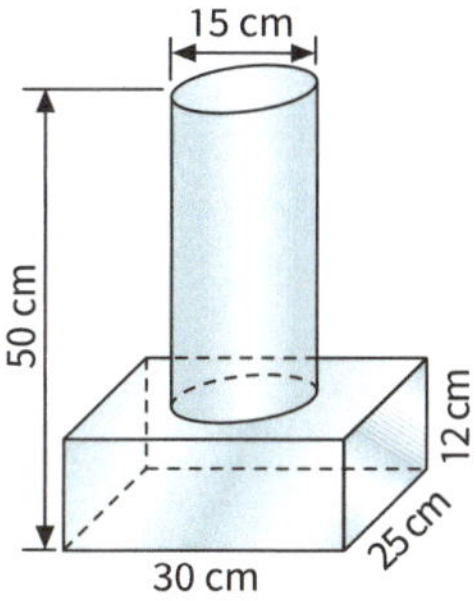

a) Wie viel Kilogramm wiegt er? Runde auf ganze kg.

____

b) Der Körper wird ringsum lackiert. Für einen Quadratmeter braucht man eine kleine Dose Farbe. Kommt man mit einer halben kleinen Dose Farbe aus?

____

14 **Stundenlohn** (Lösung Seite 63)

Herr Adrian, Herr Kemaly und Frau Meis haben denselben Stundenlohn. Für eine Person wurde hier ein falscher Lohn berechnet.

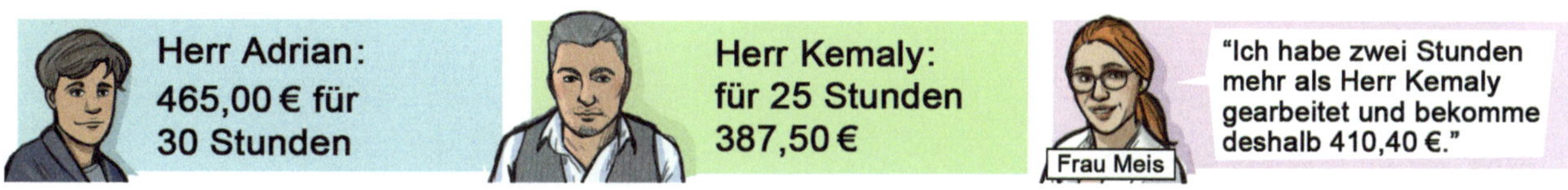

a) Welchen Stundenlohn erhielt Herr Adrian?

____

b) Bei wem wurde ein falscher Lohn berechnet? Begründe mit einer Rechnung.

____

c) Wie viel Lohn erhalten alle drei Personen zusammen, wenn jede 40 Stunden arbeitet?

____

15 **Würfel** (Lösung Seite 64)

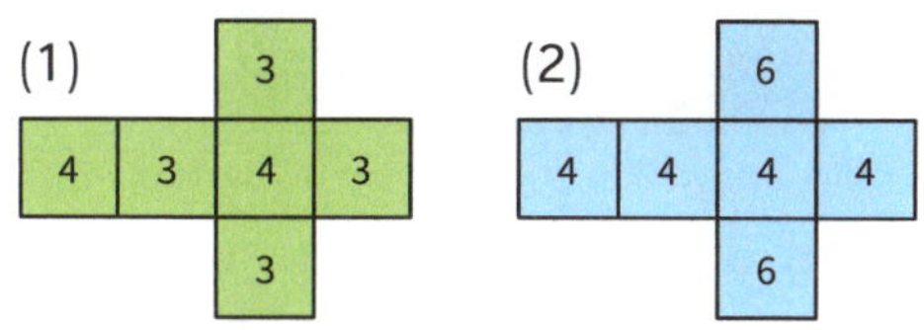

(1) Wie groß ist die Wahrscheinlichkeit, mit dem Würfel (1) eine Vier zu würfeln?

____

(2) Wie groß ist die Wahrscheinlichkeit, mit Würfel (2) eine Vier zu würfeln?

____

(3) Mit einem der beiden Würfel wurde 500-mal gewürfelt und dabei 350-mal die Vier erzielt. Mit welchem der beiden Würfel wurde deiner Meinung nach vermutlich gewürfelt? Begründe.

____

____

16 **Behälter mit Kugeln** (**Lösung Seite 65**)

Aus einem Behälter mit 5 blauen und 4 roten Kugeln wird verdeckt eine Kugel gezogen.

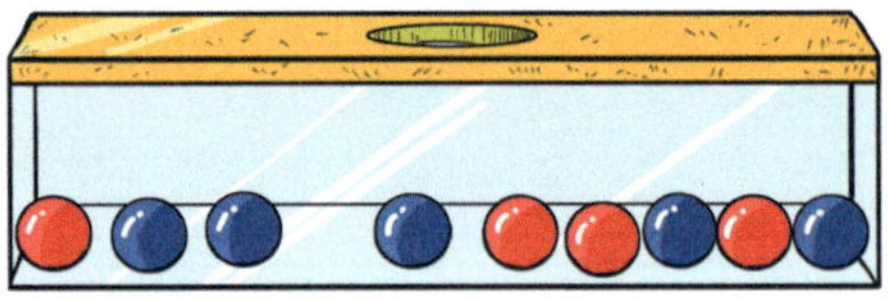

a) Wie groß ist die Wahrscheinlichkeit, eine blaue Kugel zu ziehen?

____

b) Kim hat dreimal hintereinander eine blaue Kugel gezogen und nicht zurückgelegt. Wie groß ist die Wahrscheinlichkeit, beim nächsten Mal wieder eine blaue Kugel zu ziehen?

____

17 **Fußballduell** (**Lösung Seite 66**)

Die abgebildete Grafik vergleicht, wie viel Euro in Deutschland in der Bundesliga und wie viel Euro in England in der Premier League durch internationale und nationale Medienerlöse eingenommen wurden.

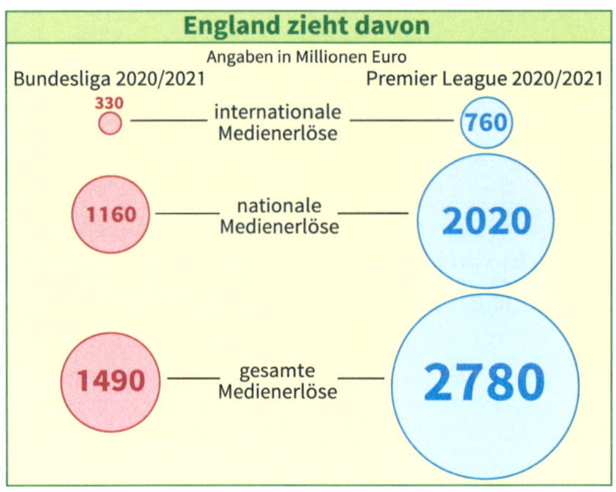

a) Betrachte die Medienerlöse in Deutschland. Berechne den Anteil der nationalen Erlöse an den gesamten Medienerlösen in Prozent.

____

b) Um das Wievielfache müssten die internationalen Medienerlöse in Deutschland steigen, damit sie ungefähr so groß wären wie in England?

____

c) Christiano Ronaldo ist einer der Spitzenverdiener der englischen Liga. Er soll etwa 1,1% der gesamten Medienerlöse in England als Jahresgehalt bekommen. Berechne den Jahresverdienst von Ronaldo.

____

18 Zahlenrätsel (Lösung Seite 67)

(1) Subtrahierst du vom Dreifachen einer Zahl 7, erhältst du 23 mehr als die Zahl selbst.	(2) Subtrahierst du von 23 das 7-Fache einer Zahl, erhältst du das 3-Fache von 3.	(3) Subtrahierst du vom 7-Fachen einer Zahl das 3-Fache dieser Zahl, erhältst du 3 weniger als 23.

a) Welches Zahlenrätsel gehört zur Gleichung $3x - 7 = x + 23$?

____

b) Löse die Gleichung $3x - 7 = x + 23$. $x =$ ____________

c) Notiere zu den beiden anderen Zahlenrätseln die passende Gleichung.

______________ ______________

19 Gleichung lösen (Lösung Seite 68)

Löse die Gleichung durch Umformen. Führe auch die Probe durch.

a) $4 \cdot (x - 3) - 3{,}5 \cdot x = 7 \cdot (2 - x) + 34$

b) $14{,}08 \cdot (x - 2 : 0{,}8) - 2{,}45 \cdot x = -1600 \cdot (-0{,}002) + 6 \cdot x - 0{,}25 \cdot (1 + 8 \cdot x)$

c) $\frac{7 \cdot (2 \cdot x - 24)}{14} - 8 \cdot (0{,}5 \cdot x - 1) = \frac{10 \cdot x - 276}{6}$

20 Fläche Bayern (Lösung Seite 69)

Der Kartenausschnitt zeigt das Bundesland Bayern. Bestimme näherungsweise die Größe der Fläche von Bayern. Benutze den Maßstab der Karte. Begründe dein Vorgehen.

21 **Brückenkonstruktion (Lösung Seite 70)**

Über einen Fluss soll eine Brücke von A nach B gebaut werden. Gemessen wurden $\overline{AC} = 400$ m, ∡ BAC = 68° und ∡ ACB = 49°.
Bestimme die Länge der Brücke und den ∡ CBA durch maßstäbliches Zeichnen.

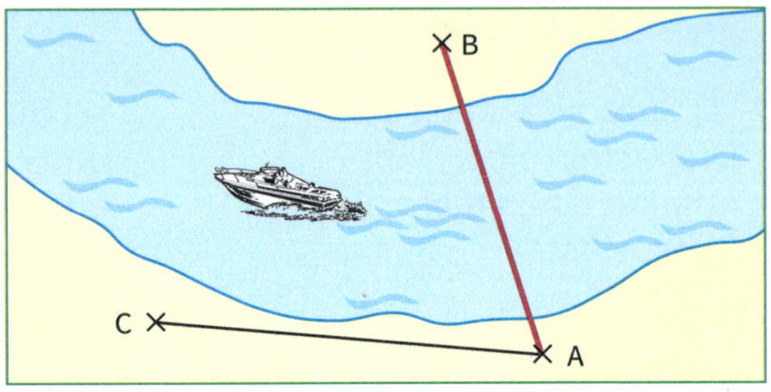

Länge der Brücke: ____________ ∡ CBA: ____________

22 **Glücksrad (Lösung Seite 71)**

Auf einem Schulfest kann man am Stand von Annas Klasse für einen Einsatz von 1 € einmal das abgebildete Glücksrad drehen. Bleibt es auf *blau* stehen, gewinnt man einen Trostpreis im Wert von 0,40 € und auf *schwarz* einen Sachpreis von 6 €.

a) Bestimme die Wahrscheinlichkeit für

(1) blau: ____________

(2) schwarz: ____________

b) Mit welchem Gewinn kann Annas Klasse rechnen, wenn 480-mal gespielt wird?

Gewinn: ____________

23 **Angebote (Lösung Seite 72)**

Frau Kurt kann für zwei Jahre einen Lottogewinn von 100 000,– € anlegen. Sie hat drei Angebote:

(A) A-Bank: 1. Jahr 1 %, 2. Jahr 2 % Zinsen
(B) B-Bank: 1. Jahr 1,2 %, 2. Jahr 1,8 % Zinsen
(C) C-Bank: 1. Jahr 1,5 %, 2. Jahr 1,5 % Zinsen

a) Wie viel Geld hätte Frau Kurt bei der A-Bank nach zwei Jahren?

____

b) Welche Bank hat das beste Angebot für Frau Kurt? Begründe.

____

24 **Riesenmammutbäume (Lösung Seite 73)**

Riesenmammutbäume können sehr alt werden und so breit, dass sogar Autos hindurchfahren können. Die Angaben im Bild gehören zu einem solchen Mammutbaum.

a) Kann man auch in diesen Baum eine Durchfahrt schneiden, durch die ein Auto hindurchpasst? Begründe deine Antwort.

____

____

b) Welchen Umfang hat ein Zylinder von 18,3 m Höhe, dessen Volumen genau so groß ist wie das des Baumstamms?

____

c) Wie groß ist ein Würfel, der das gleiche Volumen hat wie der Baumstamm?

____

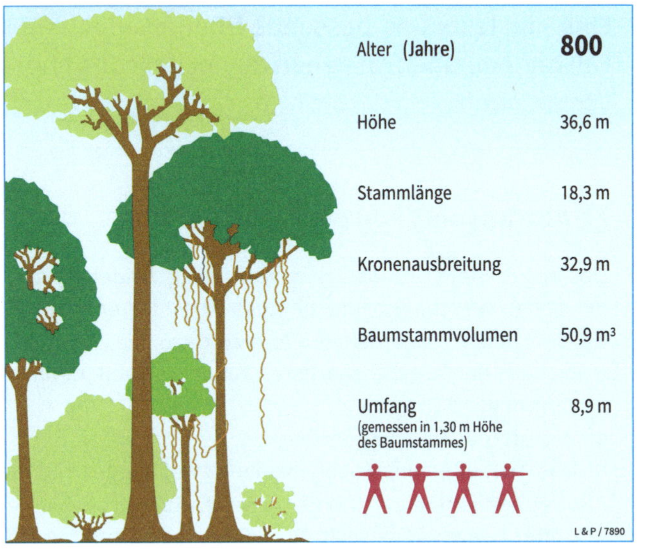

25 **Rechnen mit π (Lösung Seite 74)**

a) Übertrage die nebenstehende Zeichnung. Die Seitenlänge des Quadrats soll 5 cm sein. Die Geraden sind parallel zueinander.

b) Berechne den Flächeninhalt der blau gefärbten Figur ABCDEF, die von den Geraden g_2, g_3 und den beiden Kreisen eingeschlossen wird. Benutze 3 als Wert für π.

A = ______________________________

c) Berechne den Umfang u der Figur (mit π = 3).

u = ______________________________

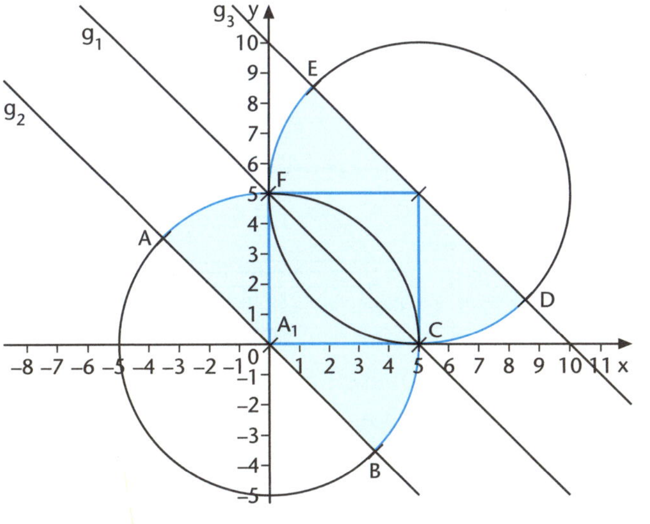

26 **Riesenmaschine (Lösung Seite 75)**

Das Fahrzeug wird auf der Landwirtschaftsmesse von jung und alt bestaunt.

a) Wie hoch muss der Fahrer klettern, um seine Fahrerkabine zu erreichen?

b) Wie oft hat sich ein Rad gedreht, wenn das Fahrzeug einen Kilometer zurückgelegt hat?

Lösungen zum Eingangstest und Übungsaufgaben

Auf den folgenden Seiten findest du die ausführlichen Lösungen zu den komplexen Aufgaben des Eingangstests und passende Übungsaufgaben. Kontrolliere deine Ergebnisse und bearbeite auf jeden Fall die Aufgaben, in denen du noch nicht sicher bist. Die Lösungen der Übungsaufgaben findest du im Lösungsheft.

1 Abtransport von Boden (von S. 40)

Das abgebildete Grundstück ist rechteckig. Leider ist der Boden verschmutzt und er muss 50 cm tief entfernt werden. Eine Firma erhält den Auftrag dazu. Sie hat einen Lkw, der 12 t transportieren kann. Ein Kubikmeter Boden wiegt 1 650 kg.

a) Wie oft muss der Lkw fahren?

b) Das Ausheben des Bodens können zwei Bagger in vier Tagen erledigen. Ab dem zweiten Tag wird ein dritter Bagger eingesetzt. Wie lange dauert das Ausheben des Bodens insgesamt?

Zu a)

(1) *Volumen des Bodens bestimmen*

Das Volumen des verschmutzten Bodens entspricht dem Volumen eines Quaders mit folgenden Maßen:

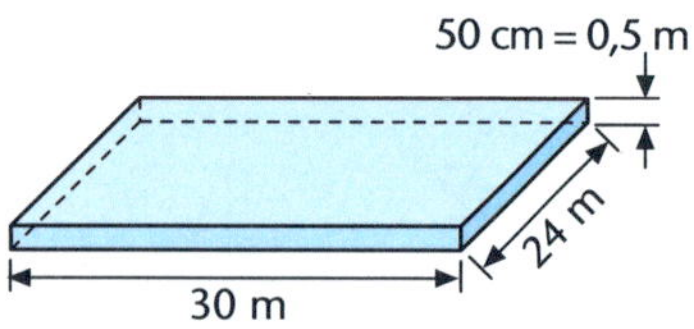

V = 30 m · 24 m · 0,5 m = **360 m³**

(2) *Masse des Bodens berechnen*

Ein Kubikmeter Boden wiegt 1 650 kg.
Dann wiegen 360 Kubikmeter Boden
360 · 1 650 kg = 594 000 kg = **594 t**

(3) *Anzahl der benötigten Fahrten bestimmen*

Der Lkw der Firma kann pro Fahrt 12 t befördern.
Nebenrechnung: 594 t : 12 t = 49,5
Richtig ist daher: Der Lkw benötigt **50 Fahrten,** bei der letzten Fahrt ist er nicht komplett gefüllt.

Zu b)

Wir wissen: Zwei Bagger erledigen das Ausheben des Bodens in vier Tagen. Insgesamt werden für diese Arbeit also 2 · 4 = 8 Baggertage benötigt. Am ersten Tag werden zwei Baggertage geleistet. Die restlichen sechs Baggertage leisten drei Bagger dann in 6 : 3, also zwei weiteren Tagen. Richtig ist daher: Insgesamt dauert das Ausheben **drei Tage.**

1 Svenja und Silke sind begeiserte Kart-Fahrerinnen. Svenja zahlt für sechs Runden 10,50 €, Silke zahlt 14 €.
Wie viele Runden ist Silke gefahren?

2 Zwei Pumpen gleicher Leistung füllen ein Schwimmbecken in 10 Stunden. In welcher Zeit können 5 dieser Pumpen das Becken füllen?

3 Jede Seite des quadratischen Sandkastens ist 120 cm lang. Der Kasten soll 30 cm hoch mit Sand befüllt werden.

a) Wie viel Kubikmeter Sand werden benötigt?

b) Der Baumarkt bietet Sand in 25-*l*-Säcken an. Wie viele Säcke müssen gekauft werden?

4 Für eine Schallschutzmauer entlang eines Autobahnabschnittes sollen 11 Pfosten in einem Abstand von 2,10 m aufgestellt werden.
Der Bauleiter ordnet an, den Abstand auf 1,50 m zu verringern.
Wie viele Pfosten werden jetzt gebraucht?

5 Vier Müllfahrzeuge benötigen 6 h, um 840 Hausmülltonnen aus einem Neubaugebiet zu leeren. Jede Hausmülltonne enthält durchschnittlich 19 kg Abfall. Nach einer Stunde wird ein weiteres Müllfahrzeug eingesetzt. In welcher Zeit sind jetzt alle Hausmülltonnen im Neubaugebiet geleert?

6 Zum Schulabschluss planen drei Schulklassen eine gemeinsame Planwagenfahrt. Jeder Planwagen bietet Platz für 12 Personen. 88 Schülerinnen und Schüler wollen teilnehmen.

a) Wie viele Planwagen müssen für die Fahrt gemietet werden?

b) Für die Fahrt muss jede Person 6 € zahlen. Wie hoch wären die Kosten pro Person, wenn jeder Planwagen voll besetzt wäre?

1 Wie ändert sich der Umfang eines Rechtecks, wenn man Länge und Breite verdoppelt?

- ☐ Der Umfang verdoppelt sich.
- ☐ Der Umfang vervierfacht sich.
- ☐ Der Umfang verachtfacht sich.

2 Wie ändert sich der Flächeninhalt eines Kreises, wenn man den Radius vervierfacht?

- ☐ Der Flächeninhalt verdoppelt sich.
- ☐ Der Flächeninhalt vervierfacht sich.
- ☐ Der Flächeninhalt verachtfacht sich.
- ☐ Der Flächeninhalt versechszehnfacht sich.

3 Wie ändert sich das Volumen eines Würfels, wenn man seine Kantenlänge halbiert?

4 Abgebildet sind ein großer Würfel und vier kleine Würfel, die nur halb so hoch sind.

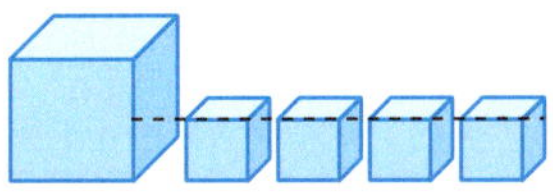

Die fünf Würfel sind aus demselben Material. Der große Würfel wiegt 7 kg. Wie viel wiegen die vier kleinen Würfel zusammen?

5 Beim abgebildeten Quader werden die Kantenlängen a, b und c verdoppelt.

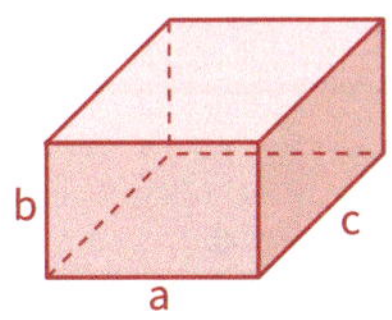

a) Wie ändert sich die Oberfläche des Quaders?

b) Wie ändert sich das Volumen des Quaders?

6 Die abgebildete Holzpyramide ist 24 cm hoch und wiegt 2 kg. 6 cm unterhalb der Spitze wird parallel zur Grundfläche ein Schnitt durch die Pyramide gelegt.

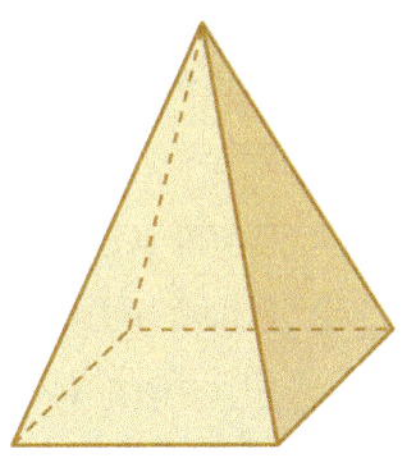

a) Wie schwer ist die abgeschnittene Spitze, die ja ebenfalls eine Pyramide ist?

b) Welchen Bruchteil von der Oberfläche der gesamten Pyramide beträgt die Oberfläche der Spitze?

- ☐ $\frac{1}{2}$
- ☐ $\frac{1}{4}$
- ☐ $\frac{1}{8}$
- ☐ $\frac{1}{16}$
- ☐ $\frac{1}{32}$
- ☐ $\frac{1}{64}$

2 Seitenlänge Quadrat (von S. 40)

Wie ändert sich der Flächeninhalt eines Quadrats, wenn man die Seitenlänge verdreifacht? Begründe deine Antwort.

- ☐ Der Flächeninhalt bleibt gleich.
- ☐ Der Flächeninhalt verdreifacht sich.
- ☐ Der Flächeninhalt verneunfacht sich.
- ☐ Der Flächeninhalt verzwölffacht sich.
- ☐ Das kann man nicht entscheiden, ohne die Seitenlänge zu kennen.

Ein Quadrat hat den Flächeninhalt $A = a^2$.
Bei dreifacher Seitenlänge (3a) beträgt der Flächeninhalt

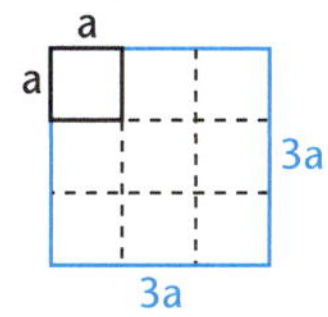

$A_3 = (3a)^2 = 3a \cdot 3a$

$\mathbf{A_3 = 9a^2}$

Richtig ist also die Antwort:
Der Flächeninhalt verneunfacht sich.

Beim Umfang bleibt es beim Faktor 3:

$\mathbf{u = 4a}$ $\qquad u_3 = 4 \cdot (3a) = \mathbf{12a}$

Verdreifacht man dagegen bei einem Würfel die Kantenlänge, hat das folgende Auswirkung auf das Volumen:

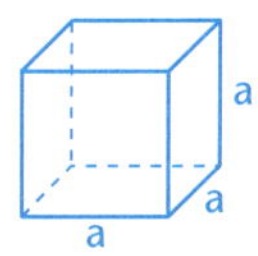

$\mathbf{V = a^3}$ $\qquad V_3 = (3a)^3$

$\mathbf{V_3 = 27a^3}$

Verlängert man bei einer Fläche oder einem Körper alle Kanten um den Faktor k, so wächst:

- der Umfang um das k-Fache,
- der Flächeninhalt bzw. die Oberfläche um das k^2-Fache,
- das Volumen um das k^3-Fache.

Beispiel:
Bei einem Kegel mit einem Radius r und der Höhe h werden beide Maße verdoppelt. Wie ändert sich das Volumen?
Der vergrößerte Kegel hat den Radius 2r und die Höhe 2h.

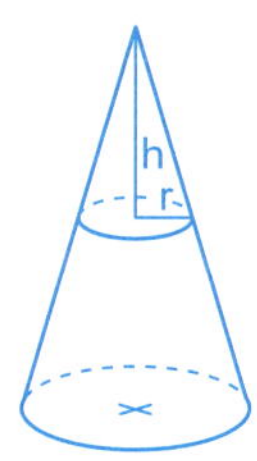

Es gilt: $V = \frac{1}{3} \cdot r^2 \cdot \pi \cdot h$ $\qquad V = \frac{1}{3} \cdot (2r)^2 \cdot \pi \cdot 2h$

$\mathbf{V = \frac{1}{3} \cdot 8r^2 \cdot \pi \cdot h}$

Das Volumen ist 8-mal so groß.

3 Straßenbahnfahrplan (von S. 40)

Der grafische Fahrplan gibt Auskunft über die Fahrt einer Straßenbahn vom Bahnhof (Bhf.) bis zum Tierpark mit den Zwischenhalten Rosentor, Nordheide und Stadion.

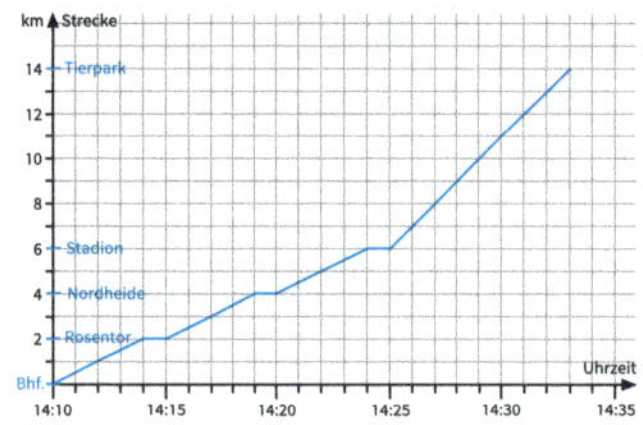

a) Gib die Entfernung zwischen den Haltestellen Bahnhof und Tierpark an.

b) Bestimme mithilfe der Grafik die Durchschnittsgeschwindigkeiten zwischen den Haltestellen.

c) Vervollständige mithilfe der Grafik den Fahrplan mit Ankunfts- und Abfahrtzeiten.

Zu a)

Die Entfernung zwischen den Haltestellen Bahnhof und Tierpark lässt sich aus dem Weg-Zeit-Diagramm ablesen. Sie **beträgt 14 km.**

Zu b)

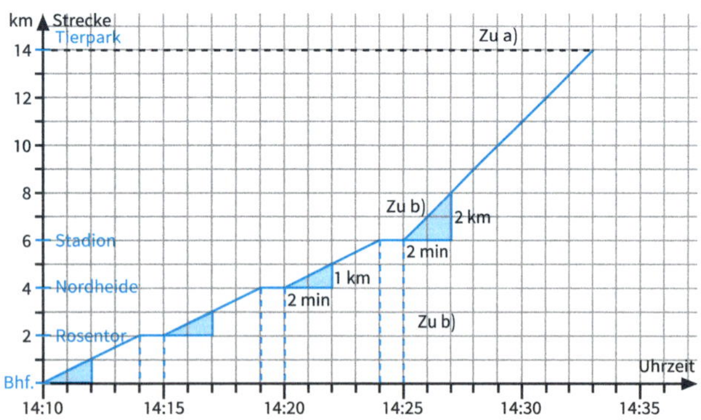

Je schneller die Straßenbahn fährt, desto steiler steigt der Graph an. Drei der vier Steigungsdreiecke sind kongruent, d. h., vom Bahnhof bis Stadion fährt die Straßenbahn zwischen den Haltestellen mit gleicher Durchschnittsgeschwindigkeit ($\frac{1\,km}{2\,min}$, **also 30** $\frac{km}{h}$). Vom Stadion bis zum Tierpark fährt sie schneller ($\frac{2\,km}{2\,min}$, **also 60** $\frac{km}{h}$).

Zu c)

Haltestelle	Uhrzeit	
Bahnhof	ab	**14:10**
Rosentor	an	**14:14**
	ab	**14:15**
Nordheide	an	**14:19**
	ab	**14:20**
Stadion	an	**14:24**
	ab	**14:25**
Tierpark	an	**14:33**

1 Inas Klasse unternimmt am Wandertag eine Radtour. Ina fährt um 8:00 Uhr von zu Hause los, um pünktlich um 9:00 Uhr den vereinbarten Treffpunkt zu erreichen.
Ihre Fahrt ist in dem unten abgebildeten Koordinatensystem dargestellt.

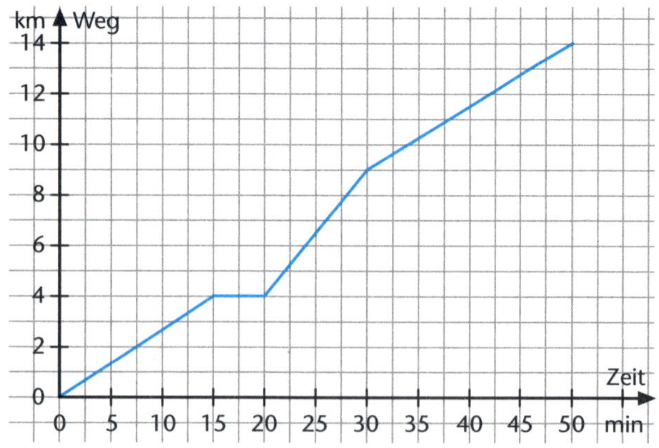

Beurteile anhand dieser Darstellung, ob die folgenden Aussagen zutreffen können.

Nach einer Viertelstunde hat Ina bereits 5 km zurückgelegt.	☐ Ja	☐ Nein
Zwischendurch macht Ina eine Rast von fünf Minuten.	☐ Ja	☐ Nein
Anfangs fährt Ina am schnellsten.	☐ Ja	☐ Nein

2 Eine 8 km lange Wanderung führt die Klasse von Paul auf das Nebelhorn.

Anfangs geht es nur leicht bergauf, und die Gruppe kommt gut voran. Dann fordert ein Klettersteig (K) die Kondition heraus. Gut, dass am Ende des Steigs eine Hütte (H) zur Rast einlädt. Von hier aus führt ein fast ebener Weg zum Gipfelkreuz (G).

a) Paul hat begonnen, einen zu der Bergwanderung passenden Graphen im Koordinatensystem zu skizzieren. Setze den Graphen fort.

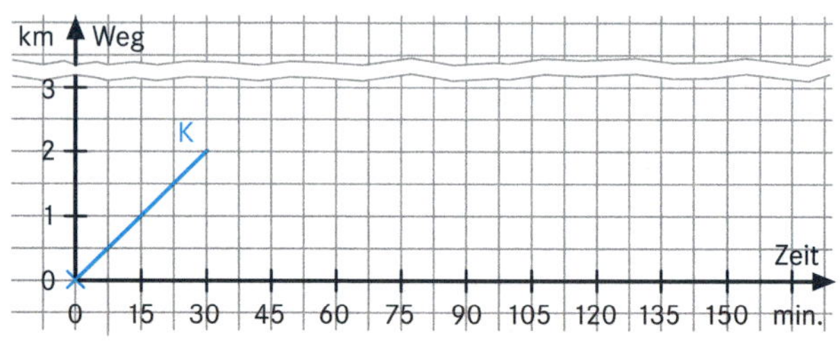

b) Trage auch H und G am Graphen ein.

1 Die Grafik zeigt die Entwicklung der Aktie der Firma UV in den Monaten Januar bis Juni.

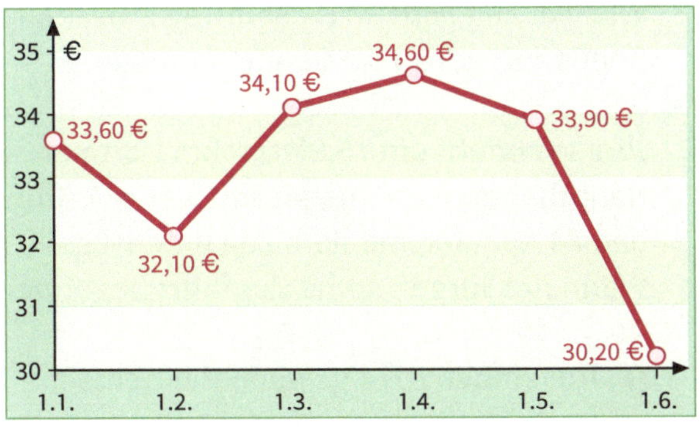

a) Um wie viel Prozent hat die Aktie der Firma UV vom 1.5. bis 1.6. verloren?

b) Im letzen Jahr hatte die Aktie der Firma durchschnittlich einen Wert von 33,65 €. Hat sie diesen Durchschnittswert auch in den dargestellten sechs Monaten erreicht?

c) Die Grafik vermittelt den Eindruck, als sei die Aktie der Firma UV vom 1.5. bis 1.6. so abgestürzt, dass sie fast nichts mehr wert ist. Wodurch entsteht dieser Eindruck?

d) Zeichne ein Säulendiagramm, das die Entwicklung des Aktienkurses vom 1.1. bis 1.6. realistisch darstellt.

2 Die Klasse 10a führte eine Befragung zur Computernutzung in zwei 9. Klassen durch.

	9a	davon befragt	9b	davon befragt
Mädchen	14	11	16	14
Jungen	16	13	16	12

a) Wie viel Prozent der Schülerinnen und Schüler aus der Klasse 9a haben an der Umfrage teilgenommen?

b) Stelle für die Klasse 9b in einem Säulendiagramm die Anzahl der Jungen und Mädchen in der Klasse und die Anteile der Mädchen und Jungen, die befragt wurden, dar.

c) Von den Befragten nutzten den Computer 38 % für Emails, 92 % zum Chatten, 77 % zum Spielen und 52 % für Internetrecherchen. Ist es sinnvoller, diese Umfrageergebnisse in einem Kreisdiagramm oder in einem Säulendiagramm darzustellen? Begründe deine Antwort.

4 Fahrradurlaub (von S. 41)

Die Grafik zeigt, wie sich der Verbrauch eines Autos ändert, wenn man einen Dach- oder Heckträger (mit Fahrrädern) montiert.

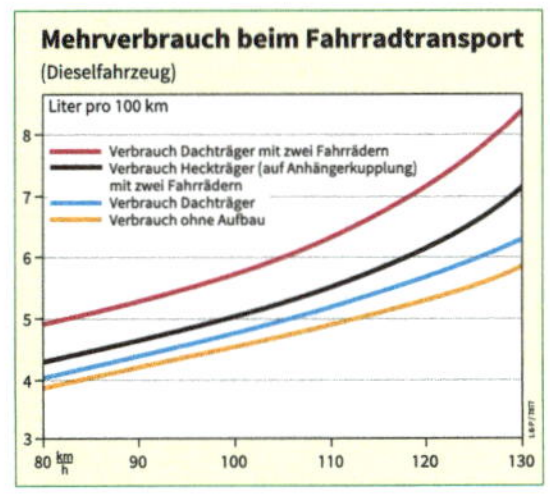

a) Wie viel verbraucht ein Auto ohne Aufbau, das 85 $\frac{km}{h}$ schnell fährt?

b) An einem Auto ist ein Dachträger mit zwei Fahrrädern montiert. Um wie viel Prozent steigt der Verbrauch, wenn es statt 80 $\frac{km}{h}$ nun 130 $\frac{km}{h}$ schnell fährt?

c) Lennard behauptet: Bei 80 $\frac{km}{h}$ ist der Verbrauch eines Autos mit Dachträger und zwei Fahrrädern ungefähr doppelt so hoch wie bei einem Auto ohne Aufbau. Erkläre, warum das nicht stimmt.

Zu a)
Hierbei muss man senkrecht zur x-Achse beim Wert 85 (in der Mitte von 80 und 90) nach oben gehen und dort den zugehörigen y-Wert des untersten Graphen ablesen. Es ergibt sich ein Verbrauch von **ca. 4 Liter pro 100 km.**

Zu b)
Ein Auto, das einen Dachträger mit zwei Fahrrädern montiert hat, verbraucht bei 80 $\frac{km}{h}$ ungefähr 4,9 Liter pro 100 km. Bei einer Geschwindigkeit von 130 $\frac{km}{h}$ verbraucht es ungefähr 8,4 Liter pro 100 km. Mit dem Dreisatz kann man nun den prozentualen Anstieg bestimmen:

4,9 Liter ≙ 100 %) : 4,9
1,0 Liter ≙ 20,41 %) · 8,4   (≈ 100 % : 4,9)
8,4 Liter ≙ 171,44 %   (≈ 20,41 % · 8,4)

Der Verbrauch steigt um **ungefähr 71 %.**
Alternativer Lösungsweg:
Mehrverbrauch: $8{,}4\,l - 4{,}89\,l = 3{,}5\,l$

$3{,}5\,l$ von $4{,}9\,l = \frac{3{,}5\,l}{4{,}9\,l} \approx 0{,}71 = 71\,\%$

Zu c)
Lennards Aussage stimmt nicht, weil zwar bei 80 $\frac{km}{h}$ die Distanz des einen Graphen (Auto mit Dachgepäckträger und zwei Fahrrädern) zur x-Achse doppelt so groß ist wie die Entfernung des anderen Graphen (Auto ohne Aufbau). Man muss aber beachten, dass die y-Achse nicht bei 0 beginnt. Entsprechend muss man die Werte von 4 Liter bzw. 5 Liter pro 100 km vergleichen. 5 Liter ist nicht das Doppelte von 4 Litern.

5 Jugend-Triathlon (von S. 41)

Jugend-Triathlon
Schwimmen 300 m
Radfahren 10 km
Laufen 3 km
Start: 9:00 Uhr

Jan absolvierte beim Jugend-Triathlon die Schwimmstrecke in 9 min 45 s. Für die Radrennstrecke benötigte er 19 min 30 s, für den abschließenden 3-km-Lauf brauchte er 14 min und 5 s.

a) Wie lange brauchte Jan für alle drei Sportarten zusammen?

b) Mit welcher Geschwindigkeit fuhr Jan die Radrennstrecke? Kreuze den Wert an, der diese Geschwindigkeit am besten angibt.

15 $\frac{km}{h}$ ☐ 25 $\frac{km}{h}$ ☐ 35 $\frac{km}{h}$ ☐

20 $\frac{km}{h}$ ☐ 30 $\frac{km}{h}$ ☐ 40 $\frac{km}{h}$ ☐

Zu a)
Wir kennen die Zeitspannen, die Jan für die einzelnen Sportarten benötigte:

Sportart	Jans Zeiten
300 m Schwimmen	9 min 45 s
10 km Rad fahren	19 min 30 s
3 km Laufen	14 min 5 s

Jetzt addieren wir die Zeitangaben getrennt nach den angegebenen Einheiten:
9 min + 19 min + 14 min = 42 min
45 s + 30 s + 5 s = 80 s
80 s entsprechen 1 min 20 s.
Die Gesamtzeit ergibt sich aus:
42 min + 1 min 20 s = **43 min 20 s**
Jan benötigte für alle drei Sportarten zusammen **43 min 20 s.**

Zu b)
Geschwindigkeiten in $\frac{km}{h}$ geben an, wie viel km in einer Stunde zurückgelegt werden.
Wir wissen:
Jan absolvierte die 10 km lange Radrennstrecke in 19 min und 30 s.
Er benötigte also für eine Strecke von 10 km ungefähr 20 min.
Berechnung derGeschwindigkeit:
20 min → 10 km
60 min → 30 km
Jan fuhr die Radrennstrecke also mit einer Geschwindigkeit von etwa **30 $\frac{km}{h}$.**

1 Laut Kalender geht am 18. Juni die Sonne um 5:15 Uhr auf und um 21:38 Uhr unter.
Wie viel Zeit liegt an diesem Tag zwischen Sonnenaufgang und Sonnenuntergang?

2 Jürgen kommt um 16:07 Uhr am Dortmunder Hauptbahnhof an. Insgesamt war er 1 Stunde und 24 Minuten mit dem Zug unterwegs.
Wann hat Jürgen seine Zugfahrt begonnen?

3 Im November 2014 gewann der deutsche Triathlet Sebastian Kienle den legendären Ironman auf Hawaii. Kienle benötigte 54 Minuten 38 Sekunden für die 3,86 km lange Schwimmstrecke. Die anschließende 180 km lange Radstrecke legte er in 4 h 20 min 46 s zurück. Den letzten Teil des Wettbewerbs, einen Marathonlauf über 42,195 km, bewältigte Kienle in 2 h 54 min 36 s.
Berechne die Gesamtzeit für alle drei Sportarten von Sebastian Kienle.

4 Martinas Flug nach Rom geht um 15:10 Uhr. Für die Fahrt zum Flughafen plant sie 45 Minuten ein. Mindestens eine Stunde vor Abflug der Maschine muss sie am Schalter der Fluggesellschaft einchecken.
Wann muss Martina spätestens aufbrechen, um pünktlich am Check-in-Schalter zu sein?

5 Ein 500 m langer Personenzug durchfährt mit gleichbleibender Geschwindigkeit von 150 $\frac{km}{h}$ den abgebildeten 10 km langen Tunnel.

a) Tim sitzt in der Mitte des Zuges am Fenster. Wie lange dauert für Tim die Fahrt durch den Tunnel?

b) Welche der folgenden Überlegungen von Tim sind richtig? Kreuze an.

☐ (1) Bei doppelter Geschwindigkeit dauert die Tunneldurchfahrt doppelt so lang.
☐ (2) Bei doppelter Geschwindigkeit dauert die Tunneldurchfahrt halb so lang.
☐ (3) Bei 75 $\frac{km}{h}$ dauert die Tunneldurchfahrt doppelt so lang.

1

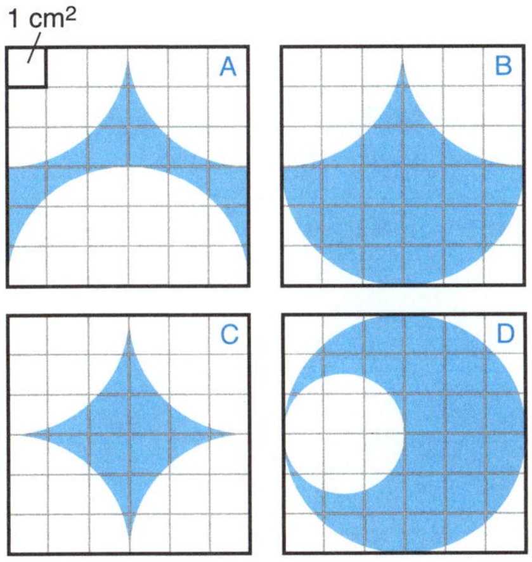

a) Ordne die Umfänge u der blau gefärbten Figuren A, B, C und D der Größe nach. Setze > oder = ein.

u_D ☐ $u_{\_}$ ☐ $u_{\_}$ ☐ $u_{\_}$

b) Bestimme den Flächeninhalt von Figur D. Beschreibe, wie du vorgegangen bist.

2 Der Kreis hat einen Radius von r = 8 cm.

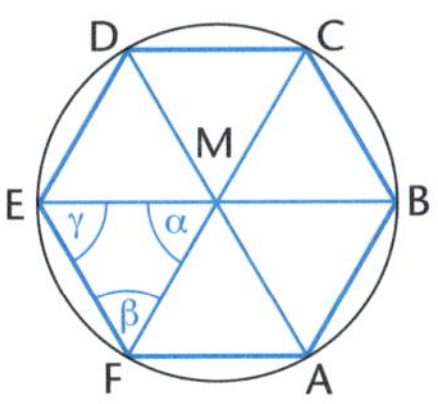

a) Berechne im Dreieck FME die Größe der Winkel.

b) Berechne den Umfang des regelmäßigen Sechsecks ABCDEF.

c) Um wie viel Prozent ist der Umfang des Kreises größer als der Umfang des regelmäßigen Sechsecks?

3 Aus einer quadratischen Sperrholzplatte mit einer Fläche von 0,25 m² wird der größtmögliche Kreis ausgeschnitten.

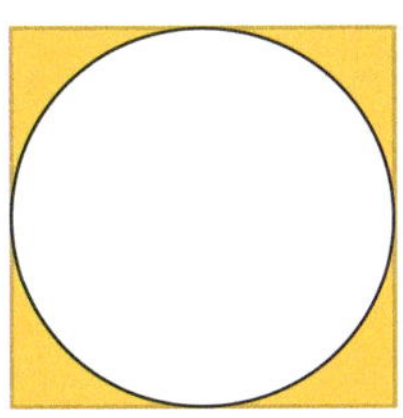

a) Berechne Flächeninhalt und Umfang des Kreises.

b) Wie viel Prozent der ursprünglichen Platte beträgt der entstehende Abfall?

6 Konservendosen (von S. 42)

Sechs Konservendosen werden von einem Plastikband umfasst. Jede Dose hat einen Radius von 4 cm.
Zu berechnen ist die Länge b des Plastikbandes.

a) Beende die Rechnungen von Karim, Anke und Mia.

b) Alle Ergebnisse sind verschieden. Es kann aber nur eins richtig sein. Ist der richtige Lösungsweg dabei? Begründe.

I. So löst Karim die Aufgabe:
Ich rechne den Umfang des Rechtecks aus:
b = 2 · Länge + 2 · Breite; also b = 2 · 24 cm + 2 · 16 cm

II. So löst Anke die Aufgabe:
Ich rechne von jeder Dose den Umfang aus:
u = π · d, also u ≈ 3,14 · 8 cm; dann ist b = 6 · u

III. So löst Mia die Aufgabe:
Ich fange oben in der Mitte an und gehe rechts herum: b = 4 cm + 4 cm + $\frac{1}{4}$u + 4 cm + 4 cm + $\frac{1}{4}$u + 4 cm + …

Zu a)

Karim: 2 · 24 cm + 2 · 16 cm = **80 cm**

Anke: u ≈ 3,14 · 8 cm = 25,12 cm
b ≈ 6 · 25,12 cm = **150,72 cm**

Mia: $b = 4\text{ cm} + 4\text{ cm} + \frac{1}{4}u + 4\text{ cm}$
$+ 4\text{ cm} + \frac{1}{4}u + 4\text{ cm} + 4\text{ cm}$
$+ 4\text{ cm} + 4\text{ cm} + \frac{1}{4}u + 4\text{ cm}$
$+ 4\text{ cm} + \frac{1}{4}u + 4\text{ cm} + 4\text{ cm}$
$b = 4 \cdot \frac{1}{4}u + 12 \cdot 4\text{ cm}$
$b = u + 48\text{ cm}$
$b \approx 3{,}14 \cdot 8\text{ cm} + 48\text{ cm}$
b = **73,12 cm**

Zu b)

Karim hat den Umfang des Rechtecks berechnet und die Rundungen nicht berücksichtigt.

Anke hat jede Dose einzeln mit dem Band umfasst.

Mia hat alle Teilstücke richtig addiert. Bei ihr sind die Rundungen berücksichtigt, deshalb ist ihr Ergebnis auch etwas kleiner als das von Karim.

7 Statistik (von S. 42)

Im Diagramm sind die Besucherzahlen der Dauerausstellung „Gesunde Ernährung“ dargestellt. Die Darstellung erweckt den Eindruck, dass sich die Besucherzahlen halbiert haben.

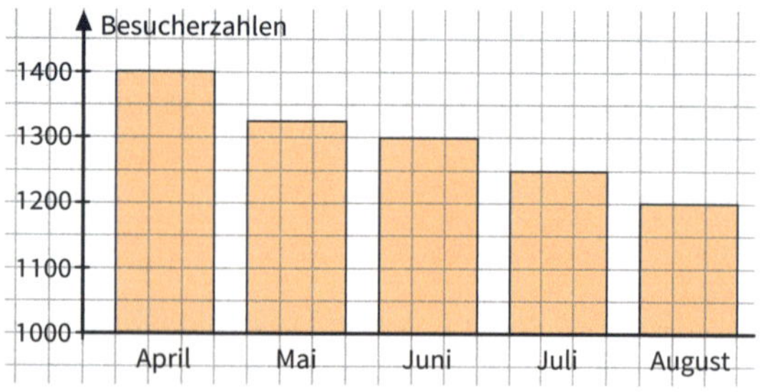

a) Stimmt das? Begründe.
b) Zeichne ein Säulendiagramm, das keinen falschen Eindruck vermittelt.

Zu a)
Die Besucherzahlen haben sich nicht halbiert. Im Diagramm ist die Säule für August zwar nur halb so hoch wie für April. Aber wenn man die Zahlen vergleicht, stellt man fest, dass es im April 1 400 und im August 1 200 Besucher waren. Bei einer Halbierung hätten es im August 700 Besucher sein müssen. Der falsche Eindruck wird dadurch vermittelt, dass die Achse mit den Besucherzahlen nicht bei Null beginnt.

Zu b)

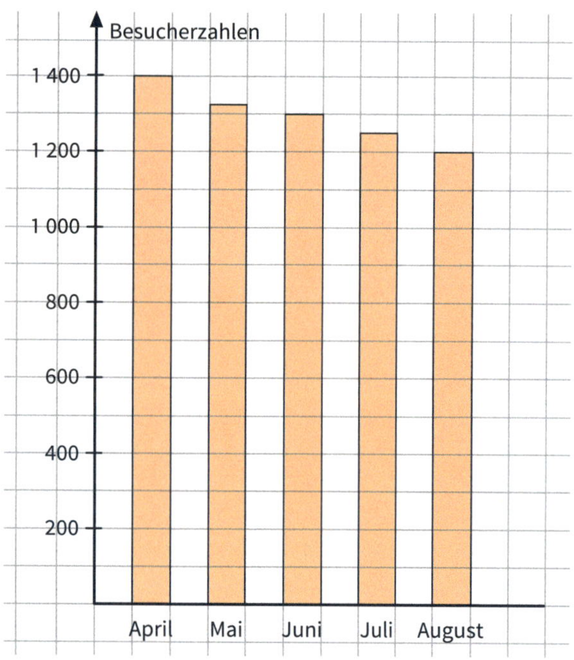

1 Eine Stadt befragt regelmäßig ihre Bürger, ob sie zufrieden sind oder nicht. Verändere das Diagramm so, dass der Anstieg des Anteils zufriedener Bürger deutlicher wird.

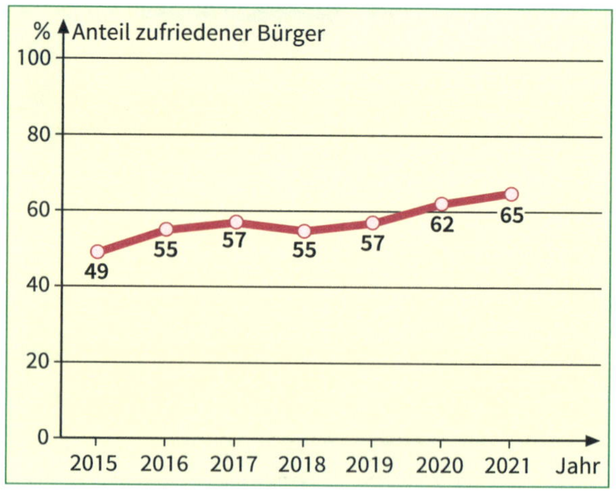

2 Von 2010 bis 2014 wurde erfasst, wie häufig in einer Stadt bestimmte weibliche Vornamen bei Neugeborenen vergeben wurden.

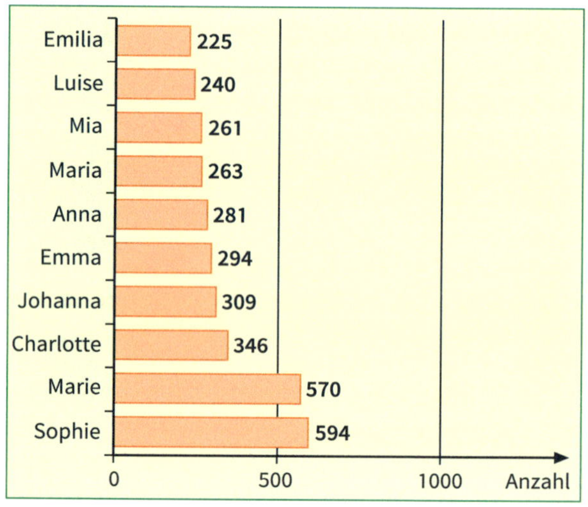

a) Beurteile die Darstellung.

b) Wähle eine bessere Form der Darstellung.

3 Im Jahr 2015 ist der Preis für Rohkaffee um ein Viertel gesunken. Gibt die abgebildete Grafik A oder B diesen Sachverhalt korrekt wieder? Begründe.

1 Aus dem Mitteilungsblatt des FC Dribbel:

> In der vorletzten Saison gewann unsere 1. C-Jugend-Mannschaft jedes dritte Spiel. Die letzte Saison fiel dagegen deutlich besser aus. Nach jedem sechsten Spiel verließ unsere Mannschaft als Sieger den Platz. Der Vereinsvorsitzende äußerte daher stolz: „Dies ist eine Steigerung um 50 %."

Was sagst du dazu?

2

> Fuhr vor einigen Jahren noch jeder zehnte Autofahrer zu schnell, so ist es heute ‚nur noch' jeder fünfte. Doch auch fünf Prozent sind zu viele, und so wird weiterhin kontrolliert, und die Schnellfahrer haben zu zahlen.

Die Meldung ist fehlerhaft. Begründe.

3 Der Fußballspieler Markus Lukaschewski verhandelt mit seinem Verein über sein Monatsgehalt in der neuen Saison. Der Verein bietet ein Fünftel mehr, Markus Lukaschewski fordert ein Zehntel mehr.

a) Bisher verdiente Lukaschewski 20 000 € im Monat. Berechne das neue Gehalt beim Vereinsangebot und bei Lukaschewskis Forderung.

b) Vergleiche Vereinsangebot und Forderung ohne Kenntnis des bisherigen Gehalts.

4 Till hat sich folgende Liste zu Bruchteilen und Prozentsätzen angefertigt.

$\frac{1}{2} = 2\,\%$	$\frac{1}{4} = 4\,\%$	$\frac{1}{5} = 5\,\%$
$\frac{1}{10} = 10\,\%$	$\frac{1}{20} = 20\,\%$	$\frac{1}{25} = 25\,\%$
$\frac{1}{50} = 50\,\%$	$\frac{1}{100} = 1\,\%$	

a) Ist sie völlig falsch oder befindet sich auch Richtiges darunter?

b) Korrigiere die Liste dadurch, dass du die Prozentsätze richtig zuordnest.

8 Agenturmeldung (von S. 42)

> Laut einer Umfrage besitzt fast jede neunte Frau (87,4 %) eine weiße Bluse.

Die Meldung ist fehlerhaft. Begründe und korrigiere den Text.

Die Meldung ist fehlerhaft, denn „jede neunte Frau" bedeutet:

Bei einer von neun Frauen hängt eine weiße Bluse im Schrank.
Unter 100 Frauen sind dann etwa elf Frauen zu finden, bei denen eine weiße Bluse im Schrank hängt, also 11 von 100 oder 11 %.

Oder kürzer:

1 von 9 $= \frac{1}{9} \approx 0{,}11 = \frac{11}{100} = 11\,\%$

Laut Agenturmeldung ist die weiße Bluse als Kleidungsstück sehr beliebt, nämlich bei 87,4 % der Frauen, d. h. unter 100 Frauen gibt es etwa 87, unter zehn Frauen sind etwa neun zu finden, bei denen eine weiße Bluse im Schrank hängt.

Richtig müsste die Meldung also lauten:
„Laut einer Umfrage besitzen **etwa neun von zehn Frauen (87,4 Prozent)** eine weiße Bluse."

Die Ursache für den Fehler in der Agenturmeldung ist wahrscheinlich so entstanden.
Zunächst hat der Redakteur 87,4 % richtig auf 90 % gerundet. Dann aber hat er diesen Wert mit Worten falsch beschrieben:
90 % bedeutet 90 von 100 bzw. 9 von 10 und nicht 1 von 9.

9 Erdgaskosten (von S. 43)

Familie Firat hat die Wahl zwischen zwei Tarifen für die Erdgaslieferung:

Tarif I Grundpreis pro Monat 10 €
Arbeitspreis 7 ct pro kWh
Tarif II Grundpreis pro Monat 25 €
Arbeitspreis 4 ct pro kWh

a) Berechne für beide Tarife die Kosten für einen monatlichen Verbrauch von 1 000 kWh.
b) Stelle beide Tarife bis zu einem Monatsverbrauch von 1 000 kWh grafisch dar.
c) Familie Firat verbraucht durchschnittlich 600 kWh pro Monat. Welchen Tarif sollte sie wählen?
d) Bei welchem Monatsverbrauch sind beide Tarife gleich teuer, und welcher ist bei geringerem Verbrauch günstiger?

Zu a)
Tarif II: 10 € + 1 000 · 0,07 € = 80 €
Tarif II: 25 € + 1 000 · 0,04 € = 65 €
Bei einem monatlichen Verbrauch von 1 000 kWh sind nach **Tarif I 80 €** und nach **Tarif II 65 €** zu bezahlen.

Zu b)

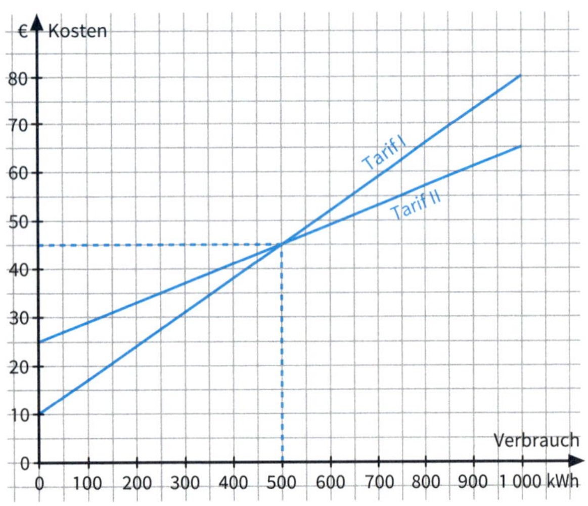

Zu c)
Familie Firat sollte **Tarif II** wählen. Das zeigt die grafische Darstellung und auch die folgende Rechnung:
Tarif II: 10 € + 600 · 0,07 € = 52 €
Tarif II: 25 € + 600 · 0,04 € = 49 €

Zu d)
Bei einem Monatsverbrauch von 500 kWh sind **beide Tarife gleich teuer.** Das zeigt die grafische Darstellung (Schnittpunkt) und auch die folgende Überprüfung durch Rechnung:
Tarif II: 10 € + 500 · 0,07 € = 45 €
Tarif II: 25 € + 500 · 0,04 € = 45 €

1 Familie Buchholz hat einen jährlichen Stromverbrauch, der zwischen 3 200 kWh und 3 600 kWh schwankt. Die folgenden beiden Angebote stehen zur Auswahl:

(1) Ökoset:
Paketpreis pro Jahr 574,98 € bis 3 600 kWh Verbrauch, jede weitere kWh kostet 21,6 ct.

(2) RSHW:
Grundpreis 5,72 € pro Monat
jede kWh kostet 0,1623 €

a) Übertrage das Achsenkreuz in dein Heft und stelle beide Tarife grafisch dar.

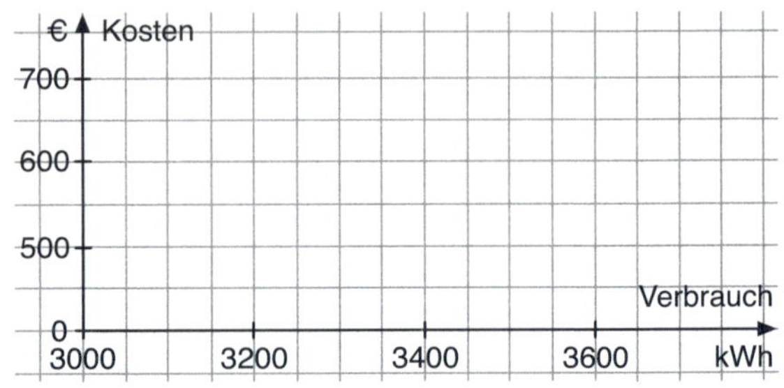

b) Zu welchem Anbieter würdest du raten, wenn der Verbrauch der Familie zwischen 3 200 kWh und 3 600 kWh bleibt? Begründe mit der Grafik zu Teilaufgabe a).

c) Begründe rechnerisch: Welcher Anbieter ist zu empfehlen, wenn der Verbrauch
– bei 3 100 kWh,
– bei 5 800 kWh liegt?

2 In der Tabelle stehen die Wasserpreise aus zwei benachbarten Gemeinden.

Ort	Grundgebühr pro Jahr	Preis pro Kubikmeter
Ahlstadt	90,00 €	2,25 €
Bündhausen	160,00 €	1,85 €

a) Stelle in einer Grafik die Jahreskosten in beiden Orten für einen Wasserverbrauch pro Jahr zwischen 0 m^3 und 300 m^3 dar.

b) Die vierköpfige Familie Lenz verbraucht durchschnittlich 375 *l* Wasser pro Tag und wohnt in Ahlstadt. Welche Jahresrechnung hat sie zu erwarten?

c) Für welchen Jahresverbrauch ist die Jahresrechnung in beiden Gemeinden gleich hoch?

1 Der Anstoßkreis eines Fußballfeldes hat einen Durchmesser von 18,30 m.

a) Wenn sich die 22 Spieler beider Mannschaften innerhalb des Anstoßkreises versammeln würden, wie viel Platz hätte dann jeder Spieler ungefähr?

☐ 3 m^2 ☐ 5 m^2 ☐ 8 m^2 ☐ 12 m^2

b) Wenn sich die Spieler beider Mannschaften eines Fußballspiels mit gleichem Abstand voneinander auf dem Anstoßkreis verteilen würden, wie weit stünden dann jeweils benachbarte Spieler voneinander entfernt?

2 Die Grafik zeigt den Querschnitt durch einen Hochwasserdeich.

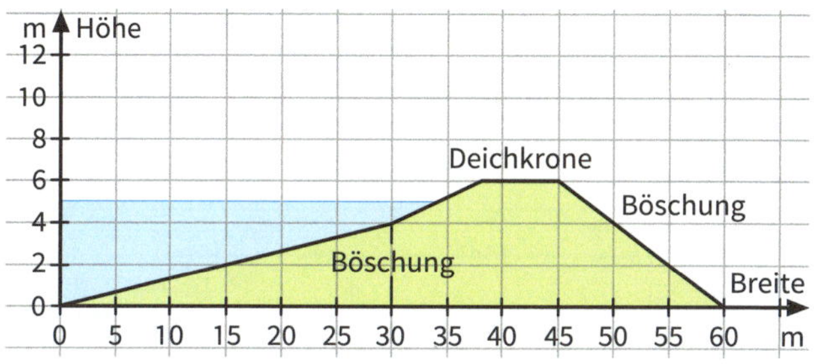

Die Deichkrone ist 7 m breit. Berechne die Längen der Böschungen auf beiden Seiten.

3 Die Größe von (rechteckigen) Bildschirmen wird häufig durch die Länge ihrer Diagonalen beschrieben.
In der Werbung für ein Tablet wird die Diagonale mit 25 cm angegeben bei einer Auflösung von 1024 x 768 Bildpunkten.

a) Länge und Breite des Bildschirms verhalten sich wie 4 : 3. Zeige, dass dieses Verhältnis auch für die angegebene Anzahl von Bildpunkten gilt.

b) Berechne die Länge der Diagonalen in einem Rechteck mit den Seitenlängen von 4 cm und 3 cm.

c) Vergleiche die Längen der Diagonalen des Tablet-Bildschirms und des Rechtecks aus Teilaufgabe b).
Wie lang und wie breit muss damit der Tablet-Bildschirm sein?

10 Elfmeter (von S. 43)

Fußballweltmeisterschaft 2014 in Brasilien:
Im ersten Spiel gegen Portugal verwandelte Thomas Müller einen Elfmeter zum 1 : 0.
Der Ball traf ganz flach unmittelbar neben dem Pfosten ins Tor.
Ein Fußballtor ist 7,32 m breit und 2,44 m hoch.
Der Ball hat einen Durchmesser von 20 cm.
Welche Strecke legt der Ball vom Elfmeterpunkt bis zur Torlinie zurück?

Die Hälfte der Torbreite beträgt 3,66 m. Zieht man noch den Radius des Balles ab, so ergeben sich rund 3,56 m.

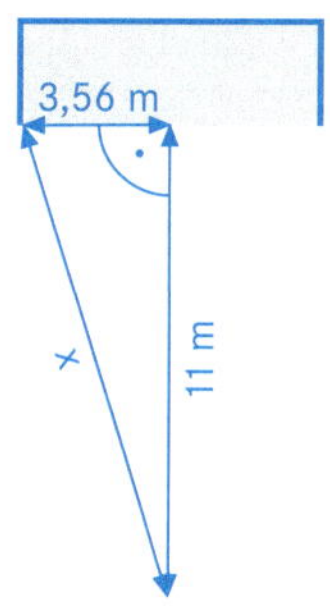

Satz des Pythagoras:

$x^2 = 3{,}56^2 + 11^2$

$x^2 \approx 133{,}67$

$x \approx 11{,}56$

Der Ball legte bis zur Torlinie ungefähr **11,60 m** zurück.

4 Abgebildet sind die Maße von Tor, Torraum und Strafraum eines Fußballfeldes. Das Tor ist 2,44 m hoch.

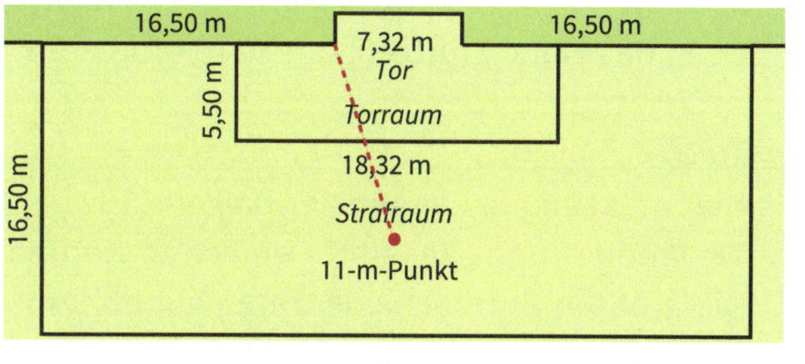

a) Wie groß ist der Strafraum eines Fußballfeldes außerhalb des Torraumes?

b) Vom Elfmeterpunkt wird ein Ball in gerader Linie gegen die obere linke Ecke geschossen, wo Pfosten und Latte zusammentreffen. Welchen Weg legt der Ball zurück?

c) Mit welchem Winkel hebt der Ball, dessen Weg in Teilaufgabe b) beschrieben ist, vom Boden ab?

11 Kontakte (von S. 44)

688 Jugendliche zwischen 10 und 18 Jahren wurden befragt, welche Möglichkeiten sie nutzen, um mit ihren Freunden in Kontakt zu bleiben. Die Grafik zeigt das Ergebnis der Umfrage.

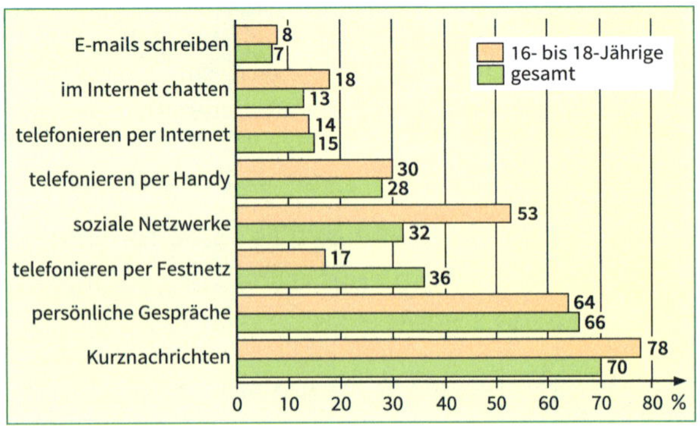

a) Wie viel Prozent der 16- bis 18-Jährigen nutzen das Handy, um zu telefonieren?
b) Bei welchen beiden Kontakt-Möglichkeiten unterscheidet sich das Nutzungsverhalten der 16- bis 18-Jährigen am stärksten von dem aller befragten Jugendlichen?
c) Wie viele aller 688 befragten Jugendlichen schicken sich Kurznachrichten?

Zu a)
Die Umfrageergebnisse der 16- bis 18-Jährigen werden im Diagramm durch die oberen Balken „16- bis 18-Jährige“ dargestellt. Am Balken neben „telefonieren per Handy“ steht 30. Da alle Angaben Prozentzahlen sind, bedeutet dies, dass **30 %** aller 16- bis 18-Jährigen das Handy nutzen, um zu telefonieren.

Zu b)
Hier müssen die Längen der Balken „16- bis 18-Jährige“ und „gesamt“ verglichen werden. Die größten Unterschiede treten auf bei **„soziale Netzwerke“** und bei **„telefonieren per Festnetz“**.

Zu c)
Da sich die Frage auf alle befragten Jugendlichen bezieht, muss man die Prozentzahl am Balken „gesamt“ ablesen, also 70.
70 % von 688 = 0,7 · 688 = 481,6
Rund **482** der befragten Jugendlichen schicken sich Kurznachrichten.

1 Ein Hamburger enthält 8,3 % Fett, 28 % Kohlenhydrate und 12 % Eiweiß, außerdem noch sonstige Stoffe, wie z. B. Wasser.
Eine Portion Pommes frites enthält 15 % Fett, 37 % Kohlenhydrate und 3,4 % Eiweiß.
Eine Portion Mayonnaise besteht zu 81 % aus Fett, zu 3,7 % aus Kohlenhydraten und zu 1,2 % aus Eiweiß.

a) Stelle die Informationen über „Fett“, „Kohlenhydrate“ und „Eiweiß“ in einem gemeinsamen Balkendiagramm dar.

b) Zeichne für den Hamburger, die Pommes frites und die Mayonnaise jeweils ein Streifendiagramm.

2 In einer Umfrage wurden Internetnutzer befragt, welche Geräte sie für den Zugang nutzen. Das Diagramm zeigt die Ergebnisse der Umfrage (Angaben in Prozent).

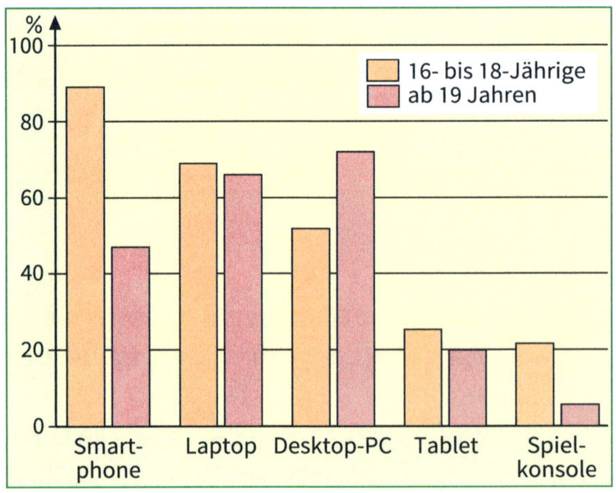

a) Welches ist das bevorzugte Gerät
(1) bei den 16- bis 18-Jährigen,
(2) bei den älteren Befragten?
Gib an, wie viel Prozent dieses Gerät jeweils genannt haben.

b) Es wurden 936 Personen ab 19 Jahren befragt.
Berechne, wie viele davon ein Tablet für den Internetzugang nutzen.

c) Erkläre, warum man die Daten der beiden Altersgruppen nicht durch zwei Streifendiagramme darstellen kann.

1 Ein Routenplaner zeigt für die Strecke von Köln nach Dortmund mit dem Auto 95 km an und nennt eine Fahrtzeit von 1 Stunde 30 Minuten. Der Regionalexpress fährt die etwas längere Bahnstrecke mit einer Durchschnittsgeschwindigkeit von $72\,\frac{km}{h}$ in der gleichen Zeit. Wie lang ist die Bahnstrecke?

2 Das Schaubild gibt an, wie viel die Bundesbürger für Waren und Dienstleistungen des täglichen Bedarfs ausgeben, wenn 1 000 € zu Grunde liegen.

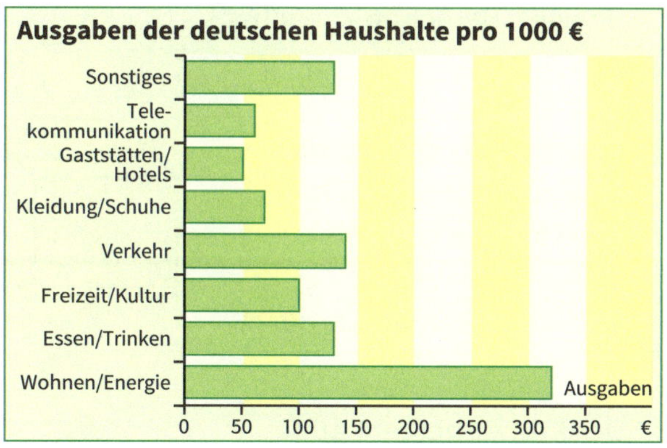

a) Aus dem Schaubild kann folgender Vergleich herausgelesen werden: „Für Wohnen/Energie geben die Bundesbürger etwa dreimal so viel aus wie für Freizeit/Kultur.“ Stelle mithilfe des Schaubilds mindestens drei weitere Vergleiche an.

b) Familie Wagner hat jährlich rund 30 000 € zur Verfügung. Ihre Ausgaben entsprechen ungefähr den durchschnittlichen Ausgaben deutscher Haushalte. Wie viel Geld würde Familie Wagner nach dem abgebildeten Modell für Wohnen/Energie im Jahr ausgeben, wie viel für Verkehr?

3 Der Regionalexpress R1 legt jedes Jahr fast 3,4 Mio. km zurück. Für die 215 km lange Strecke benötigt er knapp 3 h. Berechne, wie viel Zeit ein einziger Zug mindestens für diese Jahresleistung benötigen würde.

12 Pkw-Antriebe und Kosten (von S. 44)

Modell	Antrieb	Kosten pro 100 km
Eco B	Benzinmotor	7,80 €
Eco D	Dieselmotor	5,82 €
Eco H	Hybridmotor	5,33 €
Eco E	Elektromotor	2,93 €

Fahrzeughersteller bieten ihre Modelle mit alternativen Antrieben an.

a) Berechne, wie weit man mit den verschiedenen Antrieben für 10 € kommt. Stelle die Ergebnisse in einem geeigneten Diagramm dar.

b) Im Preis von einem Liter Super (1,30 €) ist eine Energiesteuer von 65,45 ct enthalten. Berechne den Anteil in Prozent.

c) Berechne die Kostenersparnis bei einer Fahrleistung von 100 000 km für einen Hybridmotor gegenüber einem Benzinmotor.

Zu a)

Benzinmotor: $\frac{10\,€}{7{,}80\,€} = \frac{B}{100\,km} \rightarrow B \approx$ **128 km**

$B = \frac{10\,€ \cdot 100\,km}{7{,}80\,€} \approx 128{,}21\,km$

Dieselmotor: $\frac{10\,€}{5{,}82\,€} = \frac{D}{100\,km} \rightarrow D \approx$ **172 km**

$D = \frac{10\,€ \cdot 100\,km}{5{,}82\,€} \approx 171{,}82\,km$

Hybridmotor: $\frac{10\,€}{5{,}33\,€} = \frac{H}{100\,km} \rightarrow H \approx$ **188 km**

$H = \frac{10\,€ \cdot 100\,km}{5{,}33\,€} \approx 187{,}62\,km$

Elektromotor: $\frac{10\,€}{2{,}93\,€} = \frac{E}{100\,km} \rightarrow E \approx$ **341 km**

$E = \frac{10\,€ \cdot 100\,km}{2{,}93\,€} \approx 341{,}30\,km$

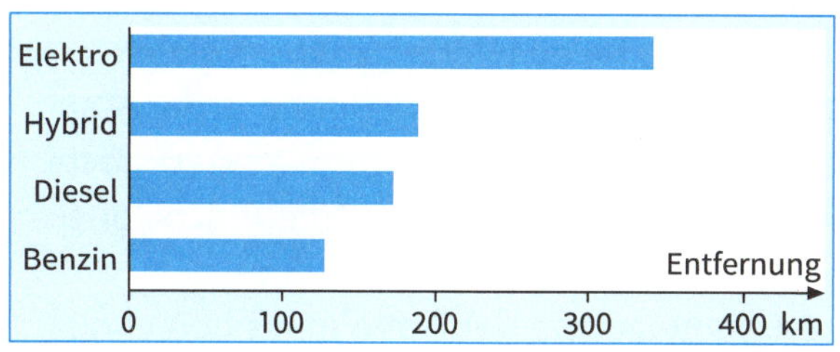

Zu b)

$\frac{0{,}6545\,€}{1{,}30\,€} \approx 0{,}50$

Der Anteil der Energiesteuer beträgt rund **50 %.**

Zu c)

Für die Kosten ergibt sich ein Unterschied von 7,80 € – 5,33 € = 2,47 €. Die Ersparnis gilt für 100 km.

Für 100 000 km ergibt sich deshalb eine Ersparnis von 2,47 € · 1 000 = **2470 €.**

13 Werkstück (von S. 45)

Der abgebildete Körper ist aus Stahl. 1 cm^3 wiegt 7,9 g.

a) Wie viel Kilogramm wiegt er? Runde auf ganze kg.

b) Der Körper wird ringsum lackiert. Für einen Quadratmeter braucht man eine kleine Dose Farbe. Kommt man mit einer halben kleinen Dose Farbe aus?

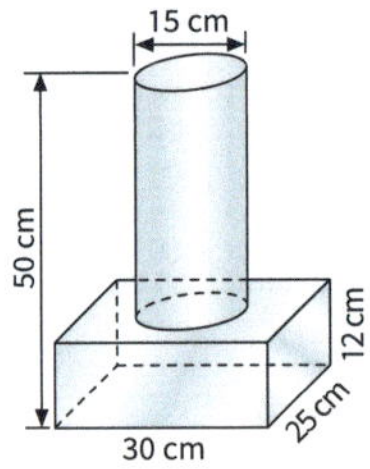

Zu a)

Der Körper besteht aus zwei Teilen, einem Quader und einem Zylinder. Zunächst müssen das Volumen V_Q und V_Z von Quader und Zylinder ausgerechnet werden.

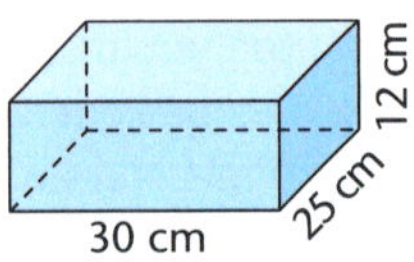

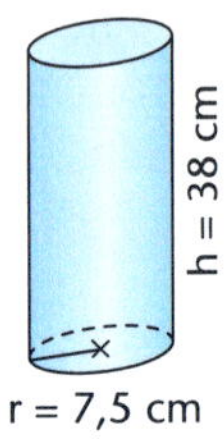

$V_Q = 30\ cm \cdot 25\ cm \cdot 12\ cm$
$V_Q = 9\,000\ cm^3$
$V_Z = (7{,}5\ cm)^2 \cdot \pi \cdot 38\ cm \approx 6\,715{,}154\ cm^3$
$V = V_Q + V_Z \approx 15\,715{,}154\ cm^3$

Da jeder Kubikzentimeter 7,9 g wiegt, ergibt sich für die Masse m des Körpers folgende Rechnung:

$m = 15\,715{,}154 \cdot 7{,}9\ g$
$m \approx 124\,150\ g = 124{,}15\ kg$

Der Körper wiegt **rund 124 kg**.

Zu b)

Zur Oberfläche des Körpers gehört die gesamte Oberfläche des Quaders und der Mantel des Zylinders (die kreisförmige Deckfläche entfällt, da die gleichgroße Grundfläche des Zylinders abgezogen werden muss).
Zur Beantwortung der Frage muss berechnet werden, ob die zu streichende Fläche größer oder kleiner als ein halber Quadratmeter ist.

$O_Q = 2 \cdot 30\ cm \cdot 25\ cm + 2 \cdot 30\ cm \cdot 12\ cm + 2 \cdot 25\ cm \cdot 12\ cm$
$O_Q = 2\,820\ cm^2$
$M_Z = 2 \cdot 7{,}5\ cm \cdot \pi \cdot 38\ cm \approx 1\,790{,}7\ cm^2$
$O = O_Q + M_Z \approx 4\,610{,}7\ cm^2 \approx 0{,}461\ m^2$

Die Oberfläche ist weniger als $\frac{1}{2}$ m^2 groß, also **reicht eine halbe kleine Dose.**

1 Dieser Turm aus Holz steht als Modell vor dem Eingang zu einer Ausstellung.

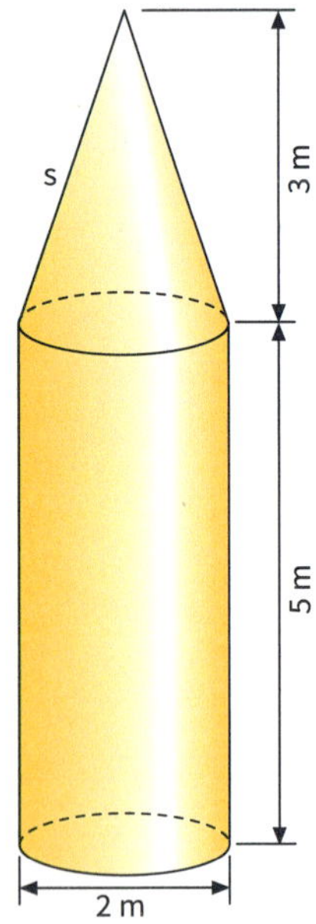

a) Jeder Kubikmeter Holz wiegt 0,7 t. Wie schwer ist das Modell insgesamt? Runde auf zehntel Tonne.

b) Das Modell soll einen Schutzanstrich erhalten, damit es vor der Witterung geschützt ist. Pro Quadratmeter wird ein halber Liter Farbe gebraucht.
Wie viel Liter Farbe werden insgesamt benötigt?

Hinweis: Berechne zunächst s.

2 Aus dem Quader wurde ein Zylinder ausgebohrt. Der Körper ist aus Aluminium; 1 cm^3 wiegt 2,7 g. Wie viel wiegt der Körper?

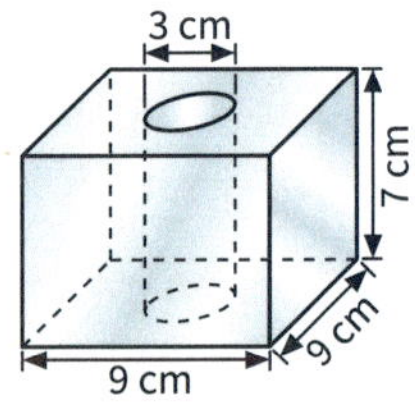

3 Der Körper besteht aus einem Würfel mit aufgesetzter Pyramide.
Berechne die Mantelfläche dieses Körpers.

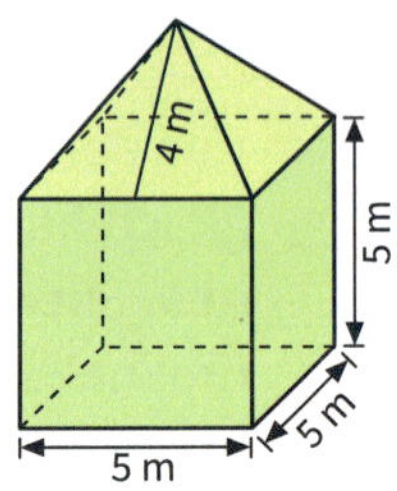

4 Das abgebildete Fass ist 1,50 m lang. Die beiden Deckel links und rechts sind kreisförmig. In der Mitte hat das Fass einen kreisförmigen Querschnitt mit einem Durchmesser von 80 cm.
Welche Inhaltsangabe für dieses Fass trifft ungefähr zu?

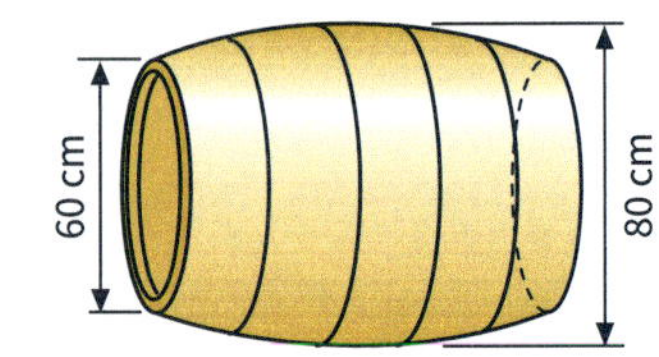

☐ 15 *l* ☐ 120 *l* ☐ 580 *l*

☐ 930 *l* ☐ 1 440 *l* ☐ 2 180 *l*

1 Am Montag tankt Herr Maier 35 *l* Super und bezahlt 45,50 €. Freitags zahlt er an derselben Tankstelle 58,80 € für 42 *l* Super.

a) War der Preis pro Liter Super am Montag oder Freitag höher?

b) An welchem der beiden Graphen A und B lässt sich der Preis vom Freitag für 10 *l* Superbenzin ablesen?

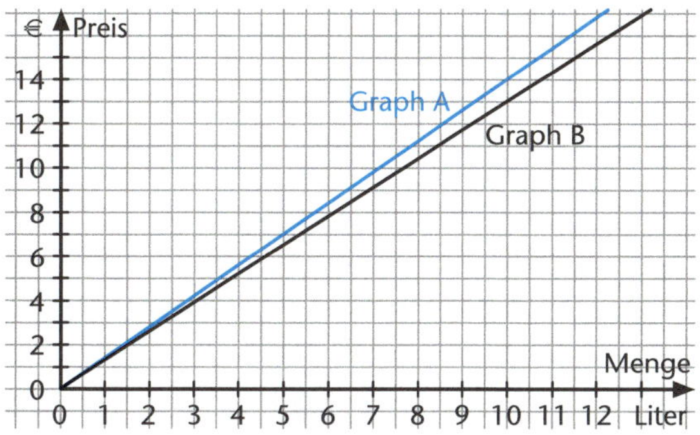

c) Frau Schmidt stellt fest: „Ich habe am Montag und am Freitag die gleiche Menge Super getankt, aber die Rechnungen unterscheiden sich um 1 €.“
Wie viel Liter hat Frau Schmidt am Montag und am Freitag getankt?

2 Im Supermarkt wird Erdbeerkonfitüre in Gläsern verschiedener Größe angeboten.

a) Welches Angebot ist am günstigsten?

b) Auf dem Etikett der Konfitüregläser ist vermerkt: 55 g Früchte je 100 g.
Wie viel Gramm Früchte enthält das 300-g-Glas?

3 Welcher Zug fährt am schnellsten? Berechne die Durchschnittsgeschwindigkeit.

Land	Zug	Entfernung (in km)	Fahrzeit (in min)
Japan	Nozomi	378	90
Deutschland	ICE	120	30
Frankreich	TGV-R	176	40

14 Stundenlohn (von S. 45)

Herr Adrian, Herr Kemaly und Frau Meis haben denselben Stundenlohn. Für eine Person wurde hier ein falscher Lohn berechnet.

a) Welchen Stundenlohn erhielt Herr Adrian?
b) Bei wem wurde ein falscher Lohn berechnet? Begründe mit einer Rechnung.
c) Wie viel Lohn erhalten alle drei Personen zusammen, wenn jede 40 Stunden arbeitet?

Zu a)
Herr Adrian erhält für 30 Stunden 465 €. Den Lohn für eine Stunde berechnet man so:

30 h	465 €
1 h	**15,50 €**

(:30 auf beiden Seiten)

Sein Stundenlohn beträgt somit **15,50 €.**

Zu b)
Herr Kemaly erhält für 25 Stunden 387,50 €. Sein Stundenlohn beträgt dann
387,50 € : 25 = **15,50 €**
Der für Frau Meis berechnete Lohn ist fehlerhaft. Für die Begründung der Lösung gibt es verschiedene Lösungswege:

1. Möglichkeit:
Da Herr Kemaly denselben Stundenlohn wie Herr Adrian hat, muss der Lohn von Frau Meis fehlerhaft sein.

2. Möglichkeit:
Frau Meis arbeitet zwei Stunden mehr als Herr Kemaly, also 25 + 2 = 27 Stunden. Hierfür erhält sie 410,40 €. Ihr Stundenlohn beträgt dann 410,40 € : 27 = 15,20 € und nicht 15,50 €.

3. Möglichkeit:
Frau Meis arbeitet zwei Stunden mehr als Herr Kemaly. Ihr Lohn müsste also um 2 · 15,50 € = 31 € höher sein als der von Herrn Kemaly.
Aber: 410,40 € – 387,50 € = 22,90 €
Frau Meis erhält 8,10 € zu wenig Lohn.

Zu c)
Alle drei Personen gemeinsam arbeiten 3 · 40 h = 120 h. Bei einem Stundenlohn von 15,50 € ergibt sich ein Gesamtlohn von 120 · 15,50 € = **1 860 €.**

15 Würfel (von S. 45)

(1)

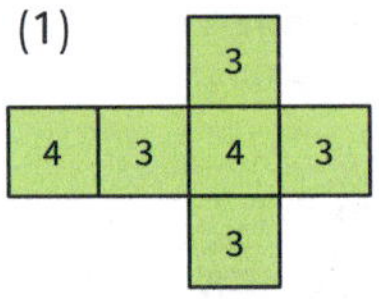

(2)

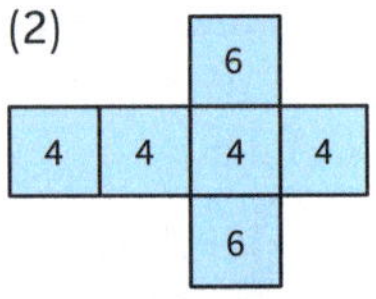

(1) Wie groß ist die Wahrscheinlichkeit, mit dem Würfel (1) eine Vier zu würfeln?
(2) Wie groß ist die Wahrscheinlichkeit, mit Würfel (2) eine Vier zu würfeln?
(3) Mit einem der beiden Würfel wurde 500-mal gewürfelt und dabei 350-mal die Vier erzielt. Mit welchem der beiden Würfel wurde deiner Meinung nach vermutlich gewürfelt? Begründe.

Zu (1)
Von den sechs Feldern der Würfeloberfläche (1) sind zwei mit der Zahl 4 beschriftet, also gilt

Würfel (1): P (4) = $\frac{2}{6} = \frac{1}{3} \approx 33\,\%$

Zu (2)
Von den sechs Feldern der Würfeloberfläche (2) sind vier mit der Zahl 4 beschriftet, also gilt

Würfel (2): P (4) = $\frac{4}{6} = \frac{2}{3} \approx 67\,\%$

Zu (3)
Die relative Häufigkeit (rH) eines bestimmten Ereignisses in 1 000 Würfen ist ein guter Schätzwert für die Wahrscheinlichkeit dieses Ereignisses.

$rH(4) = \frac{350}{500} = 0{,}7 \approx 70\,\%$

Es gilt: Würfel (1): P (4) = $\frac{1}{3}$ und
Würfel (2): P (4) = $\frac{2}{3}$

Da die relative Häufigkeit knapp über $\frac{2}{3}$ liegt, ist mit großer Berechtigung davon auszugehen, dass mit dem **Würfel (2)** gewürfelt wurde. Ganz sicher kann man sich aber nicht sein.

Hinweis: Bei der Wiederholung von Zufallsversuchen können – zwar ganz selten – völlig unerwartete Ergebnisse auftreten.

1 a) Wie groß ist die Wahrscheinlichkeit, mit Würfel (1) eine Vier zu würfeln?

(1)

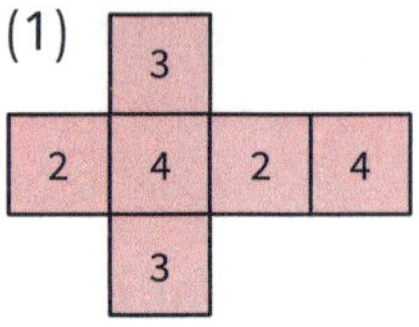

b) Wie groß ist die Wahrscheinlichkeit, mit Würfel (2) eine gerade Zahl zu würfeln?

(2)

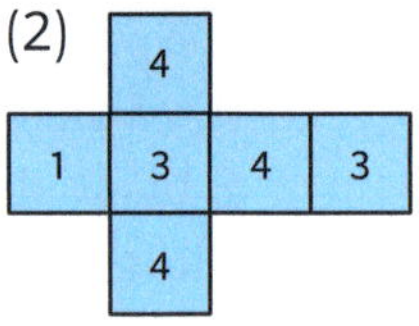

c) Wie groß ist die Wahrscheinlichkeit, mit Würfel (3) keine Sechs zu würfeln?

(3)

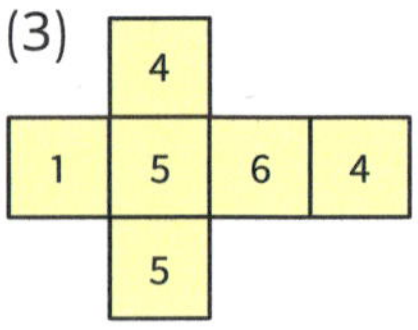

d) Mit einem der Würfel (1), (2) oder (3) wurde 800-mal gewürfelt. Dabei lag 548-mal eine Primzahl oben.
Welcher Würfel war das deiner Meinung nach?

2 Rechts siehst du ein Glücksrad mit den Zahlen 1 bis 4.
Es bleibt auf einer Zahl stehen.

a) Berechne die Wahrscheinlichkeit für folgende Ereignisse:
(1) Die Zahl ist 3.
(2) Die Zahl ist kleiner als 4.
(3) Die Zahl ist gerade.

b) Das Rad wird 100-mal gedreht.
(1) Wie oft erwartest du ungefähr die 1?
(2) Kann es auch sein, dass das Rad dabei gar nicht auf der 1 stehen bleibt?

3 In einem Gefäß sind neun Kugeln mit den Zahlen 1 bis 9. Es wird zufällig eine Kugel gezogen und zurückgelegt.

a) Wie groß ist die Wahrscheinlichkeit, eine Sechs zu ziehen?

b) Wie groß ist die Wahrscheinlichkeit, eine ungerade Zahl zu ziehen?

c) Tom behauptet: „Ich habe bei 20 Versuchen nur gerade Zahlen gezogen."
Sein Freund Felix meint: „Das geht gar nicht." Was meinst du?

1 Aus dem abgebildeten Behälter wird Uwe mit verbundenen Augen eine Kugel ziehen.

a) Wie groß ist die Wahrscheinlichkeit, eine blaue Kugel zu ziehen?

b) Wie groß ist die Wahrscheinlichkeit, keine rote Kugel zu ziehen?

c) Marc hat schon vier Kugeln gezogen und zur Seite gelegt; und zwar zwei gelbe und zwei blaue Kugeln. Wie groß ist die Wahrscheinlichkeit, bei der fünften Ziehung eine rote Kugel zu greifen?

2 Färbe die Kugeln im Behälter so, dass beim Ziehen mit verbundenen Augen die angegebenen Wahrscheinlichkeiten bestehen.

a)

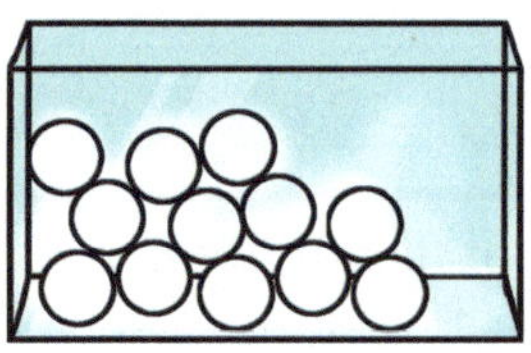

P (rot) = $\frac{1}{2}$

P (blau) = $\frac{1}{2}$

b)

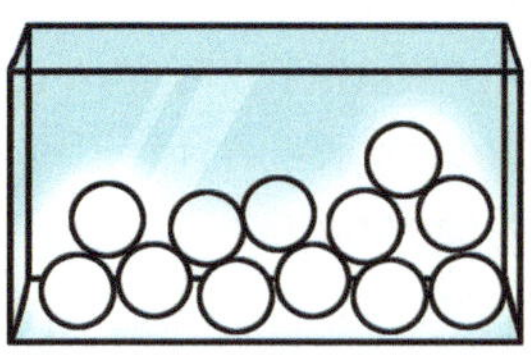

P (rot) = $\frac{1}{3}$

P (blau) = $\frac{2}{3}$

c)

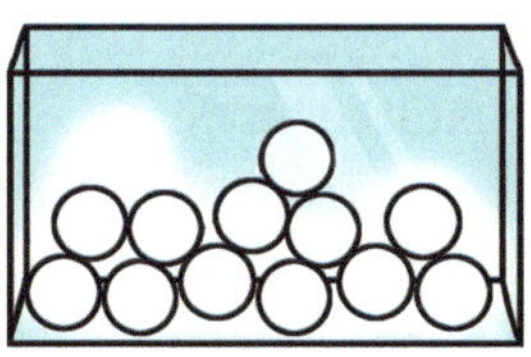

P (rot) = $\frac{1}{6}$

P (blau) = $\frac{1}{3}$

P (grün) = $\frac{1}{2}$

16 Behälter mit Kugeln (von S. 46)

Aus einem Behälter mit 5 blauen und 4 roten Kugeln wird verdeckt eine Kugel gezogen.

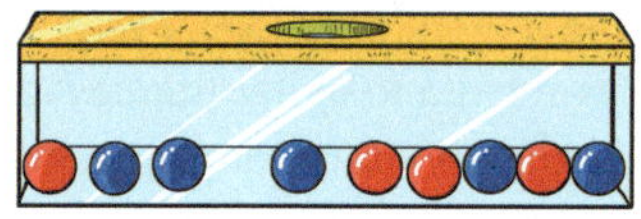

a) Wie groß ist die Wahrscheinlichkeit, eine blaue Kugel zu ziehen?

b) Kim hat dreimal hintereinander eine blaue Kugel gezogen und nicht zurückgelegt. Wie groß ist die Wahrscheinlichkeit, beim nächsten Mal wieder eine blaue Kugel zu ziehen?

Jede Kugel aus dem Behälter wird mit derselben Wahrscheinlichkeit gezogen. In diesem Fall gilt für die Wahrscheinlichkeit P eines Ereignisses E:

$$P\,(E) = \frac{\text{Anzahl der günstigen Ergebnisse}}{\text{Anzahl der möglichen Ergebnisse}}$$

Zu a)
Möglich sind neun Ergebnisse, denn es befinden sich neun Kugeln im Behälter.
Günstig sind fünf Ergebnisse, denn es befinden sich fünf blaue Kugeln im Behälter.

P (blaue Kugel) = $\frac{5}{9} = 0{,}\overline{5}$

P (blaue Kugel) ≈ 56 %

Zu b)
Man soll bei dieser Aufgabe davon ausgehen, dass Kim dreimal hintereinander eine blaue Kugel gezogen hat.
Vor der vierten Ziehung sind im Behälter somit noch sechs Kugeln und zwei davon sind blau.

P (blaue Kugel) = $\frac{2}{6} = \frac{1}{3}$

P (blaue Kugel) ≈ 33 %

3 Ute zieht aus einem Behälter mit fünf weißen, vier blauen und drei roten Kugeln, die gleich groß und gleich schwer sind, verdeckt zwei Kugeln heraus und legt sie zur Seite. Vor dem dritten Ziehen ist die Wahrscheinlichkeit für „weiß“ und „blau“ gleich – und zwar doppelt so groß wie für „rot“. Welche Farben hatten die Kugeln bei den ersten beiden Ziehungen?

4 Aus dem Behälter der Aufgabe **16** werden eine blaue und eine rote Kugel entfernt. Wie groß ist anschließend die Wahrscheinlichkeit, eine rote Kugel zu ziehen?

17 Fußballduell (von S. 46)

Die abgebildete Grafik vergleicht, wie viel Euro in Deutschland in der Bundesliga und wie viel Euro in England in der Premier League durch internationale und nationale Medienerlöse eingenommen wurden.

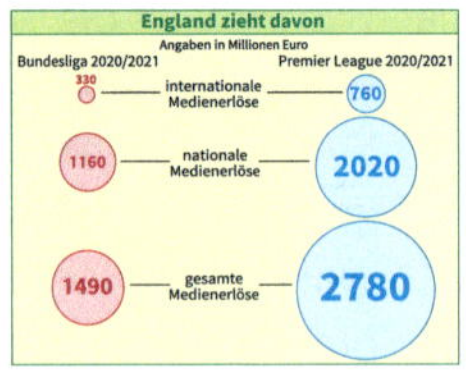

a) Betrachte die Medienerlöse in Deutschland. Berechne den Anteil der nationalen Erlöse an den gesamten Medienerlösen in Prozent.

b) Um das Wievielfache müssten die internationalen Medienerlöse in Deutschland steigen, damit sie ungefähr so groß wären wie in England?

c) Christiano Ronaldo ist einer der Spitzenverdiener der englischen Liga. Er soll etwa 1,1% der gesamten Medienerlöse in England als Jahresgehalt bekommen. Berechne den Jahresverdienst von Ronaldo.

Zu a)
Gegeben:
gesamte Medienerlöse in Deutschland:
Grundwert: G = 1 490 000 000 €
nationale Medienerlöse in Deutschland:
Prozentwert: W = 1 160 000 000 €
Gesucht: Prozentsatz p %

$$p\,\% = \frac{1\,160\,000\,000\ €}{1\,490\,000\,000\ €} \approx 0{,}78 = \mathbf{78\,\%}$$

Zu b)
internationale Medienerlöse in England:
760 Mio. €
internationale Medienerlöse in Deutschland:
330 Mio. €

$$\frac{760\text{ Mio. €}}{330\text{ Mio. €}} \approx \mathbf{2{,}3}$$

Die Medienerlöse in Deutschland müssten um das 2,3-Fache steigen.

Zu c)
Gegeben:
gesamte Medienerlöse in England:
Grundwert: G = 2 780 000 000 €
Prozentsatz: p % = 1,1 %

$$W = G \cdot p\,\% = 2\,780\,000\,000\ € \cdot 1{,}1\,\%$$
$$= \mathbf{30\,580\,000\ €}$$

Ronaldo verdient etwa 30,58 Mio. € im Jahr.

1 Die Anzahl der Millionenstädte hat sich seit 1960 etwa verfünffacht, von 105 auf mehr als 500 weltweit. In Asien liegen die bevölkerungsreichsten Metropolen der Welt, und sie wachsen besonders stark.
Die Grafik stellt die Veränderung der Einwohnerzahl der drei größten Städte der Welt (in Millionen) dar. Die gesamte Kreisfläche bzw. die fett gedruckte Zahl daneben stehen für das Jahr 2021, die innere Kreisfläche bzw. die Zahl in Klammern für das Jahr 1960.

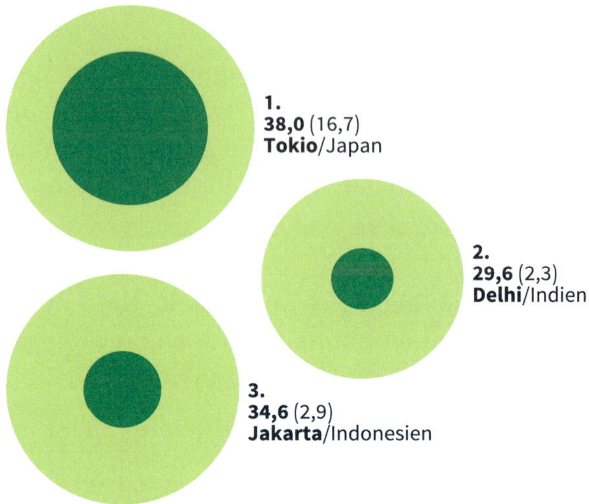

a) Welche Stadt hat die größte Zahl an Einwohnern seit 1960 hinzugewonnen? Berechne den Zuwachs.

b) Bestimme für die Stadt Tokio, um wieviel Prozent die Bevölkerung in der Zeit von 1960 bis 2021 angestiegen ist.

2 Gute Unterwasserfotos sind nur bei guten Lichtverhältnissen möglich. Selbst bei klaren Gewässern nimmt die Lichtstärke an der Oberfläche (L_0) pro Meter Wassertiefe um etwa 10 % ab.

a) An der Wasseroberfläche beträgt die Lichtstärke 1. Gib die Lichtstärken für Wassertiefen von 1 m, 2 m und 3 m an.

Wassertiefe (x in m)	0	1	2	3
Lichtstärke (L)	1			

b) In einer Wassertiefe von etwa 7 m beträgt die Lichtstärke nur 0,5 und ist damit nur noch halb so groß wie an der Wasseroberfläche. Schätze ab, in welcher Wassertiefe die Lichtstärke nur noch 0,25 beträgt. Kreuze an.

☐ 8 m ☐ 10 m ☐ 14 m

1 Ordne jedem Zahlenrätsel die passende Gleichung zu und bestimme die Lösung.

Die Differenz aus dem 8-Fachen einer Zahl a und 4 ist 20. ④

$2a \cdot 2 = 20$ (C)

$8a - 4 = 20$ (B)

$8 - 4a = 20$ (D)

Die Summe aus einer Zahl a und dem 3-Fachen dieser Zahl a ergibt 8. ①

Multipliziere das 4-Fache einer Zahl a mit 2, so erhältst du 8. ③

$a + 3a = 8$ (E)

$4a \cdot 2 = 8$ (A)

Das Produkt aus dem Doppelten einer Zahl a und 2 ist 20. ②

2 Welche Terme bezeichnen genau die Hälfte einer beliebigen Zahl a? Kreuze an!

☐ $a : 2$ ☐ $a - \frac{1}{2}$ ☐ $50\,\% \cdot a$

☐ $a - \frac{1}{2}a$ ☐ $\frac{50}{100}$ ☐ $\frac{a}{2}$

3 Mit Termen lassen sich auch geometrische Sachverhalte beschreiben.
Skizziere das vierte Muster und schreibe einen Term auf, mit dem sich die Anzahl der Stäbe im n-ten Muster berechnen lässt.

a)

Nummer	n = 1	n = 2	n = 3
Muster		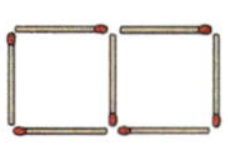	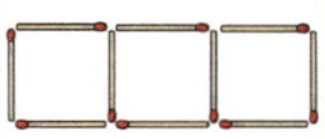
Hölzer	$4 = 1 + 3$	$7 = 1 + 2 \cdot 3$	$10 = 1 + 3 \cdot 3$

b)

Nummer	n = 1	n = 2	n = 3
Muster		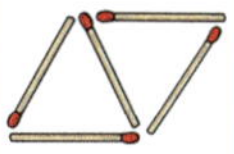	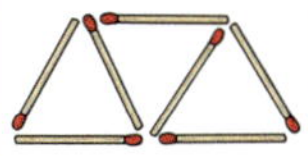
Hölzer	3	$5 = 3 + 2$	$7 = 3 + 2 \cdot 2$

4 „Denke dir eine zweistellige natürliche Zahl. Addiere 120 zum Doppelten der Zahl und subtrahiere anschließend das Dreifache von 40. Dividiere das Ergebnis durch 2 und du erhältst deine gedachte Zahl."
Stelle eine passende Gleichung auf und erkläre, warum dieser Trick funktioniert.

18 Zahlenrätsel (von S. 47)

(1) Subtrahierst du vom Dreifachen einer Zahl 7, erhältst du 23 mehr als die Zahl selbst.
(2) Subtrahierst du von 23 das 7-Fache einer Zahl, erhältst du das Dreifache von 3.
(3) Subtrahierst du vom 7-Fachen einer Zahl das 3-Fache dieser Zahl, erhältst du 3 weniger als 23.

a) Welches Zahlenrätsel gehört zur Gleichung $3x - 7 = x + 23$?
b) Löse die Gleichung $3x - 7 = x + 23$.
c) Notiere zu den beiden anderen Zahlenrätseln die passende Gleichung.

Zu a)
Um zu überprüfen, welches Zahlenrätsel zu der Gleichung $3x - 7 = x + 23$ gehört, „übersetzen" wir die Terme rechts und links vom Gleichheitszeichen.
„3x" heißt „das 3-Fache einer Zahl"; „3x – 7" heißt „vom 3-Fachen einer Zahl 7 subtrahieren".
„x + 23" heißt „zu einer Zahl 23 addieren" oder „23 mehr als die Zahl".
Vergleichen wir unsere Übersetzungen mit den Texten der Zahlenrätsel, stellen wir fest:
Die Gleichung $\mathbf{3x - 7 = x + 23}$ gehört zum **Zahlenrätsel (1).**

Zu b)

$$3x - 7 = x + 23 \quad |+7$$
$$3x = x + 30 \quad |-x$$
$$2x = 30 \quad |:2$$
$$\mathbf{x = 15}$$

Die gesuchte Zahl lautet **15.**

Zu c)
Zahlenrätsel (2):
„Subtrahierst du von 23 das 7-Fache einer Zahl" heißt in der mathematischen Sprache: „23 – 7x".
„Das 3-Fache von 3" heißt „$3 \cdot 3$".
„erhältst du" steht für das Gleichheitszeichen.
Zum **Zahlenrätsel (2)** lautet die passende Gleichung also: $\mathbf{23 - 7x = 3 \cdot 3}$
Zahlenrätsel (3):
„Subtrahierst du vom 7-Fachen einer Zahl das 3-Fache dieser Zahl" heißt in mathematischer Sprache: „7x – 3x".
„3 weniger als 23" heißt „23 – 3".
Zum **Zahlenrätsel (3)** lautet die passende Gleichung also: $\mathbf{7x - 3x = 23 - 3}$

19 Gleichung lösen (von S. 47)

Löse die Gleichung durch Umformen. Führe auch die Probe durch.

a) $4 \cdot (x - 3) - 3{,}5 \cdot x = 7 \cdot (2 - x) + 34$

b) $14{,}08 \cdot (x - 2 : 0{,}8) - 2{,}45 \cdot x$
$= -1600 \cdot (-0{,}002) + 6 \cdot x - 0{,}25 \cdot (1 + 8 \cdot x)$

c) $\frac{7 \cdot (2 \cdot x - 24)}{14} - 8 \cdot (0{,}5 \cdot x - 1) = \frac{10 \cdot x - 276}{6}$

Zu a)

$$4 \cdot (x - 3) - 3{,}5x = 7 \cdot (2 - x) + 34$$
$$4x - 12 - 3{,}5x = 14 - 7x + 34$$
$$0{,}5x - 12 = 48 - 7x \quad | +7x; +12$$
$$7{,}5x = 60 \quad | :7{,}5$$
$$x = \mathbf{8}$$

Erhält man für diesen x-Wert auf beiden Seiten der Gleichung dasselbe Ergebnis, stimmt die Lösung.

Probe:
linke Seite der Gleichung: $4 \cdot 5 - 28 = -8$
rechte Seite der Gleichung: $7 \cdot (-6) + 34 = -8$

Zu b)

$$14{,}08 \cdot (x - 2 : 0{,}8) - 2{,}45 \cdot x$$
$$= -1600 \cdot (-0{,}002) + 6 \cdot x - 0{,}25 \cdot (1 + 8 \cdot x)$$
$$14{,}08x - 35{,}2 - 2{,}45x = 3{,}2 + 6x - 0{,}25 - 2x$$
$$11{,}63x - 35{,}2 = 2{,}95 + 4x \quad | -4x; +35{,}2$$
$$7{,}63x = 38{,}15 \quad |: 7{,}63$$
$$x = 5$$

Probe:
linke Seite: $14{,}08 \cdot (5 - 2{,}5) - 12{,}25 = 22{,}95$
rechte Seite: $3{,}2 + 30 - 0{,}25 \cdot (1 + 40) = 22{,}95$

Zu c)

$$\frac{7 \cdot (2 \cdot x - 24)}{14} - 8 \cdot (0{,}5 \cdot x - 1) = \frac{10 \cdot x - 276}{6}$$
$$\frac{7 \cdot 2 \cdot (x - 12)}{14} - 4x + 8 = 6 \cdot \frac{(10x : 6 - 46)}{6}$$
$$x - 12 - 4x + 8 = \frac{5}{3}x - 46$$
$$-3x - 4 = \frac{5}{3}x - 46 \quad |-\frac{5}{3}x; +4$$
$$-\frac{14}{3}x = -42 \quad |\cdot\left(-\frac{3}{14}\right)$$
$$\mathbf{x = 9}$$

Probe:
linke Seite: $\frac{7 \cdot (18 - 24)}{14} - 8 \cdot (4{,}5 - 1) = -31$
rechte Seite: $\frac{90 - 276}{6} = -\frac{188}{6} = -31$

1 In jeder Aufgabe ist ein Fehler versteckt. Unterstreiche diese Zeile und schreibe sie richtig auf.

a) $8 \cdot (6{,}5 - 3x) - 4 \cdot (x - 2{,}5) = 0$
$$52 - 24x - 4x + 10 = 0$$
$$62 - 20x = 0$$
$$-20x = -62$$
$$x = 3{,}1$$

b) $\frac{6 \cdot (2x - 12)}{3} = -3 \cdot (0{,}7x + 1) + \frac{2x - 36}{4}$
$$4x - 24 = -2{,}1x - 3 + 0{,}5x - 18$$
$$4x - 24 = -1{,}6x - 21$$
$$2{,}4x = 3$$
$$x = 1{,}25$$

c) $\frac{6 \cdot (x - 5)}{3} = \frac{7x - 42}{6}$
$$6 \cdot (x - 5) = 3 \cdot (7x - 42)$$
$$6x - 30 = 21x - 126$$
$$-15x = -96$$
$$x = 6{,}4$$

2 Ordne jeder Gleichung die passende Lösung zu.

① $3 \cdot (x - 8) - 2{,}5x + 2 = 6 \cdot (2{,}5x - 1{,}25)$

② $\frac{(2x - 6) \cdot 5}{10} - 4 \cdot (2{,}5x - 3) = \frac{6x - 48}{4}$

③ $3{,}05 \cdot (x - 4 : 0{,}05) - 0{,}65x = -115 - 12{,}2 \cdot (1 + 3x) + \frac{2}{10}$

$x = 2$ | $x = 3$ | $x = -1$

3 Mira kauft im Supermarkt eine Packung Kekse für 1,50 € und 3 Flaschen Limonade. An der Kasse trifft sie Jonathan, der 5 Flaschen Limonade derselben Sorte einkauft. Beim Bezahlen stellen sie überrascht fest, dass jeder von ihnen denselben Betrag zu zahlen hat. Berechne den Preis für eine Flasche Limonade, indem du eine passende Gleichung aufstellst.

4 Löse die Gleichung durch Umformen. Probe!

a) $23 - 2 \cdot (2x - 1) = -(9 - 7{,}5x) - 5 \cdot (1{,}9x - 3{,}2)$

b) $\frac{5 \cdot (6x - 9)}{15} - 0{,}7 \cdot (+8) = \frac{4{,}4x + 0{,}8}{2}$

c) $-0{,}4 \cdot 5 + 0{,}4x \cdot 12{,}5$
$= -0{,}5 \cdot (28 - 3x) - (0{,}5 : 0{,}2) \cdot x$

1 Wie viel Quadratkilometer ist Frankreich ungefähr groß?
Vergleiche dein Schätzergebnis mit Angaben aus dem Lexikon oder dem Internet.

Beachte: Zu Frankreich gehört auch die Mittelmeerinsel Korsika, die rechts abgebildet ist. Ihre Größe musst du beim Vergleich mit der offiziellen Größe Frankreichs berücksichtigen.

2 Ägypten ist im Maßstab 1:15 Mio. abgebildet. Bestimme näherungsweise die Größe der Fläche Ägyptens, das im Osten vom Roten Meer begrenzt wird. Die Sinai-Halbinsel gehört zu Ägypten. Vergleiche dein Ergebnis mit offiziellen Angaben über die Größe des Landes.

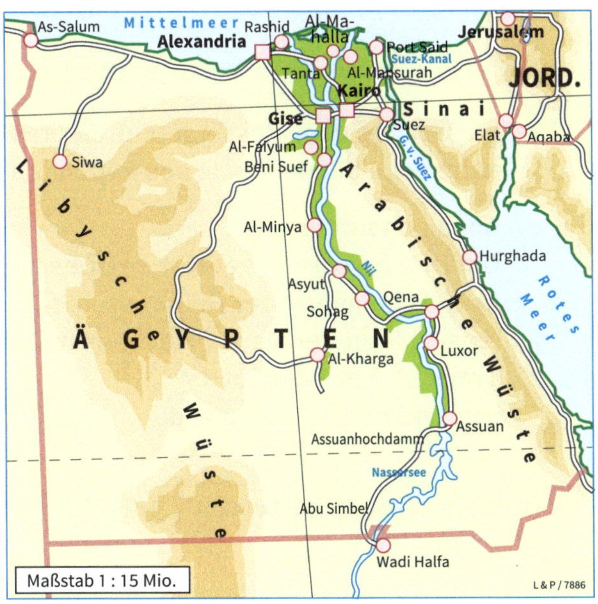

20 Fläche Bayern (von S. 47)

Der Kartenausschnitt zeigt das Bundesland Bayern. Bestimme näherungsweise die Größe der Fläche von Bayern. Benutze den Maßstab der Karte. Begründe dein Vorgehen.

Die Fläche von Bayern ist so abzudecken, dass sich „Gewinne“ und „Verluste“ ungefähr ausgleichen. Eine Möglichkeit ist hier dargestellt.
Die gemessenen „cm auf der Karte“ mit 50 multipliziert ergeben die „km in Wirklichkeit“.

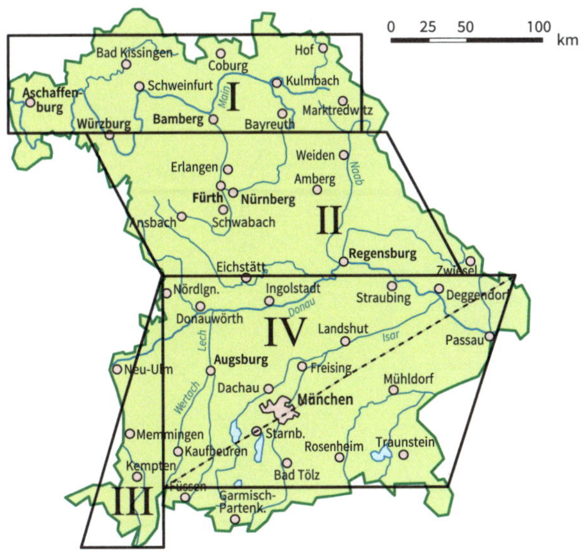

$A_{I} = 235\text{ km} \cdot 65\text{ km}$ (Rechteck)

$A_{II} = 200\text{ km} \cdot 95\text{ km}$ (Parallelogramm)

$A_{III} = \frac{190\text{ km} \cdot 55\text{ km}}{2}$ (Dreieck)

$A_{IV} = \frac{190\text{ km} + 235\text{ km}}{2} \cdot 140\text{ km}$ (2 Dreiecke)

$A_{I} + A_{II} + A_{III} + A_{IV} \approx 69\,250\text{ km}^2$

Nach dieser Schätzung ist das Bundesland etwa **70 000 km²** groß.
Ein Blick auf offizielle Angaben zeigt, dass die Fläche von Bayern etwas mehr als 70 500 km² beträgt. Die Schätzung ist also ein guter Wert.

21 Brückenkonstruktion (von S. 48)

Über einen Fluss soll eine Brücke von A nach B gebaut werden. Gemessen wurden $\overline{AC}$ = 400 m, ∢BAC = 68° und ∢ACB = 49°.
Bestimme die Länge der Brücke und den ∢CBA durch maßstäbliches Zeichnen.

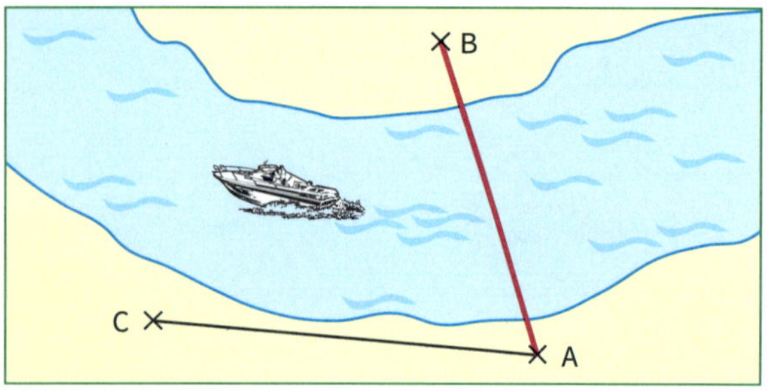

Zeichnerische Lösung
Um 400 m zeichnerisch darstellen zu können, wählt man einen geeigneten Maßstab, z. B. 1 : 10 000 (1 cm in der Zeichnung entspricht 100 m in der Wirklichkeit).

Planfigur:
mit gegebenen Werten

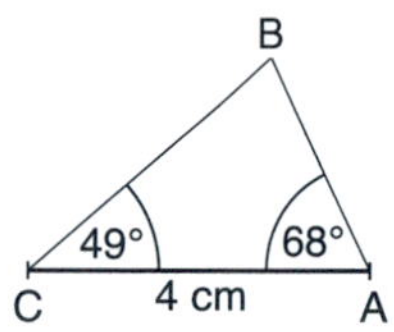

Konstruktion:
- $\overline{CA}$ = 4 cm zeichnen
- in C ∢ 49° und in A ∢ 68° zeichnen

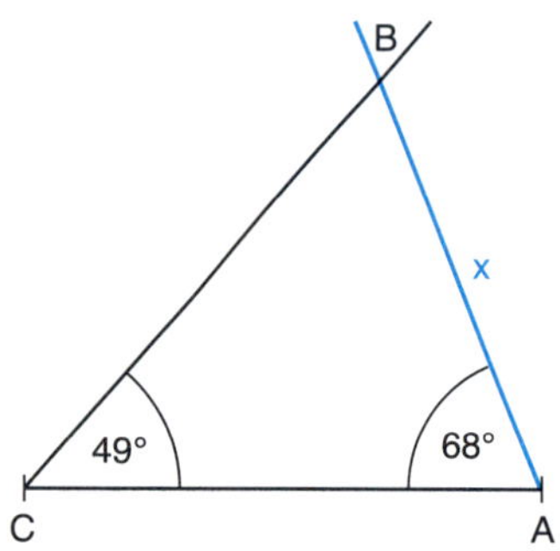

Messung:
x = 3,4 cm in der Zeichnung
Wirklichkeit:
$\overline{AB}$ = 3,4 cm · 10 000 = 34 000 cm
$\overline{AB}$ = 340 m in der Wirklichkeit

Lösungen:
Länge der Brücke: **340 m**
∢CBA: **63°**

1 Die Heini-Klopfer-Skiflugschanze in Oberstdorf gilt als eine der größten Skiflugschanzen der Welt. Sie wird im Volksmund auch „Schiefer Turm von Oberstdorf" genannt.
Welchen Höhenunterschied hat die Anlaufbahn und wie lang ist diese?

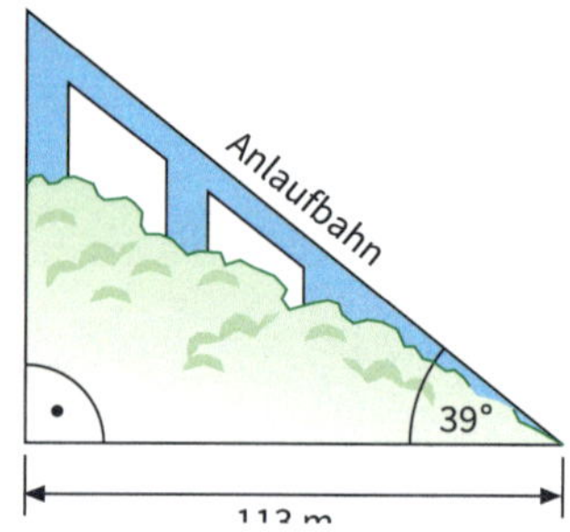

2 Wie viel Meter ist B von C etwa entfernt?

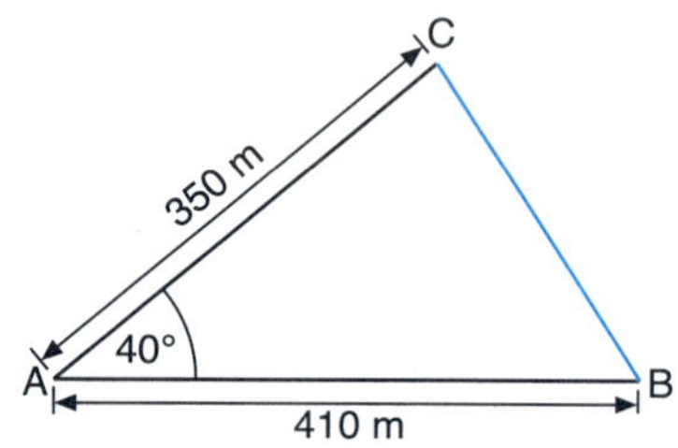

3 a) Welchen Radius hat der Halbkreis über [AB]? Zeichne und miss.

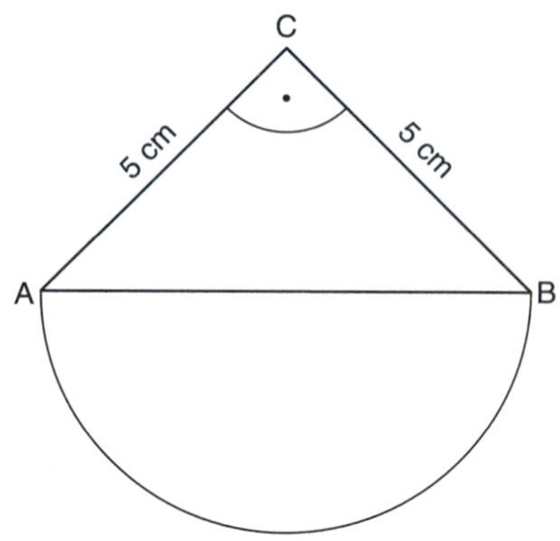

b) Kontrolliere dein Messergebnis aus Teilaufgabe a) mit dem Satz des Pythagoras.

c) Anna behauptet:
Der Durchmesser ist etwa 7 cm. Deshalb ist der Flächeninhalt des Halbkreises mindestens 50 % größer als der Flächeninhalt des Dreiecks. Hat Anna recht?
Begründe deine Meinung durch eine Rechnung.

d) Wie groß sind die Winkel ∢BAC und ∢CBA?

1 Auf einem Schulfest setzt die Klasse 9b das abgebildete Glücksrad ein.

Der Einsatz für ein Spiel kostet 80 ct.
Bleibt das Rad auf „blau“ stehen, bekommt der Spieler einen Trostpreis im Wert von 25 ct.
Bei dem Ergebnis „schwarz“ gibt es einen Gewinn im Wert von 7,00 €.
Bei „weiß“ gewinnt man nicht.

a) Wie groß ist die Wahrscheinlichkeit, bei diesem Spiel zu verlieren?

b) Wie groß ist die Wahrscheinlichkeit, bei diesem Spiel einen Trostpreis zu gewinnen?

c) Wie groß ist die Wahrscheinlichkeit, bei diesem Spiel einen Gewinn im Wert von 7,00 € zu erreichen?

d) Im Laufe des Schulfestes wurde mit dem Glücksrad 768-mal gespielt. Einer der folgenden Beträge blieb der Klasse 10b am Ende als Gewinn.
Begründe, welchen Betrag du für den richtigen hältst.

☐ 222,40 € ☐ 370,20 € ☐ 415,80 €

2 Beim Glücksrad aus Aufgabe 1 kostet der Einsatz 1 €. Bei „blau“ gibt es den Einsatz zurück und bei „schwarz“ einen Gewinn im Wert von 10 €. 800 Spieler bringen zunächst 800 € Einnahmen in die Kasse.

a) Wie oft kann man bei 800 Spielern
(1) „blau“,
(2) „schwarz“ erwarten?

b) Mit welchem Gewinn kann der Veranstalter ungefähr rechnen?

22 Glücksrad (von S. 48)

Auf einem Schulfest kann man am Stand von Annas Klasse für einen Einsatz von 1 € einmal das abgebildete Glücksrad drehen. Bleibt es auf *blau* stehen, gewinnt man einen Trostpreis im Wert von 0,40 € und auf schwarz einen Sachpreis von 6 €.

a) Bestimme die Wahrscheinlichkeit für
(1) blau
(2) schwarz?

b) Mit welchem Gewinn kann Annas Klasse rechnen, wenn 480-mal gespielt wird?

Zu a)
Das Glücksrad hat 12 gleich große Felder. Davon ist eins schwarz gefärbt, drei sind blau gefärbt.

(1) $P(\text{blau}) = \frac{\text{Anzahl der günstigen Ergebnisse}}{\text{Anzahl der möglichen Ergebnisse}}$

$= \frac{3}{12}$

$P(\text{blau}) = \frac{1}{4}$

(2) **$P(\text{schwarz}) = \frac{1}{12}$**

Zu b)
Bei einer relativ hohen Anzahl von Spielen ist davon auszugehen, dass die relative Häufigkeit für ein Gewinnergebnis der Wahrscheinlichkeit für ein solches Ergebnis nahe kommt.

Die Wahrscheinlichkeit für einen Trostpreis ist $\frac{1}{4}$.

Bei 480 Spielen ist zu erwarten, dass 120 Trostpreise ausgegeben werden müssen (480 : 4).
120 Trostpreise kosten 48 € (120 · 0,40 €).

Die Wahrscheinlichkeit für einen Sachpreis ist $\frac{1}{12}$; bei 480 Spielen ist zu erwarten, dass 40 Sachpreise ausgegeben werden müssen (480 : 12).
40 Sachpreise kosten 240 € (40 · 6 €).

Die Klasse nimmt bei 480 Spielen 480 € ein, davon sind die Kosten für Trost- und Sachpreise in Höhe von 288 € (240 € + 48 €) abzuziehen.
Die Klasse kann mit einem Gewinn von 192 € rechnen.

23 Angebote (von S. 48)

Frau Kurt kann für zwei Jahre einen Lottogewinn von 100 000,– € sparen. Sie hat drei Angebote:

(A) A-Bank: 1. Jahr 1 %, 2. Jahr 2 % Zinsen
(B) B-Bank: 1. Jahr 1,2 %, 2. Jahr 1,8 % Zinsen
(C) C-Bank: 1. Jahr 1,5 %, 2. Jahr 1,5 % Zinsen

a) Wie viel Geld hätte Frau Kurt bei der A-Bank nach zwei Jahren?
b) Gibt es unter den beiden anderen Angeboten ein besseres Angebot als Angebot (A) für Frau Kurt?

Zu a)
Nach einem Jahr hätte Frau Kurt folgenden Betrag:
100 000 € · 1,01 = 101 000 €
Nach einem weiteren Jahr hätte Frau Kurt folgenden Betrag:
101 000 € · 1,02 = **103 020 €**
Nach zwei Jahren hätte Frau Kurt bei der **A-Bank 103 020 €.**

Zu b)
Die entsprechenden Berechnungen wie bei a) müssen für die B-Bank und die C-Bank vorgenommen werden.

B-Bank
Nach einem Jahr:
100 000 € · 1,012 = 101 200 €
nach einem weiteren Jahr:
101 200 € · 1,018 = **103 021,60 €**

C-Bank
Nach einem Jahr:
100 000 € · 1,015 = 101 500 €
nach einem weiteren Jahr:
101 500 € · 1,015 = **103 022,50 €**

Eigentlich hätte man auch nur mit den Zinsfaktoren zu rechnen brauchen.
A-Bank: 1,01 · 1,02 = 1,0302
B-Bank: 1,02 · 1,018 = 1,030216
C-Bank: 1,015 · 1,015 = 1,030225

Die Angebote der B-Bank und der C-Bank sind beide besser als das Angebot der A-Bank.

Das Angebot der C-Bank ist für Frau Kurt das beste. Die Unterschiede zwischen den Angeboten sind allerdings sehr gering.

1 Berechne den fehlenden Wert mithilfe der Zinsformel.

$Z = K \cdot p\,\% = K \cdot \frac{p}{100}$

	a)	b)	c)
Kapital (K)	1 800 €		3 000 €
Zinssatz (p %)	0,5 %	1,8 %	
Zinsen (Z)		81 €	19,50 €

2 Tom hat seine Ersparnisse in Höhe von 2 000 € für ein Jahr zu 0,5 % fest angelegt. Am Jahresende erhält er 10 € Zinsen. Wie viel Zinsen würde Tom nach einem Jahr erhalten,

a) wenn er doppelt so hohe Ersparnisse bei doppelt so hohem Zinssatz angelegt hätte?

b) wenn er doppelt so hohe Ersparnisse bei halb so großem Zinssatz angelegt hätte?

3 Welche Person hat in zehn Jahren den höchsten Zinssatz für ihr Kapital erzielt?

	Anfangskapital	Endkapital
☐ Anja	2 400 €	2 925,59 €
☐ Boris	1 800 €	2 281,77 €
☐ Pia	300 €	348,16 €
☐ Luca	600 €	798,83 €

4 Frau Winter bezahlt 900 € Miete. Nach Sanierungsarbeiten bietet ihr die Hausverwaltung zwei Formen des Staffelmietvertrages an:

Angebot A: 3,5% Mieterhöhung im 1. Jahr, 4,5 % im 2. Jahr

Angebot B: 4,5% Mieterhöhung im 1. Jahr, 3,5 % im 2. Jahr

Zu welchem Angebot würdest du Frau Winter raten?

5 Sina ersteigert beim Internetanbieter „1-2-3-Buy“ vier Eintrittskarten für ein Konzert. Sie bezahlt dafür insgesamt 80 €. Drei dieser Karten verkauft sie an Fans weiter und macht dabei einen Gewinn von 15 %. Bestimme, wie viel Euro Sina für ihren Konzertbesuch ausgibt.

1 Angebot in einer Internetauktion:

Antiker Schachtisch mit einem Umfang von 2,24 m. Das Schachfeld, an dessen Seiten jeweils die Spielfiguren kunstvoll dargestellt sind, ist umgeben von einer 10 cm breiten Bordüre.

Wie groß ist der Flächeninhalt eines der 64 Quadrate des Schachfelds?

2 Familie Jürgens sucht im Möbelgeschäft einen neuen runden Tisch für ihr 2,10 m breites und 3,50 m langes Esszimmer. Der alte Tisch hat einen Durchmesser von 105 cm, der neue Tisch soll eine doppelt so große Tischfläche besitzen.
Der Verkäufer meint: „Für einen Tisch solcher Größe ist ihr Esszimmer zu klein. Der reicht doch bei ihnen von Wand zu Wand!“
Was meinst du dazu?
Begründe deine Antwort.

3 Abgebildet ist die Halbkurve einer Leichtathletik-Laufbahn. Wer unmittelbar auf der Innenlinie 1 läuft, legt einen Weg von 90 m zurück. Die Linien haben einen Abstand von 1,50 m zueinander.

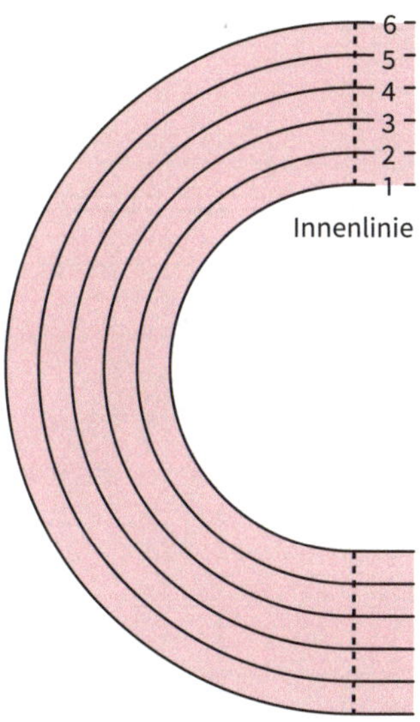

a) Berechne die Laufwege unmittelbar auf den Linien 2, 3, 4, 5 und 6.

b) Berechne den Flächeninhalt des blau unterlegten Laufbereichs.

24 Riesenmammutbäume (von S. 49)

Riesenmammutbäume können sehr alt werden und so breit, dass sogar Autos hindurchfahren können.

a) Kann man auch in diesen Baum eine Durchfahrt schneiden, durch die ein Auto hindurchpasst? Begründe deine Antwort.
b) Welchen Umfang hat ein Zylinder von 18,3 m Höhe, dessen Volumen genau so groß ist wie das des Baumstamms?
c) Wie groß ist ein Würfel, der das gleiche Volumen hat wie der Baumstamm?

Zu a)
Der Informationstafel ist zu entnehmen, dass dieser Mammutbaum einen Umfang von 8,9 m hat.
Für den Kreisumfang gilt die Formel
$u = 2 \cdot r \cdot \pi$.

Also: $8{,}9 = 2 \cdot r \cdot \pi \quad | :(2 \cdot \pi)$

$\frac{8{,}9}{2 \cdot \pi} = r \qquad$ **$r \approx 1{,}4$ m**

Ein Pkw ist durchschnittlich ca. 2 m breit und 1,5 m hoch. Es ist so möglich, eine Durchfahrt von erforderlicher Breite in den Stamm zu schneiden. Ob der Mammutbaum dann aber noch stabil steht, ist fragwürdig. Die richtige Antwort lautet dennoch: **Ja.**

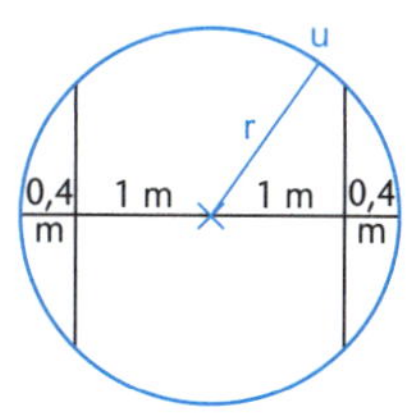

Zu b)
Für das Volumen eines Zylinders mit dem Radius r und der Höhe h gilt: $V_z = r^2 \cdot \pi \cdot h$.
Also:

$50{,}9\ m^3 = r^2 \cdot \pi \cdot 18{,}3\ m \quad |:18{,}3\ m$

$2{,}78\ m^2 \approx r^2 \cdot \pi \quad |:\pi$

$0{,}885\ m^2 \approx r^2 \quad |\sqrt{0}$

$0{,}94\ m \approx r$

Dann ergibt sich der Umfang u aus:
$u = 2 \cdot r \cdot \pi \approx 2 \cdot 0{,}94\ m \cdot \pi \approx$ **5,91 m**

Zu c)
Für das Volumen eines Würfels mit der Kantenlänge a gilt die Formel: $V_W = a^3$
Also: $50{,}9\ m^3 = a^3 \quad |$ 3. Wurzel ziehen

$3{,}71\ m \approx a$

Die Kantenlänge des gesuchten Würfels beträgt etwa **3,71 m.**

25 Rechnen mit π (von S. 49)

a) Übertrage die nebenstehende Zeichnung. Die Seitenlänge des Quadrats soll 5 cm sein. Die Geraden sind parallel zueinander.

b) Berechne den Flächeninhalt der blau gefärbten Figur ABCDEF, die von den Geraden g_2, g_3 und den beiden Kreisen eingeschlossen wird. Benutze 3 als Wert für π.

c) Berechne den Umfang u der Figur (mit $\pi = 3$).

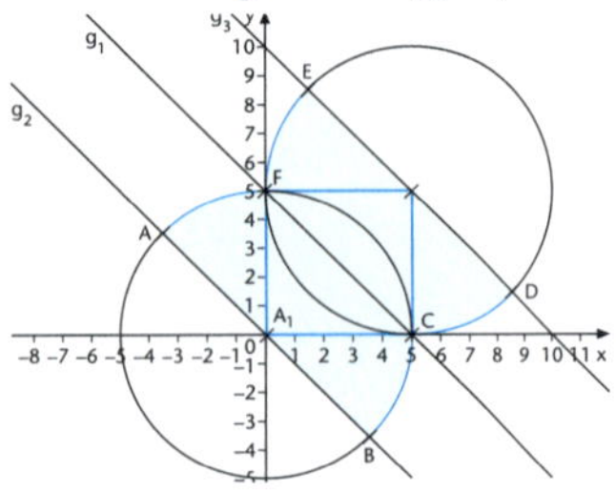

Zu a)
Man beginnt mit dem Koordinatensystem (1 LE = 1 cm) und zeichnet das Quadrat ein. g_1 ist durch die Punkte C (5 | 0) und F (0 | 5) festgelegt. g_3 geht durch die Punkte (10 | 0) und (0 | 10). g_2 verläuft durch den Koordinatenursprung parallel zu g_1.

Zu b)
Die blau gefärbte Figur besteht aus einem Quadrat und vier gleichgroßen Kreissektoren.

Flächeninhalt des Quadrats: $A_Q = a^2$
$A_Q = (5\text{ cm})^2 = 25\text{ cm}^2$

Die vier Achtel-Kreissektoren ergeben zusammen einen Halbkreis.

Flächeninhalt des Halbkreises: $A_{Hk} = \frac{1}{2} \cdot r^2 \cdot \pi$
$A_{Hk} = \frac{1}{2} \cdot (5\text{ cm})^2 \cdot 3 = 37{,}5\text{ cm}^2$

Gesamtfläche der **Figur ABCDEF:**
$\mathbf{A_Q + A_{Hk} = 62{,}5\text{ cm}^2}$

Zu c)
Der Umfang der Figur setzt sich aus der Länge aller Begrenzungslinien zusammen.
Die Begrenzungslinien sind zwei Kreisdurchmesser und vier Kreisbögen (Halbkreis).

$u = \frac{1}{2} \cdot 2 \cdot r \cdot \pi + 2 \cdot 10\text{ cm} = 15\text{ cm} + 20\text{ cm}$

$u = 35\text{ cm}$

1 Bestimme Flächeninhalt und Umfang der blauen Fläche.

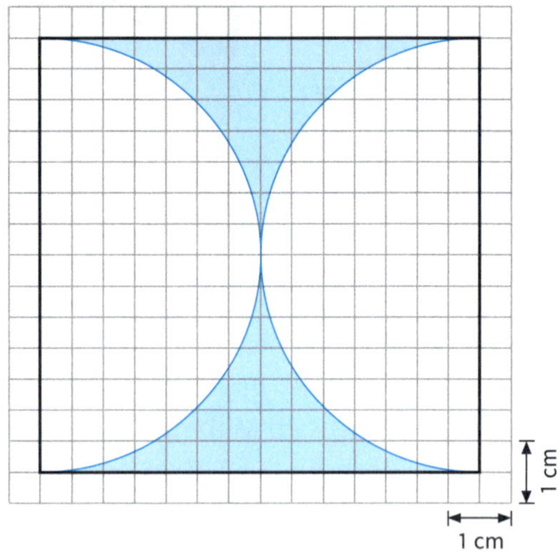

2 Zeichne die Figur. Bestimme den Inhalt der grünen Fläche.

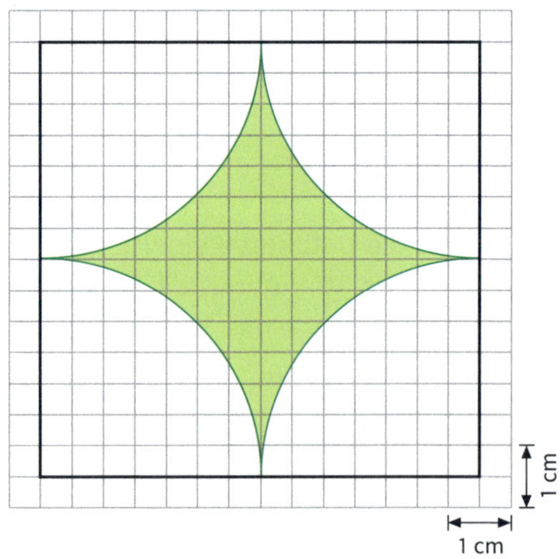

3 Zeichne die Figur und bestimme den Umfang der roten Fläche.

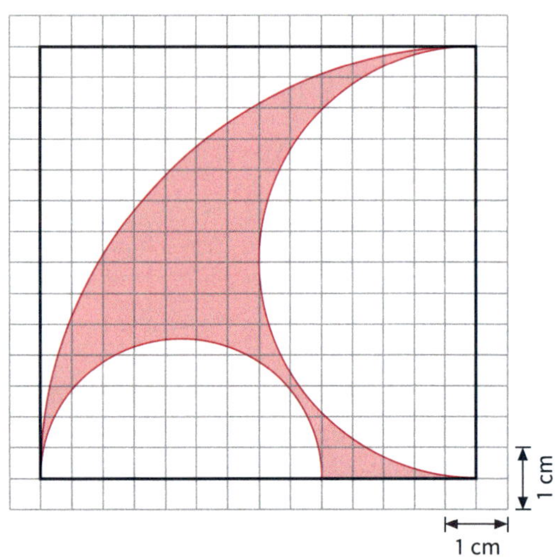

1 Im Jahr 1834 bekam Frankreich vom ägyptischen Vizekönig den abgebildeten Obelisken aus Granit geschenkt. Der Obelisk wurde auf einen Sockel gestellt und mit einer 3,6 m hohen goldenen Spitze versehen.

a) Wie hoch ist der Obelisk ungefähr?

b) Durch welche geometrische Form kann das Volumen des Obelisken ungefähr bestimmt werden?

c) Berechne die ungefähre Masse des Obelisken (Dichte Granit: 2,8 Tonnen pro m^3).

2 Auf dem Fotokunstpfad in Zingst ist die Brille ein beliebtes Motiv.

a) Schätze die Maße der Brille (Breite, Höhe, Länge der Bügel).

b) Wie groß müsste eine Person ungefähr sein, zu der diese Brille passt?

3 

Wie viele Personen sind auf dem Foto ungefähr versammelt?

26 Riesenmaschine (von S. 49)

Das Fahrzeug wird auf der Landwirtschaftsmesse von jung und alt bestaunt.

a) Wie hoch muss der Fahrer klettern, um seine Fahrerkabine zu erreichen?
b) Wie oft hat sich ein Rad gedreht, wenn das Fahrzeug einen Kilometer zurückgelegt hat?

Um die Aufgabe lösen zu können, muss eine Annahme zur Größe des Jungen getroffen werden. Wir nehmen an, dass er 1,4 m groß ist. Die folgenden Maßangaben beziehen sich auf das **Foto vorn im Text.** Da der Junge auf dem Foto 1,4 m groß ist, sind also alle Längen in Wirklichkeit 100-mal so groß wie auf dem Foto.

Zu a)
Das Verhältnis der Körpergröße des Jungen und der Höhe des Einstiegs in die Fahrerkabine entspricht dem Größenverhältnis in Wirklichkeit.
Der Junge ist auf dem Foto 1,4 cm groß, die Höhe der letzten Stufe zur Fahrerkabine 2,8 cm
Der Einstieg ist also damit doppelt so hoch wie der Junge groß ist.
Daraus ergibt sich für die Höhe des Einstiegs:
$2 \cdot 1{,}4\ \text{m} = \mathbf{2{,}8\ m}$

Zu b)
Der Umfang des Rades muss bestimmt werden.

Das Rad hat auf dem Foto einen Durchmesser von 2,4 cm. In Wirklichkeit beträgt der Durchmesser deshalb 2,4 m.

Für den Umfang gilt: $u = \pi \cdot d$
$u = \pi \cdot 2{,}4\ \text{m} \approx 7{,}5\ \text{m}$
Bei einer Umdrehung legt also das Rad 7,5 m zurück.
$1000\ \text{m} : 7{,}5\ \text{m} \approx \mathbf{133}$
Für einen Kilometer muss sich das Rad also ungefähr **133-mal** drehen.

Beachte: Bei einer anderen Annahme für die Größe des Jungen ändern sich die Lösungen entsprechend.

Abschlusstest

Im Abschlusstest zu den komplexen Aufgaben kannst du zeigen, wie viel du im Vergleich zum Eingangstest dazugelernt hast. Die Lösungen zu diesen Aufgaben findest du im Lösungsheft.

1 Körper

Der abgebildete Körper aus Kupfer ist quaderförmig und weist eine zylindrische Ausbohrung auf. 1 cm^3 Kupfer wiegt 8,92 g.

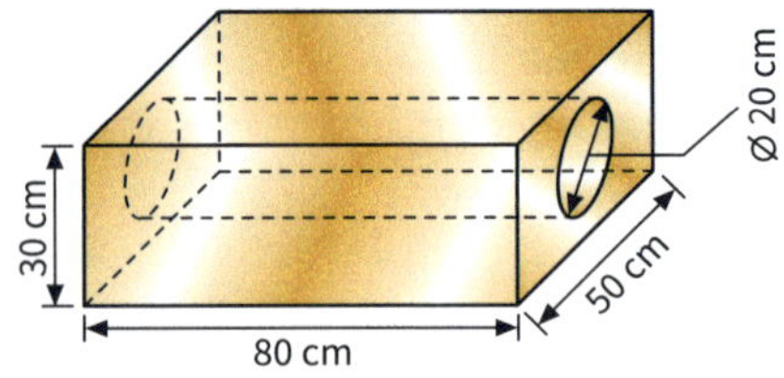

a) Wie viel Kilogramm wiegt der Körper ungefähr? Runde auf ganze kg.

____

b) Der Körper wird auf seinen Außenwänden, aber nicht auf der Zylinderwand lackiert. Für einen Quadratmeter braucht man eine Dose Farbe. Reichen zwei Dosen für die Lackierung?

____

2 Autofarben

Ein Autohändler führt Statistik darüber, welche Autofarben von den Käufern gewählt werden. Am beliebtesten sind silbergrau und schwarz (s. Tabelle).
Im letzten Jahr verkaufte der Autohändler 228 Autos.

a) Ergänze die Häufigkeitstabelle. Gib die Anteile als vollständig gekürzten Bruch und in Prozent an.

Farbe	Anzahl	Anteil	
		als Bruch	in %
silbergrau	76		
schwarz	57		
Sonstige			

b) Stelle die Anzahlen in einem Balkendiagramm dar.

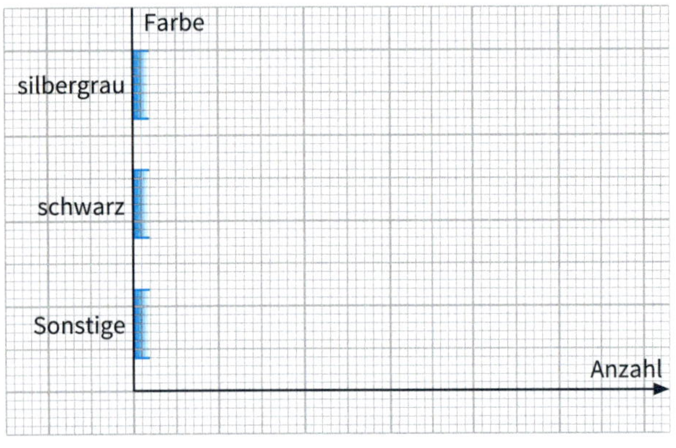

c) Angenommen, die Farbe silbergrau wird mit einer Wahrscheinlichkeit von $\frac{1}{3}$ und die Farbe schwarz mit einer Wahrscheinlichkeit von $\frac{1}{4}$ gewählt. Wie groß ist dann die Wahrscheinlichkeit, dass ein verkauftes Auto
(1) silbergrau oder schwarz ist,
(2) nicht silbergrau ist?

P(silbergrau oder schwarz) = ______________________________

P(nicht silbergrau) = ______________________________

3 Busfahrt

Das Reiseunternehmen „Grenzenlos“ bietet Busfahrten nach Paris an. Die Abbildung zeigt die Tankfüllung des Reisebusses während der Fahrt von Köln nach Paris.

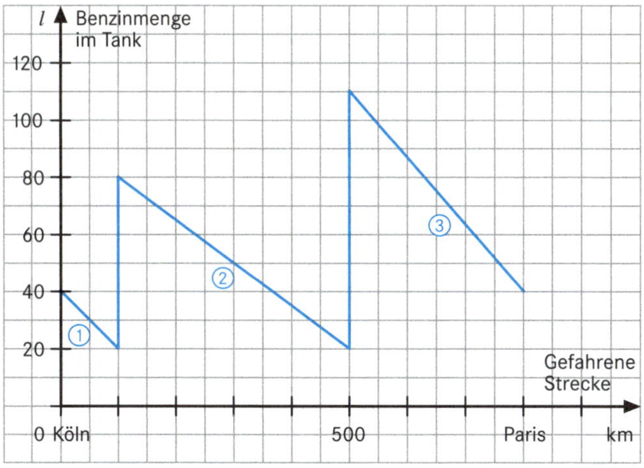

a) Wie oft wurde angehalten, um zu tanken?

b) Wie groß ist die Entfernung von Köln nach Paris ungefähr?

c) Auf welcher Teilstrecke ①, ② oder ③ war der Benzinverbrauch pro 100 km am größten?

d) Wie viel Liter Benzin verbrauchte der Bus auf der gesamten Fahrt?

4 Glücksräder

Rechts siehst du zwei Glücksräder. Das erste Glücksrad hat nur die Zahlen 2 und 5, das andere die Zahlen 2, 3, 4 und 5.

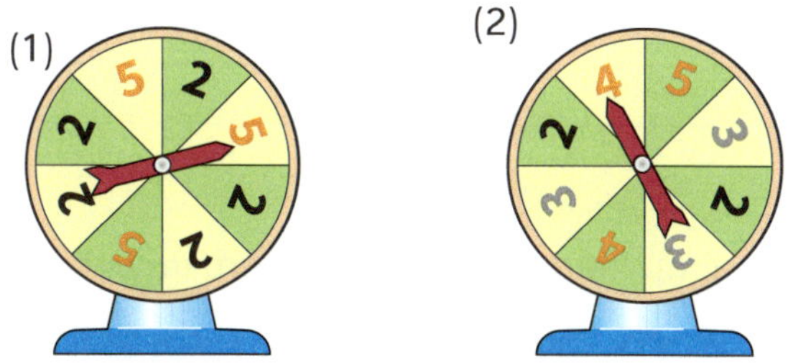

a) Wie groß ist die Wahrscheinlichkeit, mit dem Glücksrad (1) eine Fünf zu erzielen?

b) Wie groß ist die Wahrscheinlichkeit, dass die Zahl beim Glücksrad (2) kleiner als 4 ist?

c) Mit einem der beiden Glücksräder wurde 1 000-mal gespielt und dabei 117-mal die Fünf erzielt. Mit welchem der beiden Glücksräder wurde deiner Meinung nach vermutlich gespielt? Begründe.

5 Taschengeld für den Urlaub

Mira hat Geld für den Urlaub gespart. Das Geld reicht soweit, dass sie bei zehn Tagen Urlaub jeden Tag 13,50 € davon ausgeben kann.
Wie viel kann sie täglich ausgeben, wenn sie gleich viel Geld hat, aber nur sechs Tage Urlaub plant?

6 Trampolin

Das Sprungtuch des Gartentrampolins hat einen Durchmesser von 2,10 m. Es wird am Rand von Federn gespannt, die sich unter der roten Abdeckung befinden. Diese Abdeckung am Rand ist 28 cm breit.

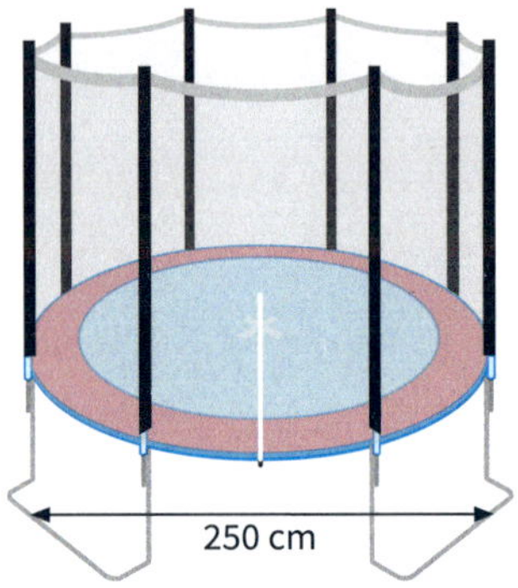

a) Wie viel Quadratmeter ist das Sprungtuch groß? Runde auf eine Nachkommastelle.

___

b) Wie viel Zentimeter überlappt die hellblaue Abdeckung das Sprungtuch? ___

c) Berechne, wie viel Prozent des Sprungtuchs von der Abdeckung verdeckt werden.

___

7 Lottogewinn

Frau Maus hat 1 Million Euro im Lotto gewonnen. Eine Bank zahlt ihr 2 % Jahreszinsen.

a) Frau Maus braucht monatlich 2500,– €. Kann sie von den Zinsen leben? Rechne und begründe.

___

b) Wie viel Euro hat Frau Maus nach zwei Jahren, wenn sie so lange ihr Geld bei der Bank lässt und in dieser Zeit nichts abhebt?

___

8 Ferienplanung

Die vierköpfige Familie Dogan sucht für ein bis zwei Wochen eine Ferienwohnung in Österreich. Die drei abgebildeten Angebote kommen in die engere Wahl.

Ferienwohnung Sonne
70 € pro Nacht · pauschale Nebenkosten (Strom und Endreinigung: 40 € pro Person)

Ferienwohnung Alpenblick
Endreinigung EUR 50,00 pro Aufenthalt, keine weiteren Nebenkosten
EUR 80 pro Nacht

Ferienappartement Höhenluft
90 € pro Nacht · Keine weiteren Nebenkosten

a) Beschreibe das Angebot „Ferienwohnung Sonne" durch eine Funktionsgleichung.

y = ____________________

b) Stelle die Zuordnungen im Koordinatensystem dar.

c) Familie Dogan will genau zwei Wochen bleiben. Begründe mithilfe der Grafik, für welches Angebot sich die Familie entscheiden sollte.

____

____

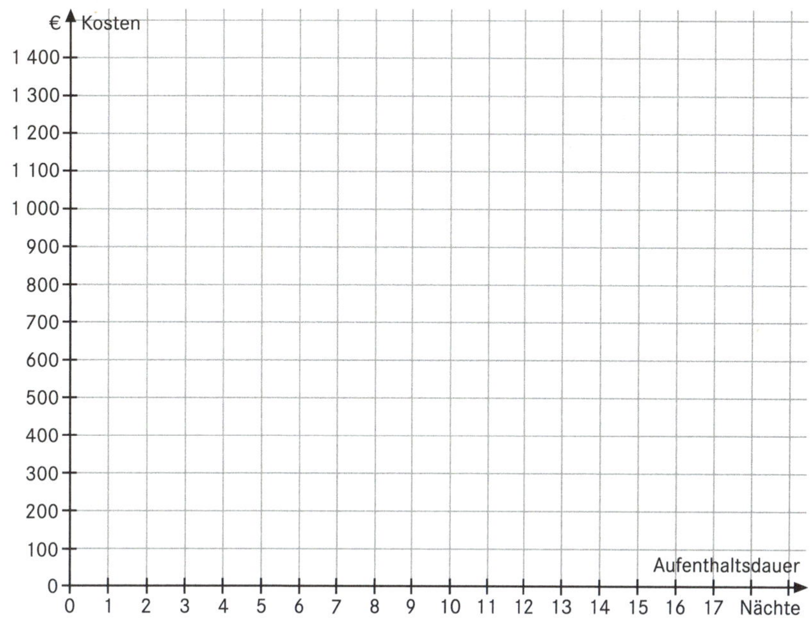

9 Fehlermeldung

„Noch engagieren sich 20 Prozent der Bundesbürger ehrenamtlich, doch laut der Deutschen Gesellschaft für Freizeit wird es bald nur noch jeder fünfte sein."

Die nebenstehende Meldung ist fehlerhaft. Begründe.

____

____

____

10 Sportfest

Ein großes Schulzentrum veranstaltet ein Sportfest. Im Anschluss wird ermittelt, in welchen Disziplinen die Schüler ihre Stärken hatten.

		beste Disziplin	
	Teilnehmer am Sportfest	Weitsprung	Sprint
Jungen	340	135	154
Mädchen	380	140	170

a) Die Schülerzeitung meldet zu der nebenstehenden Statistik: „Bei 45 % der Teilnehmer war der Sprint die beste Disziplin." Stimmt das denn? Begründe mit einer Rechnung.

____

b) Außerdem war zu lesen: „Mädchen sind im Weitsprung besser als Jungen." Erlaubt die Statistik diese Aussage? Begründe.

____

____

11 Erneuerbare Energien

Aus einer Pressemitteilung: „2021 hat der Anteil der erneuerbaren Energien an der gesamten Stromerzeugung in Deutschland zugenommen. Bereits 238 Milliarden kWh (Kilowattstunden) wurden aus erneuerbaren Energien erzeugt. Das Diagramm zeigt deren Anteile an der gesamten Stromerzeugung."

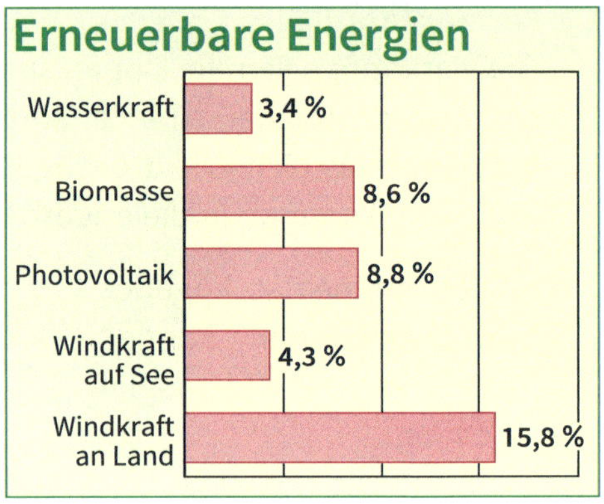

a) Berechne den prozentualen Anteil der erneuerbaren Energien an der gesamten Stromerzeugung.

____

b) Wie viel Strom wurde insgesamt 2021 in Deutschland erzeugt? ______________________________

c) Berechne, wie viel Kilowattstunden durch Windkraft erzeugt wurden.

____

12 Bildschirmdiagonale

Gerät	Bildschirmbreite	Bildschirmhöhe
A	56,0 cm	42,0 cm
B	40,8 cm	30,6 cm

Der abgebildete Bildschirm hat eine Diagonale von 70 cm. Welches der Geräte ist es? Begründe rechnerisch.

13 Regenschirm

Die abgebildete Figur entsteht, indem der Durchmesser des großen Kreises in vier gleichlange Abschnitte unterteilt wird. Jeder Anschnitt wird dann wieder zum Durchmesser eines Halbkreises.

a) Der Umfang des abgebildeten Kreises mit dem Mittelpunkt M beträgt 24 cm. Stelle die Formel für den Umfang des Kreises $u = 2 \cdot r \cdot \pi$ nach r um und berechne anschließend den Radius des Kreises. Rechne mit $\pi = 3$.

b) Berechne den Flächeninhalt der blauen Fläche. Rechne mit $\pi = 3$.

c) Luisa behauptet: „Der Umfang der blauen Fläche ist genauso groß wie der Umfang des Kreises mit dem Mittelpunkt M."
Überprüfe Luisas Behauptung!

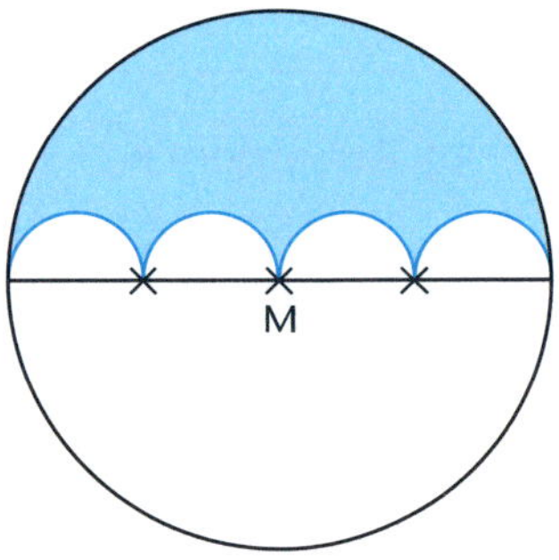

14 Ölpreis

Der Preis für ein Barrel Öl ist um ein Drittel gesunken. Gibt die Grafik A oder B diesen Sachverhalt korrekt wieder? Begründe.

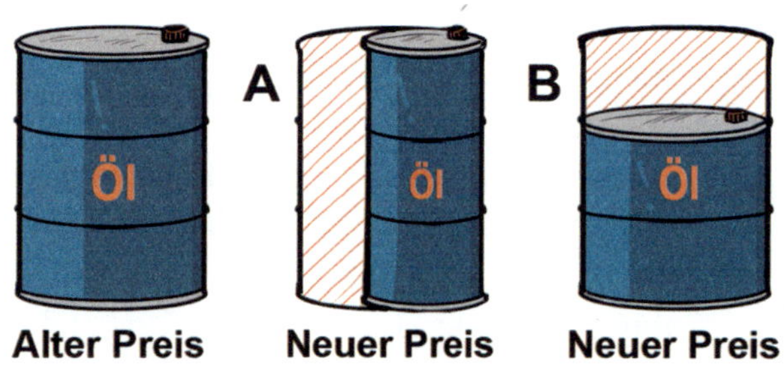

____

____

15 Aralsee

Der Aralsee war ein großer, abflussloser Salzsee in Kasachstan. Mit einer Größe von rund 68 000 km² war der Aralsee im Jahr 1960 der viertgrößte Binnensee der Erde.
Dann begann der See auszutrocknen. Um die Jahrtausendwende war die Austrocknung so stark fortgeschritten, dass der Aralsee in mehrere Teile zerfiel.
Das Bild zeigt die Größe des Sees im Jahr 2010.

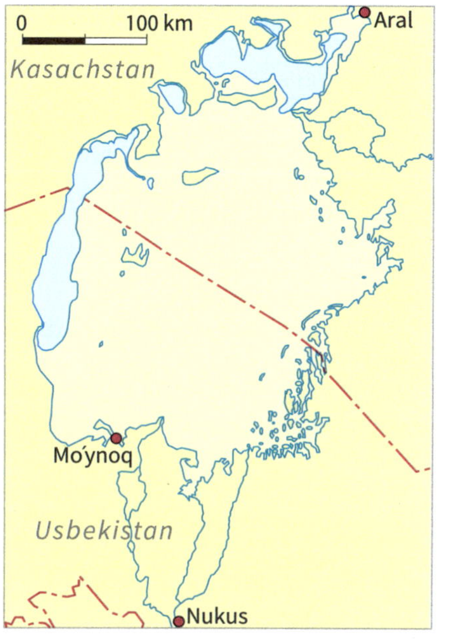

a) Bestimme näherungsweise die Fläche des Sees im Jahr 2010.

____

____

b) Wie viel Prozent seiner ursprünglichen Größe im Jahr 1960 hatte der Aralsee im Jahr 2010 verloren?

____

____

____

16 Strom

Die nebenstehende Grafik zeigt die Entwicklung der Solarstromerzeugungskosten im Vergleich zum Verbraucherpreis für Strom aus Kohle- und Gaskraftwerken.

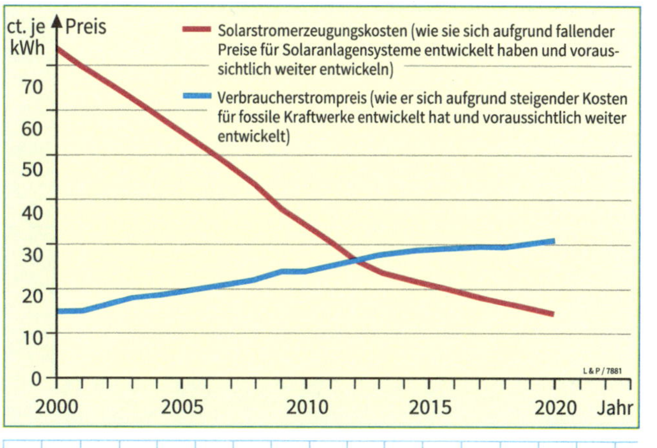

a) In welchem Jahr waren beide Strompreise gleich?

____

b) Wie viel mal so teuer war 1 kWh Solarstrom gegenüber dem Verbraucherpreis aus Kraftwerken im Jahr 2000 ungefähr?

____

c) Kreuze an: Im Jahr 2020 betrug der Preis für 1 kWh Solarstrom im Vergleich zu Strom aus Kraftwerken

- ☐ das Doppelte.
- ☐ 50 %.
- ☐ 15 %.
- ☐ knapp die Hälfte.
- ☐ weniger als 20 %.
- ☐ das Dreifache.

Es können auch mehrere Antworten zutreffen.

17 Lösungsmethoden

a) Alex und Bea sollen die Gleichung $5 \cdot (x - 3) + 9 = 34$ lösen.
Alex meint: „Ich löse zuerst die Klammern auf, dann forme ich um und löse die Gleichung." Bea sagt: „Ich probiere mit ganzen Zahlen zwischen 3 und 10."
Bewerte die Vorschläge von Alex und Bea. Schreibe deinen Rechenweg auf und gib die Lösung an.

Lösung: ______________________

Lösungsweg für $5 \cdot (x - 3) + 9 = 34$

b) Löse die Gleichung $3\,(x - 15) - x = x + 10$.

Lösung: ______________________

18 Zahlenrätsel

a) Finde zu den Zahlenrätseln eine passende Gleichung und löse sie.

(1)	(2)	(3)
Verdoppelst du die Summe aus einer Zahl und 7, so erhältst du das Dreifache der Zahl vermehrt um 1.	Die Differenz aus einer Zahl und 8 entspricht dem Fünffachen der Zahl vermindert um 20.	Max verringert das Vierfache einer Zahl um 17, Moritz verdreifacht diese Zahl und addiert 2. Beide erhalten das gleiche Ergebnis.
(A) $2\,(x + 7) = 3x + 1$	(D) $x - 8 = 5x + 20$	(G) $4x - 17 = 3x + 2$
(B) $2x + 7 = 3\,(x + 1)$	(E) $x : 8 = 5x - 20$	(H) $4x - 17 = 3\,(x + 2)$
(C) $2\,(x + 7) = 3x \cdot 1$	(F) $x - 8 = 5x - 20$	(I) $4\,(x - 17) = 3\,(x + 2)$

(1) ______________ (2) ______________ (3) ______________

Lösungen:

b) Schreibe zu der Gleichung $3x - 4 = 28 - x$ ein Zahlenrätsel auf. Wie heißt die Zahl?

Text:

____

____

____

____

____

Lösungsweg für $3x - 4 = 28 - x$:

19 Nerobergbahn

Seit mehr als 120 Jahren fährt in Wiesbaden die Nerobergbahn, die ausschließlich durch Schwerkraft einen Höhenunterschied von 83 m überwindet. Und das geht so: Der talwärts fahrende Wagen zieht den anderen Wagen 438 m nach oben. Das nötige Gewicht liefert das Wasser, das jeweils der nach unten fahrende Wagen in einem Tank mit sich führt.
Wie weit sind auf einer Landkarte im Maßstab 1:10 000 der Bergbahnhof und der Talbahnhof voneinander entfernt?
Gib die Entfernung auf der Karte auch in mm an.

20 Parkhaus

Am Kassenautomat eines Parkhauses gibt ein Aufkleber Auskunft über die Parkgebühren.

Parkdauer	Gebühr
die ersten 60 Minuten	kostenlos
jede weitere angefangene Stunde	2,50 €

a) Herr Schulz bezahlt 5 €. Wie lange hat er geparkt?

____

b) Frau Siebert stöhnt: „Wäre ich um 14:15 Uhr statt um 14:20 Uhr zum Kassenautomat gekommen, hätte ich nur 2,50 € gezahlt!“ Wann löste Frau Siebert ihren Parkschein?

____

21 Liebesschlösser

Das Foto zeigt die Hohenzollernbrücke in Köln (Fertigstellung 1911, Gesamtlänge 409 m).
An einer Seite der Brücke gibt es zwischen jeweils zwei von 50 senkrechten Stahlträgern sechs Gitter, an denen „Liebesschlösser“ hängen.
Das eingeblendete Foto zeigt die Schlösser an einem solchen Gitter.
Schätze die Anzahl aller Schlösser an dieser Brückenseite mithilfe des abgebildeten Gitters.
Schreibe auf, wie du vorgehst und rechnest.

22 Lotterie

Die 1000 Lose einer Lotterie auf einer Wohltätigkeitsveranstaltung setzen sich so zusammen:

- 80 % Nieten
- 10 Hauptgewinne von je 50,00 €
- Rest Trostpreise von je 0,50 €

Ein Los kostet 1,00 €.

a) Hat der Losverkäufer Recht? Begründe.

____

____

b) Es wurden alle Lose verkauft. Berechne den Gewinn der Lotterie.

____

23 Wohnmobil

Für die kommenden Sommerferien plant Familie Wiener drei Wochen (21 Tage) lang mit dem Wohnmobil Südfrankreich zu erkunden. Die geplante Reiseroute umfasst etwa 2 500 km. Welches der drei Angebote würdest du empfehlen? Begründe.

____

____

Die Angebote der beiden Verleihfirmen lauten:

	Mietgebühr pro Tag	Preis pro gefahrene Kilometer
Firma A:	48,00 €	0,20 €
Firma B:	72,00 €	0,10 €
Firma C:	80,00 €	–

24 Sonderpreis

a) Kreuze an, mit welchen Methoden (1), (2) oder (3) der Mofapreis bei Barzahlung richtig berechnet wird.

☐ (1) Man berechnet 15 % von 1 500 € und subtrahiert das Ergebnis von 1 500 €.

☐ (2) Man berechnet 15 % von 1 500 € und zieht das Ergebnis von 1 500 € ab. Dann berechnet man 3 % vom gesenkten Preis und reduziert ihn nochmals um diesen Betrag.

☐ (3) Man berechnet 85 % von 1 500 € und von diesem gesenkten Preis dann 97 %.

b) Was kostet das Mofa bei Barzahlung?

Preis: ________________________________

25 Haus mit Pultdach

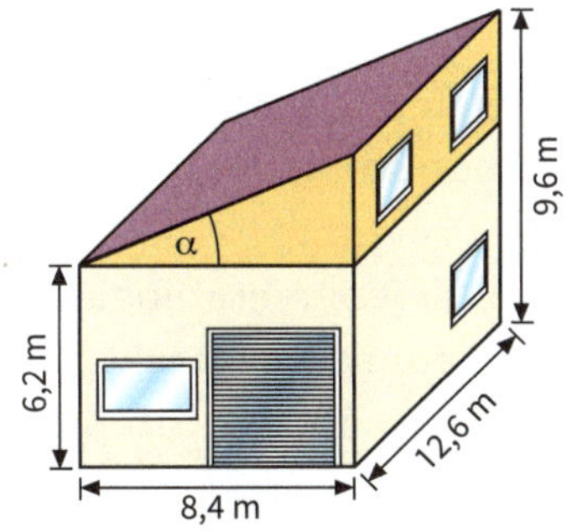

a) Berechne den umbauten Raum des Hauses.

b) Wie groß ist der Flächeninhalt der Seitenflächen?

c) Bestimme anhand einer Zeichnung den Neigungswinkel α des Daches.

26 Schülersprecherwahl

An einer Schülersprecherwahl nahmen 480 Schülerinnen und Schüler teil. Zur Wahl standen Marc, Vera und Tobias. Das Diagramm soll das Ergebnis dieser Wahl zeigen.

a) Wie viel Prozent der Schüler haben Vera gewählt?

b) Zeichne die fehlende Säule für Tobias in das Diagramm.

c) Carsten behauptet: „Vera hat doppelt so viele Stimmen erhalten wie Marc.“ Stimmt das? Begründe deine Meinung.

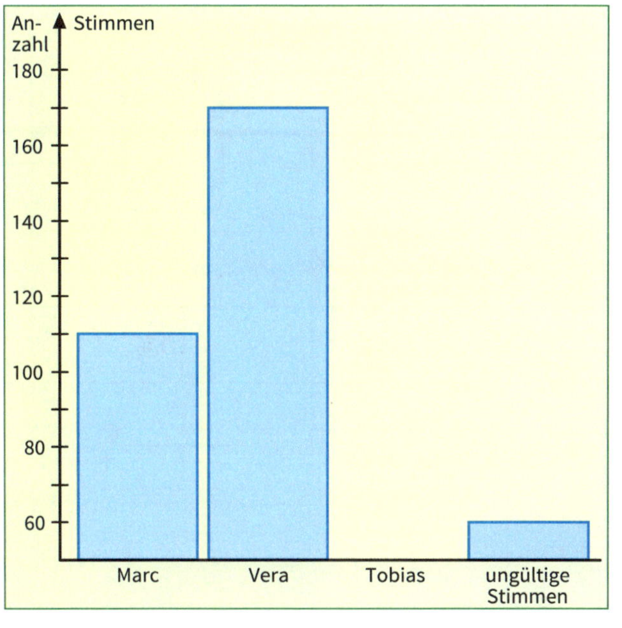

Teil 3 Zentrale Aufgaben

In diesem Teil deines Arbeitsbuches findest du die Zentralen Aufgaben aus den letzten Jahren, die aktuellen Aufgaben stehen online unter www.finaleonline.de. Der benötigte Code steht vorne hier im Arbeitsbuch.
Bearbeite mindestens eine dieser Arbeiten unter Prüfungsbedingungen, in der für jeden Prüfungsteil vorgeschriebenen Zeit und nur mit den zugelassenen Hilfsmitteln. Eine Formelsammlung findest du im Lösungsheft.

Qualifizierender Abschluss der Mittelschule Bayern 2021

Bei **Teil A** sind Taschenrechner und Formelsammlung nicht zugelassen. Bearbeitungszeit: 30 Minuten

Teil A 2021

1. Der Preis der abgebildeten Artikel wurde heruntergestzt.
Berechne die in der Tabelle fehlenden Werte.

	Kühlschrank 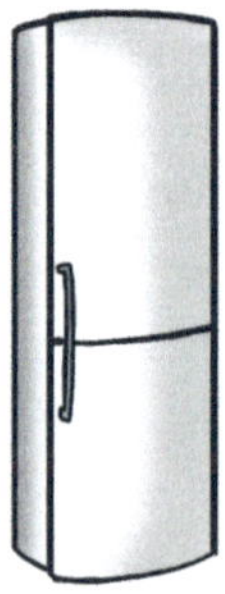	Waschmaschine 	Mikrowellengerät 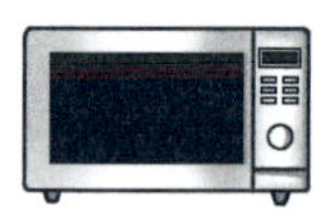
alter Preis	420 €	600 €	______ €
Preisnachlass	−10 %	−______ %	−20 %
neuer Preis	______ €	570 €	160 €

1,5 P

2. In diesem magischen Quadrat soll die Summe der drei Zahlen in jeder Spalte, Zeile und Diagonale immer gleich sein. Ergänze die fehlenden Zahlen.

0,5		0,3
	0,6	
0,9	0,2	

1 P

Quelle (Aufgaben): Bayerisches Staatsministerium für Bildung und Kultus, Wissenschaft und Kunst, München 2021

3. Ordne den genannten Gegenständen die realistische Größenangabe zu. Kreuze an.

a) Ein Schuh der Schuhgröße 40 hat eine Länge von ungefähr

☐ 14 cm. ☐ 25 cm. ☐ 47 cm.

b) Der Papierkorb hat ein Volumen von ungefähr

☐ 18 Liter. ☐ 220 dm^3. ☐ 0,3 m^3.

c) Die Tischfläche hat einen Flächeninhalt von ungefähr

☐ 500 cm^3. ☐ 3 m^2. ☐ 50 dm^2.

1,5 P

4. Setze korrekt ein (> oder < oder =).

a) 4^2 ☐ $\sqrt{169}465859$ b) $3{,}4 \cdot 10^{-2}$ ☐ 0,034   c) $\frac{2}{4}$ ☐ $\frac{3}{7}$

1,5 P

5. a) Ergänze die fehlenden Rechenanweisungen.

$30x + 24 + 7x = 3x + 90 - 16 + 20x$

$43x + 24 = 23x + 74$ | ________

$43x = 23x + 50$ | $- 23x$

$20x = 50$ | ________

$x = 2{,}5$

b) Ergänze die fehlenden Zeilen der Gleichung.

________ = ________ | $+ 8x$

$5x - 15 = -5$ | $+ 15$

________ = ________ | $: 5$

$x = 2$

2 P

6. Von einem Viereck sind drei Winkel bekannt:
$\alpha = 70°$, $\beta = 110°$, $\gamma = 70°$, $\delta = ?$

a) Bestimme den fehlenden Winkel δ.

$\delta =$ ____________

b) Kreuze an, um welches Viereck es sich nicht handelt.

☐ Trapez

☐ Parallelogramm

☐ Quadrat

1 P

7. Der Buchstabe C wird aus halbkreisförmigen und geraden Linien erstellt.
Berechne den Flächeninhalt des Buchstabens. Rechne mit $\pi = 3$.

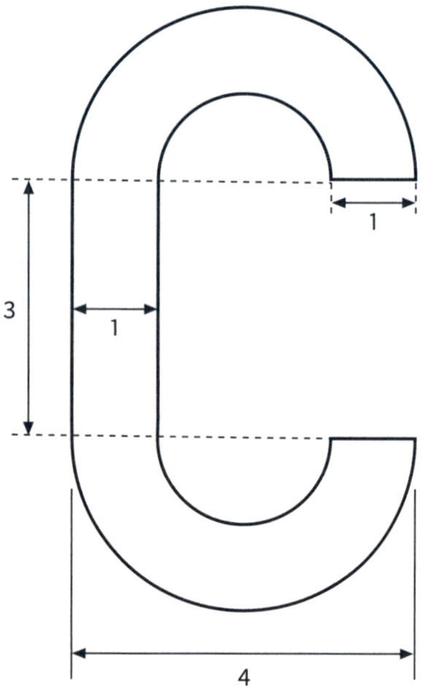

Maße in dm

2 P

8. Am Dienstag, den 7. Juli 2020 erhielt Maria den Anruf, dass sie am 27. Juli 2020 ihren Ausbildungsvertrag unterschreiben kann. Welcher Wochentag war das?

Der 27. Juli 2020 war ein ______________________ .

1 P

9. In ein Quadrat ist ein Kreis mit einem Umfang von 60 cm eingezeichnet (siehe Skizze).

Kreuze die jeweils zutreffende Aussage an. Rechne mit $\pi = 3$.

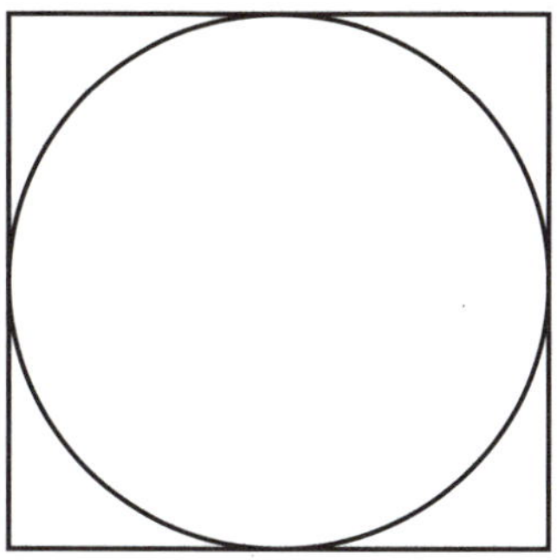

	richtig	**falsch**
a) Der Flächeninhalt des Kreises beträgt etwa $\frac{1}{4}$ des Flächeninhalts des Quadrats.	☐	☐
b) Der Radius des Kreises beträgt etwa 10 cm.	☐	☐
c) Der Flächeninhalt des Quadrats beträgt etwa 400 cm².	☐	☐

1,5 P

10. Setze korrekt ein (> oder < oder =).

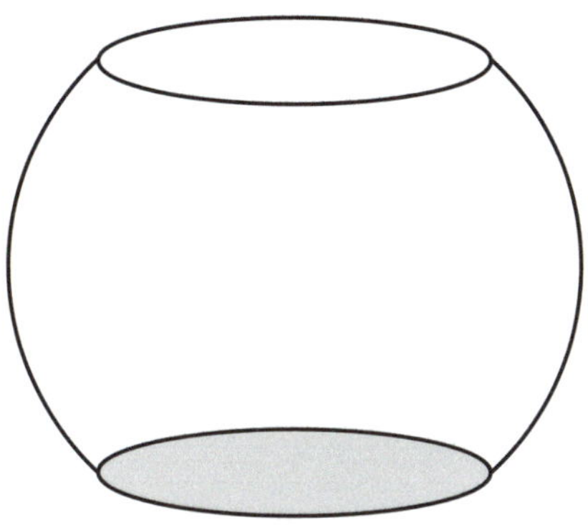

☐ ☐ ☐

1 P

11. Bei einer Umfrage gaben 240 Schülerinnen und Schüler ihre Wünsche für den Pausenverkauf an.

	Schinken-semmel	Körner-stange	Nuss-schnecke	Käse-semmel	Butter-breze
Anzahl der Nennungen	60	30	50	40	60

Kreuze an, welches Diagramm die Anzahl der Nennungen am genauesten darstellt.

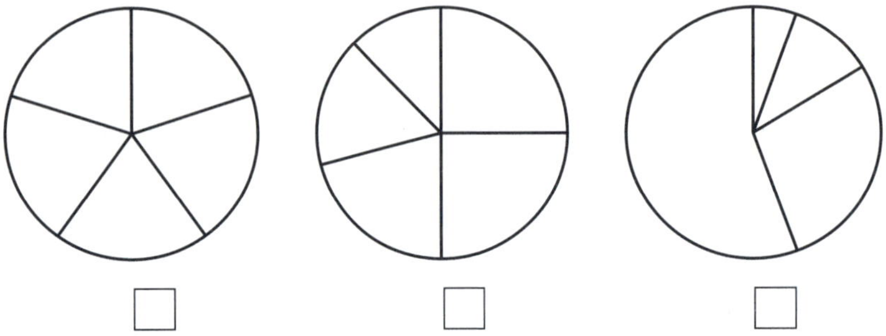

1 P

12. Der abgebildete Blauwal hat eine Länge von etwa 24 m. Ermittle die ungefähre Länge des abgebildeten Orcas und begründe dein Vorgehen.

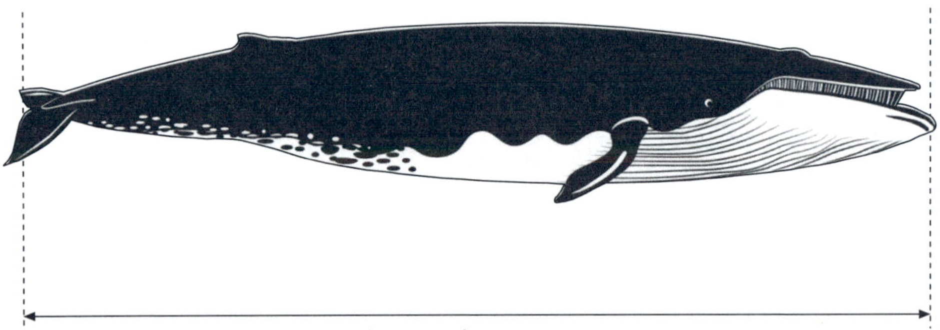

Blauwal: 24 m

Orca: ____ m

1 P

Bei **Teil B** sind Taschenrechner und Formelsammlung zugelassen. Jeder Schüler muss die zwei von der Feststellungskommission ausgewählten Aufgabengruppen bearbeiten.
Bearbeitungszeit: 70 Minuten

Teil B – Aufgabengruppe I 2021

1. Löse folgende Gleichung.

$3{,}2 \cdot (x + 14{,}5) - 2 \cdot (-0{,}5 + 0{,}3x) = (96x + 5 \cdot 0{,}64) : 8$ **4 P**

2. Die folgende Tabelle zeigt die weltweiten Tablet-Verkäufe im Jahr 2019.

Weltweite Tablet-Verkäufe im Jahr 2019 in Millionen			
Quartal 1 (Januar – März)	Quartal 2 (April – Juni)	Quartal 3 (Juli – September)	Quartal 4 (Oktober – Dezember)
30,4	32,5	37,6	43,5

Quelle: nach https://de.statista.com vom 26.10.2020

a) Berechne die durchschnittliche Anzahl der im Jahr 2019 pro Monat verkauften Tablets.

b) Ermittle, wie viel Prozent aller im Jahr 2019 verkauften Tablets im vierten Quartal verkauft wurden.

c) Stelle die in der Tabelle angegebenen Werte in einem Kreisdiagramm (r = 4 cm) dar. **4 P**

3. Der abgebildete Körper besteht aus einem Quader und zwei identischen Dreiecksprismen.
Berechne das Volumen des Körpers.

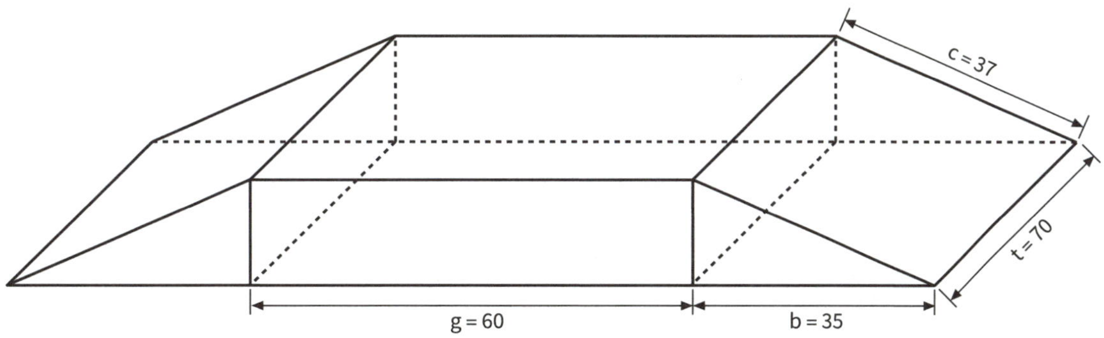

Hinweis: Skizze nicht maßstabsgetreu; Maße in cm **4 P**

4. Gregor benötigt ein Tablet.
Ein Elektronikfahrmarkt erstellt zwei Angebote für das gleiche Mobell:

Angebot A (Kauf)

Preis: 300 €

Angebot B (Miete)

Einmalige Anzahlung: 50 €
Monatliche Miete: 25 €

a) Bestimme die in der Tabelle fehlenden Werte für das Angebot B:

Mietdauer in Monaten		4	12
Kosten inklusive einmaliger Anzahlung in €	125 €		

b) Stelle den Zusammenhang von Mietdauer und Mietkosten des Tablets aus Angebot B in einem Koordinatensystem graphisch dar.

Rechtswertachse: 1 cm ≙ 1 Monat

Hochwertachse: 1 cm ≙ 50 €

Hinweis zum Platzbedarf: Rechtswertachse 13 cm, Hochwertachse 8 cm

c) Ermittle, ab wie vielen Monaten Mietdauer (einschließlich der einmaligen Anzahlung) es günstiger ist, sich das Tablet zu kaufen statt es zu mieten. Stelle deinen Lösungsweg nachvollziehbar dar. **4 P**

Teil B – Aufgabengruppe II 2021

1. Im WG-Unterricht wurden insgesamt 190 Mund-Nasen-Bedeckungen in den Farben rot, blau und gelb hergestellt.
Es wurden 22 rote Mund-Nasen-Bedeckungen mehr angefertigt als blaue.
Außerdem waren es doppelt so viele gelbe wie blaue.

Ermittle nachvollziehbar, wie viele rote, blaue und gelbe Mund-Nasen-Bedeckungen jeweils hergestellt wurden. **4 P**

2. Die Tabelle zeigt die Verteilung der Baumarten innerhalb der gesamten Waldfläche Bayerns im Jahr 2018.

Verteilung der Baumarten innerhalb der gesamten Waldfläche		
Baumart	Fläche in km^2	Anteil
Fichte	11 760	?
Kiefer	4 760	17 %
Buche	?	14 %
Sonstige Baumarten	7 560	
Waldfläche insgesamt	28 000	100 %

Quelle: nach www.stmeilf.bayern.de

a) Berechne die Größe der mit Buchen bewachsenen Waldfläche.

b) Berechne den prozentualen Anteil der mit Fichten bewachsenen Waldfläche an der gesamten Waldfläche.

c) Die Größe der mit sonstigen Baumarten bewachsenen Waldfläche ist seit 1950 um 5 % angestiegen.
Ermittle die Größe der mit sonstigen Baumarten bewachsenen Waldfläche im Jahr 1950.

d) Etwa 40 % der Fläche des Bundeslands Bayern sind mit Wald bedeckt.
Bestimme die Größe der Fläche Bayerns in km^2. **4 P**

3. Berechne den gesamten Flächeninhalt der grau markierten Flächen.

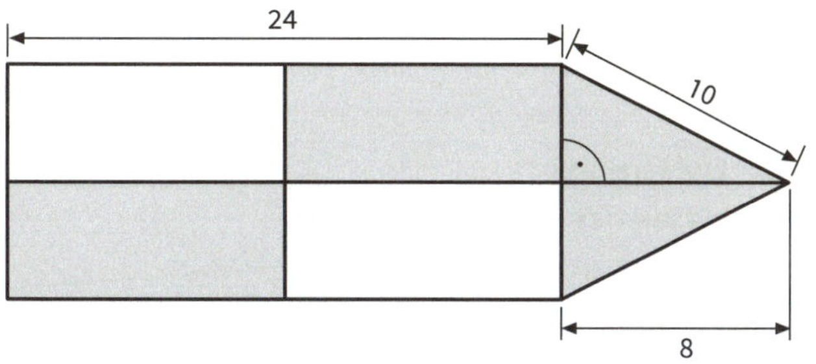

Hinweise: Skizze nicht maßstabsgetreu; Maße in cm **4 P**

4. Ein regelmäßiges Achteck hat eine Seitenlänge von 4 cm.

a) Zeichne dieses regelmäßige Achteck.

b) Ein Rechteck hat den gleichen Umfang wie das Achteck.
Gib eine Möglichkeit für die Länge und Breite eines solchen Rechtecks an. **4 P**

Teil B – Aufgabengruppe III 2021

1. Löse folgende Gleichung:

$\frac{1}{4} \cdot (5x - 18) + \frac{8 + 3x}{4} = 2{,}5 - (2x - 3)$ **4 P**

2. Familie Arslan kauft sich ein gebrauchtes Wohnmobil zum Preis von 28 500 €.

a) Gute Freunde der Familie Arslan nutzen das Wohnmobil mit und bezahlen deshalb ein Fünftel des Kaufpreises.
Ermittle, wie viel Familie Arslan selbst noch bezahlen muss.

b) Drei Monate vor dem Kauf hatte der Verkäufer eine Rabattaktion von 8 %.
Berechne den Rabatt in Euro und den Betrag, den der Händler beim Verkauf des Wohnmobils erhalten hätte, wenn er auf den Preis von 28 500 € einen Rabatt von 8 % gegeben hätte.

c) Familie Arslan legt mit ihrem Wohnmobil eine Strecke von 2 350 km zurück.
Dabei verbraucht es durchschnittlich 13,5 Liter Treibstoff pro 100 km.
Berechne die Kosten für die zurückgelegte Strecke bei einem Treibstoffpreis von 1,24 € pro Liter. **4 P**

3. Zeichne in ein Koordinatensystem (Einheit 1 cm) die Punkte A(–2|3) sowie C(2|–5) und verbinde sie zur Strecke [AC].

Hinweis zum Platzbedarf: x-Achse von –4 bis 4, y-Achse von –6 bis 4

a) Verbinde die Punkte A und C mit dem Punkt B(–2|–2) zu einem Dreieck. Gib an, welches besondere Dreieck entsteht.

b) Zeichne die Senkrechte zu [AC] durch den Punkt B.

c) Lege den Punkt D so fest, dass die Raute ABCD entsteht und gib die Koordinaten von D an. **4 P**

4. Die Abbildung zeigt ein Werkstück. Die Grund- und Deckfläche sind deckungsgleich gleichseitige Dreiecke, die Seitenflächen sind Quadrate.

Berechne den Oberflächeninhalt dieses Werkstücks.

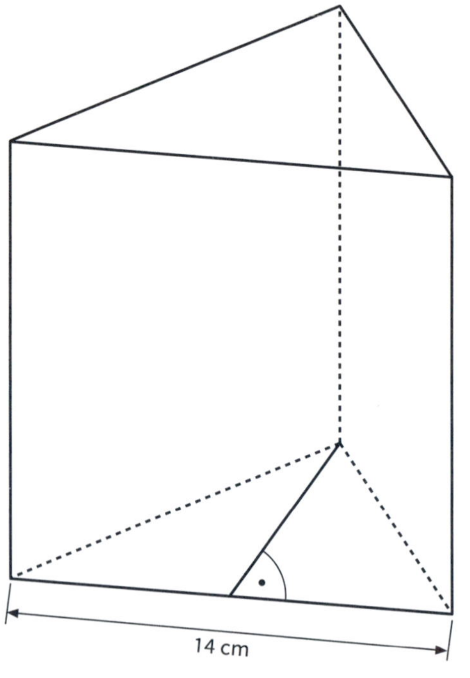

Hinweis: Skizze nicht maßstabsgetreu **4 P**

Qualifizierender Abschluss der Mittelschule Bayern 2020

Bei **Teil A** sind Taschenrechner und Formelsammlung nicht zugelassen.
Bearbeitungszeit: 30 Minuten

Teil A 2020

1. Alle dargestellten Artikel werden günstiger verkauft.

a) Wurde der neue Preis richtig berechnet? Kreuze entsprechend an:

Jeans

T-Shirt

Hemd

alter Preis	40 €	32 €	60 €
neuer Preis	32 €	24 €	45 €
richtig	☐	☐	☐
falsch	☐	☐	☐

b) Ergänze den fehlenden Prozentsatz.

Schuhe

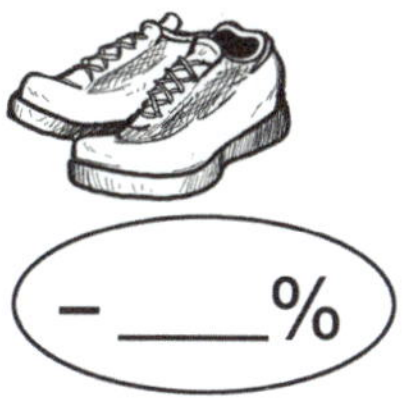

	Schuhe
alter Preis	80 €
neuer Preis	48 €

2 P

2. Ein Schüler hat mehrere Gleichungen bearbeitet. Dabei hat er einen Fehler gemacht.

a) Berichtige die Zeile, in welcher der Fehler auftritt.

$0{,}5 \cdot (16x + 5) + 8{,}5 = 6 + x - (5 - 3x) \cdot 2$ ____________

$8x + 2{,}5 + 8{,}5 = 6 + x - 5 + 6x$ ____________

$8x + 11 = 7x + 1 \quad | -7x$ ____________

$x + 11 = 1 \quad | -11$ ____________

$x = -10$ ____________

b) Kreuze an, welche Regel bei der folgenden Umformung falsch angewendet wurde.

$2 \cdot (12x - 3) = 3x - (2 - 4x)$
$24x - 6 = 3x - 2 - 4x$

☐ Punkt- vor Strichrechnung
☐ gleiche Rechenoperation auf beiden Seiten der Gleichung
☐ Vorzeichenregel beim Auflösen der Klammer

1,5 P

3. Von einem Viereck sind folgende Winkel bekannt: $\alpha = 55°$, $\beta = 135°$, $\gamma = ?$, $\delta = 135°$

Begründe unter Verwendung einer Rechnung, warum dieses Viereck kein Parallelogramm sein kann.

1,5 P

Quelle (Aufgaben): Bayerisches Staatsministerium für Bildung und Kultus, Wissenschaft und Kunst, München 2020

4. Kreuze bei jedem Sachverhalt die realistische Größenangabe an.

a) Yusuf macht eine Fahrradtour.
Ohne Pause schafft er in zwei Stunden

☐ 400 m. ☐ 22 000 m. ☐ 900 000 m.

b) Jürgen trägt einen Getränkekasten (12 Glasflaschen mit je 0,7 ℓ).
Der volle Kasten wiegt etwa

☐ 500 g. ☐ 3 kg. ☐ 0,017 t.

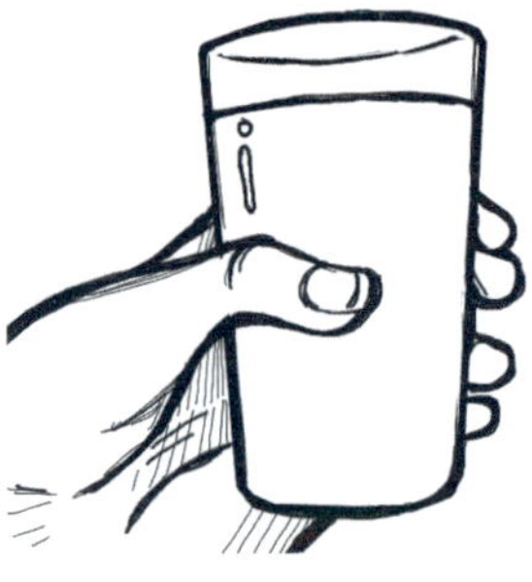

c) Doris holt sich ein Glas Saft.
Es hat eine Füllmenge von

☐ 20 ml. ☐ 62,5 ml. ☐ 200 ml.

d) Walters Taschenrechner wiegt

☐ 0,205 kg. ☐ 0,01 t. ☐ 2,5 kg.

2 P

5. Der Buchstabe P für ein Parkplatzschild wird aus halbkreisförmigen und geraden Linien erstellt. Berechne den Flächeninhalt des Buchstabens. Rechne mit $\pi = 3$!

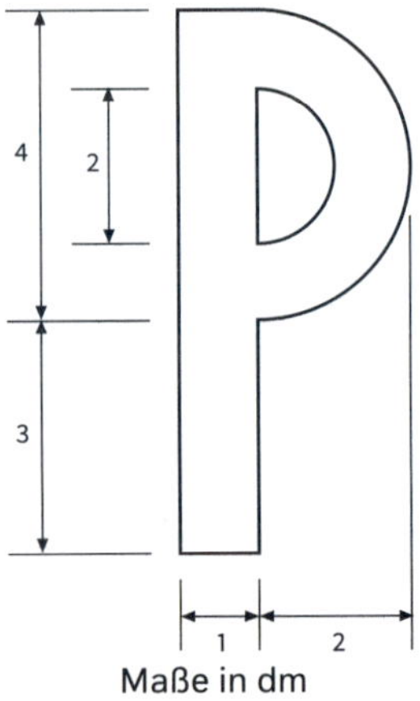

Maße in dm

2 P

6. Am Montag, dem 2. September 2019, ging Adrian zum Arzt. Sein nächster Termin war am 27. September 2019. Welcher Wochentag war das?

Der 27. September 2019 war ein ______________________.

1 P

7. Nur eine der gegebenen Maßeinteilungen passt zum dargestellten Messbecher. Kreuze die passende Maßeinteilung an.

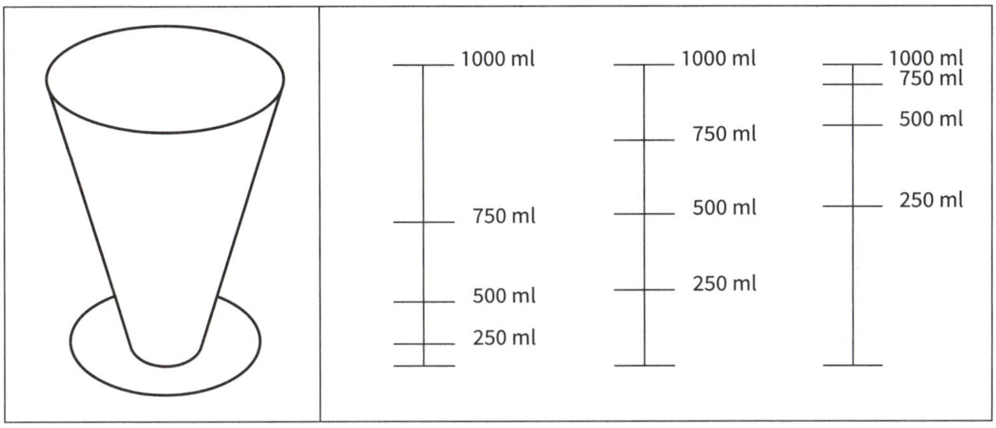

☐ ☐ ☐

1 P

8. Aus einem Quadrat wird das Dreieck ABC ausgeschnitten. Bestimme den Flächeninhalt des Dreiecks ABC.

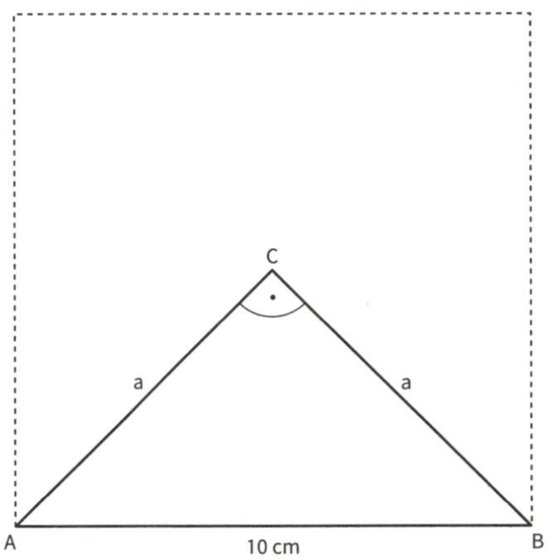

1 P

9. Jasmin aus Erlangen hat um 14:00 Uhr ein Vorstellungsgespräch in Nürnberg, zu dem sie mit dem Zug fährt. Sie möchte 15 Minuten vor Beginn des Gesprächs bei der Firma sein. Vom Nürnberger Bahnhof bis zur Firma plant sie 20 Minuten ein.

Fahrplan:

Abfahrt in Erlangen	12:44	13:02	13:19	13:44
Ankunft in Nürnberg	13:10	13:19	13:48	14:10

Mit welchem Zug muss sie spätestens fahren?

Sie muss spätestens mit dem Zug

um __________ Uhr fahren.

1 P

10. Setze korrekt ein (> oder < oder =).

a) $\sqrt{0{,}25}$ ☐ 0,4 b) $\frac{3}{8}$ ☐ $2{,}5 \cdot 10^{-2}$ **1 P**

11. Von München nach Nürnberg sind es 150 km Luftlinie.
Ermittle die Entfernung zwischen Passau und Aschaffenburg.

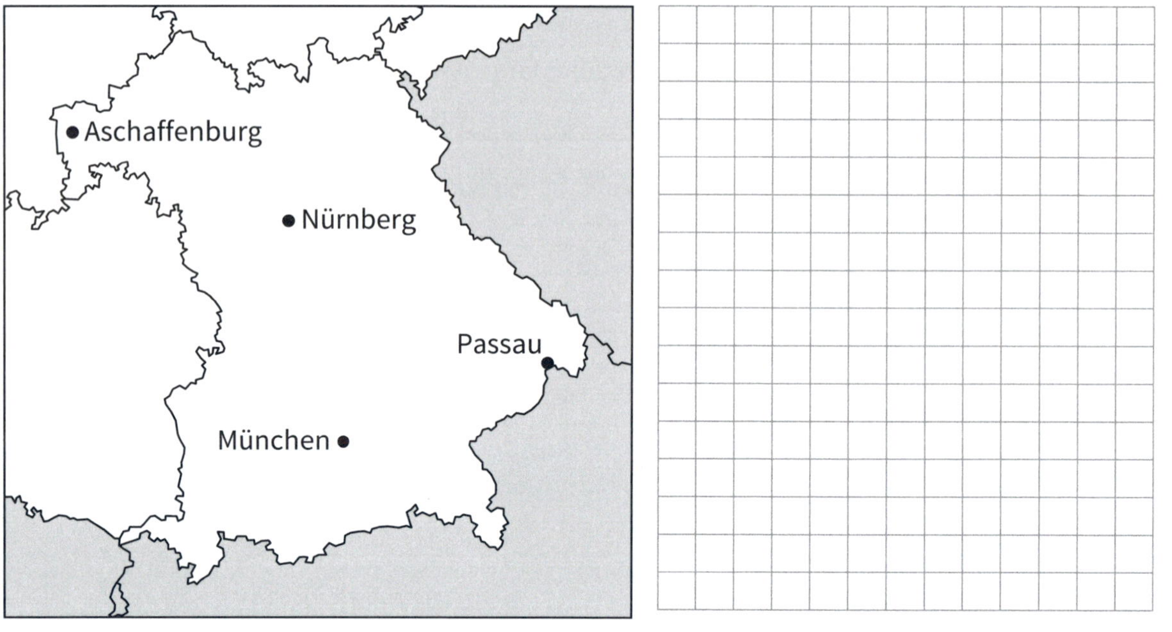

1 P

12. Bei dem abgebildeten Rechteck ist ein Puzzle-Teil schon eingefügt.

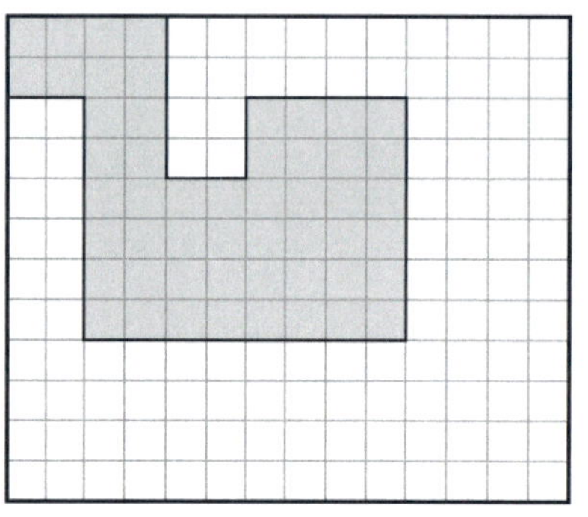

Welche drei Puzzle-Teile vervollständigen das dargestellte Rechteck?
Kreuze die benötigten Teile an:

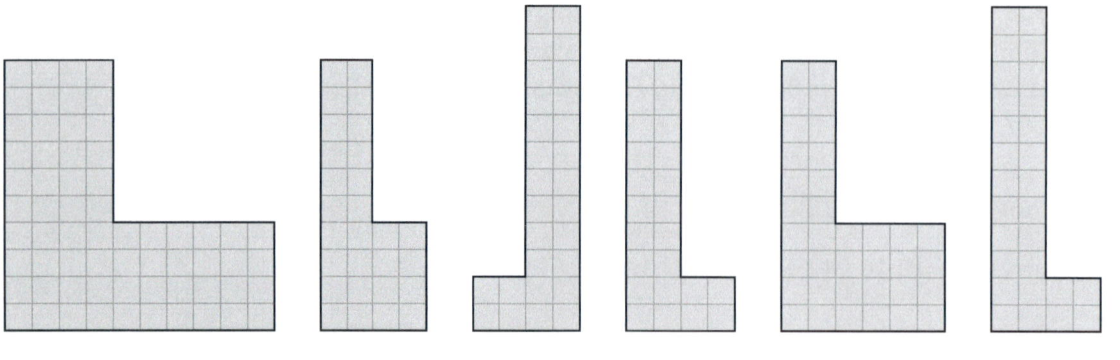

☐ ☐ ☐ ☐ ☐ ☐ **1 P**

Bei **Teil B** sind Taschenrechner und Formelsammlung zugelassen. Jeder Schüler muss die zwei von der Feststellungskommission ausgewählten Aufgabengruppen bearbeiten.
Bearbeitungszeit: 70 Minuten

Teil B – Aufgabengruppe I 2020

1. Eine Mittelschule kauft insgesamt 120 Bälle.
Es werden 10 Fußbälle weniger bestellt als Basketbälle.
Außerdem werden halb so viele Volleybälle wie Basketbälle bestellt.

Ermittle nachvollziehbar, wie viele Fußbälle, Basketbälle und Volleybälle jeweils gekauft werden. **4 P**

2. Die Abbildung informiert über Tore bei den Fußballweltmeisterschaften von 2006 bis 2018.

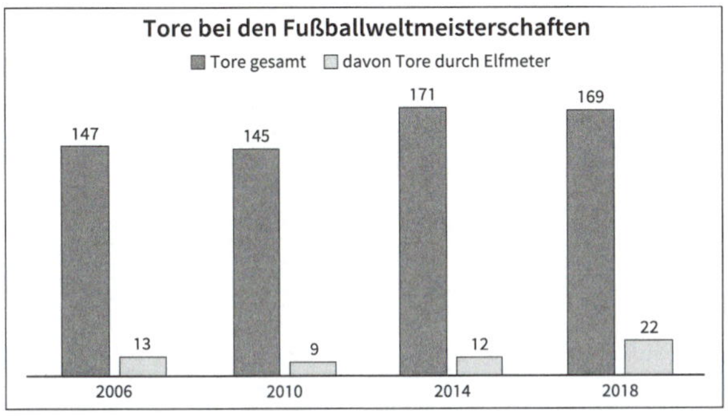

Quelle: www.kicker.de/www.statista.de vom 03.12.2018

a) Ermittle, wie viel Prozent aller Tore bei der Fußballweltmeisterschaft 2018 durch Elfmeter erzielt wurden.

b) Berechne, wie viele Tore bei den vier Weltmeisterschaften durchschnittlich durch Elfmeter erzielt wurden.

c) Insgesamt gab es bei den vier Weltmeisterschaften 74 Elfmeter, von denen aber 18 nicht zu einem Tor führten.
Stelle in einem Kreisdiagramm (r = 4 cm) dar, wie viele Tore durch Elfmeter erzielt wurden und wie viele Elfmeter nicht zu einem Tor führten. **4 P**

3. Ein Werkstück besteht aus einem Zylinder, auf dem eine Pyramide mit rechteckiger Grundfläche aufgesetzt ist (siehe Skizze).

Berechne das Volumen des Werkstücks.

$h_P = 16$ cm

$b = 9$ cm

$a = 12$ cm

$h_Z = 4$ cm

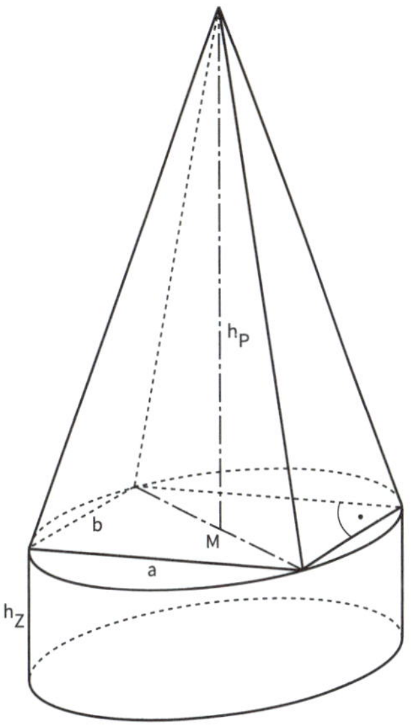

Hinweis: Skizze nicht maßstabsgetreu **4 P**

4. Ein regelmäßiges Fünfeck hat eine Seitenlänge von 4,5 cm.

a) Zeichne dieses regelmäßige Fünfeck.

b) Ein anderes regelmäßiges Fünfeck hat einen Umfang von 29,5 cm.
Bestimme, um wie viele Zentimeter sich die beiden Seitenlängen der Fünfecke unterscheiden. **4 P**

Teil B – Aufgabengruppe II 2020

1. Löse folgende Gleichung.

$\frac{2x+9}{5} - \frac{1}{2} \cdot (x - 15) = \frac{3}{4} \cdot (13 - 7x) + 15$ **4 P**

2. Michael und Nicole machen gemeinsam Urlaub in den Bergen.

a) Das Doppelzimmer kostet für den gesamten Aufenthalt 680 €. Sie bekommen auf diesen Preis 15 % Frühbucherrabatt.
Wenn sie sofort zahlen, erhalten sie auf den verminderten Preis zusätzlich 2 % Skonto.
Berechne die Hotelkosten bei sofortiger Zahlung.

b) Für Ausflüge haben Michael und Nicole insgesamt 75 € zur Verfügung.
Für den Klettergarten bezahlen sie 23,50 € pro Person.
Eine Fahrkarte für die Rodelbahn kostet 5,70 €.
Ermittle, wie viele Fahrkarten für die Rodelbahn sie maximal kaufen können. **4 P**

3. Die rechts abgebildete Figur besteht aus einem Quadrat und vier deckungsgleichen Parallelogrammen.

Berechne den gesamten Inhalt der grau markierten Fläche.

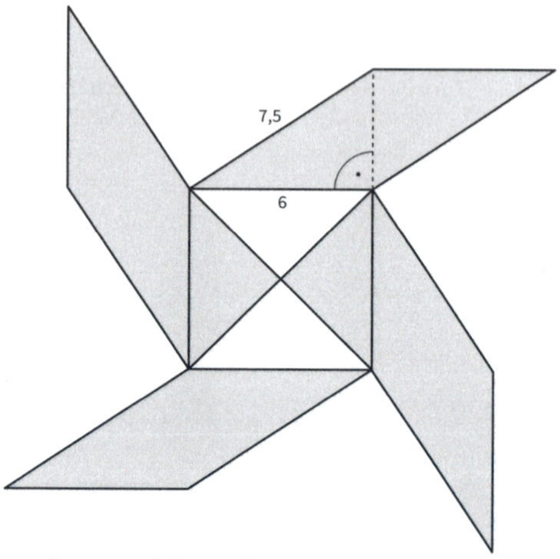

Hinweis: Skizze nicht maßstabsgetreu; Maße in cm **4 P**

4. Familie Horn möchte ein Elektroauto kaufen. Der Händler macht zwei Angebote:

Angebot A

Fahrzeug mit Akku

Preis: **29 860 €**

Angebot B

Fahrzeug ohne Akku

Preis: **21 460 €**
zuzüglich Miete für den Akku: 800 € im Jahr

a) Bestimme die in der Tabelle fehlenden Werte für die Miete des Akkus.

Mietzeit in Jahren	2		8	12
Miete für den Akku in €		4000		9600

b) Stelle den Zusammenhang von Mietzeit und Miete des Akkus in einem Koordinatensystem graphisch dar.
Rechtswertachse: 1 cm ≙ 1 Jahr Hochwertachse: 1 cm ≙ 1000 €
Hinweis zum Platzbedarf: Rechtswertachse 13 cm, Hochwertachse 11 cm

c) Familie Horn hat vor, das Auto neun Jahre zu nutzen.
Begründe nachvollziehbar, welches Angebot für Familie Horn günstiger ist. **4 P**

Teil B – Aufgabengruppe III 2020

1. Löse folgende Gleichung.
$12 \cdot (1{,}3x + 10{,}4) - 3 \cdot (2x - 3) = (8{,}1x + 2 \cdot 7{,}2) : 0{,}2$ **4 P**

2. Die Tabelle zeigt die Mengen der verschiedenen Abfallarten in Deutschland in den Jahren 2012 und 2016.

Arten von Abfall in Deutschland in Millionen Tonnen		
	2012	2016
Abfälle aus Privathaushalten	?	54
Abfälle von Bauarbeiten	199	?
Abfälle aus der Produktion	54	58
Sonstige Abfälle	78	
Gesamtmenge		?

Daten nach: www.destatis.de

a) Bei den Abfällen von Bauarbeiten gab es von 2012 bis 2016 eine Zunahme von 11,5 %. Bestimme die Menge der Abfälle von Bauarbeiten im Jahr 2016 in Millionen Tonnen.

b) Die Abfallmenge aus Privathaushalten erhöhte sich von 2012 bis 2016 um 8 %. Gib die Menge der Abfälle aus Privathaushalten im Jahr 2012 in Millionen Tonnen an.

c) Im Jahr 2016 stammten rund 14 % aller Abfälle aus der Produktion. Ermittle die gesamte Abfallmenge in Millionen Tonnen für das Jahr 2016. **4 P**

3. Zeichne in ein Koordinatensystem (Einheit 1 cm) die Punkte A (−2 | −1) sowie B (3 | 2) und verbinde sie zur Strecke [AB].

Hinweis zum Platzbedarf: x-Achse von −3 bis 5, y-Achse von −3 bis 5

a) Ergänze [AB] zum gleichseitigen Dreieck ABC und beschrifte es.

b) Zeichne die Mittelsenkrechte zu [AB]. Beschrifte den Schnittpunkt dieser Mittelsenkrechten und der Strecke [AB] mit M.

c) Die Strecke [BM] ist eine Seite des Quadrats BMDE. Zeichne dieses Quadrat und beschrifte es. **4 P**

4. Die Kante b des dargestellten Quaders hat eine Länge von 12 cm, die eingezeichnete Diagonale d eine Länge von 17 cm und seine grau markierte Seitenfläche einen Flächeninhalt von 96 cm². Berechne die Oberfläche des Quaders.

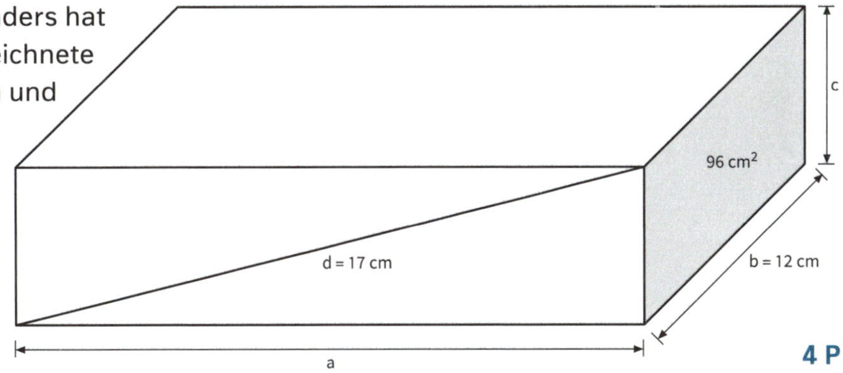

Hinweise: Skizze nicht maßstabsgetreu **4 P**

Qualifizierender Abschluss der Mittelschule Bayern 2019

Bei **Teil A** sind Taschenrechner und Formelsammlung nicht zugelassen.
Bearbeitungszeit: 30 Minuten

Teil A 2019

1. a) Florian erhält bei seiner Ferienarbeit für 8 Stunden 72 €. In einer Woche arbeitet er 36 Stunden. Berechne, wie viel Geld er in einer Woche verdient.

b) Fünf Jugendliche teilen regelmäßig Werbeprospekte aus. Dabei muss jeder 220 Stück austeilen. Einer der Jugendlichen fällt aus. Bestimme, wie viele Prospekte nun jeder der vier übrigen Jugendlichen austeilen muss.

2 P

2. Kreuze jeweils die richtige Aussage an.

a) Die Entfernung von der Erde zur Sonne beträgt $1{,}496 \cdot 10^8$ km.

Das sind
- ☐ 1 496 000 000 000 km.
- ☐ 149 600 000 000 km.
- ☐ 149 600 000 km.
- ☐ 149 600 km.

b) Die Länge eines Bakteriums beträgt 0,000006 m.

Das sind
- ☐ $6 \cdot 10^{-3}$ m.
- ☐ $6 \cdot 10^{-5}$ m.
- ☐ $6 \cdot 10^{-6}$ m.
- ☐ $6 \cdot 10^{-7}$ m.

1 P

3. Eine Schaufensterscheibe (siehe Skizze) wird außen geputzt.
Die Reinigungsfirma berechnet für einen Quadratmeter 3 €.
Gib an, wie teuer die Reinigung der Scheibe ungefähr ist. Löse nachvollziehbar.
Rechne ggf. mit $\pi = 3$.

1,5 P

Quelle (Aufgaben): Bayerisches Staatsministerium für Bildung und Kultus, Wissenschaft und Kunst, München 2019

4. In diesem magischen Quadrat soll die Summe der drei Zahlen in jeder Spalte, Zeile und Diagonalen immer gleich sein. Ergänze die fehlenden Zahlen.

0,9		
0,4	0,6	0,8
		0,3

1 P

5. Ergänze die beiden fehlenden Zeilen der Gleichung.

____________________	$\mid - 7x$
$3x + 5 = 32$	$\mid - 5$
____________________	$\mid : 3$
$x = 9$	

1 P

6. Burak, Aileen und Thomas werfen auf den Basketballkorb.
Sie führen eine Strichliste und ermitteln die Trefferquoten in Prozent.
Ergänze die fehlenden Einträge.

	Anzahl der Würfe	Anzahl der Treffer	Trefferquote
Burak	卌 卌 卌 卌 卌	卌 卌 卌	
Aileen		卌	25 %
Thomas	卌 卌 卌 |		75 %

1,5 P

7. Entscheide, ob die Aussagen richtig oder falsch sind.

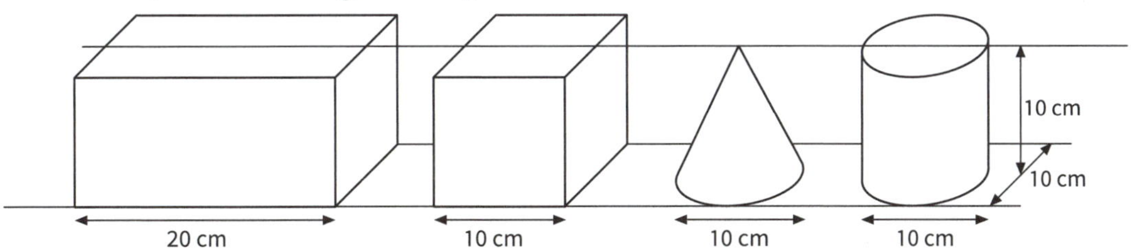

Kreuze entsprechend an:

	richtig	falsch
a) Das Volumen des Zylinders ist dreimal so groß wie das Volumen des Kegels.	☐	☐
b) Der Oberflächeninhalt des linken Quaders ist doppelt so groß wie der des Würfels.	☐	☐
c) Der linke Quader hat ein Volumen von 3000 cm^3.	☐	☐
d) Der Oberflächeninhalt des Zylinders ist größer als der des Würfels.	☐	☐

2 P

8. Die abgebildete Gartenschlauchrolle hat einen Durchmesser von 40 cm. Martina hat einen 12 m langen Schlauch ordentlich nebeneinander aufgerollt. Wie oft musste sie die Rolle drehen, um den ganzen Schlauch aufzurollen?
Rechne mit $\pi = 3$.

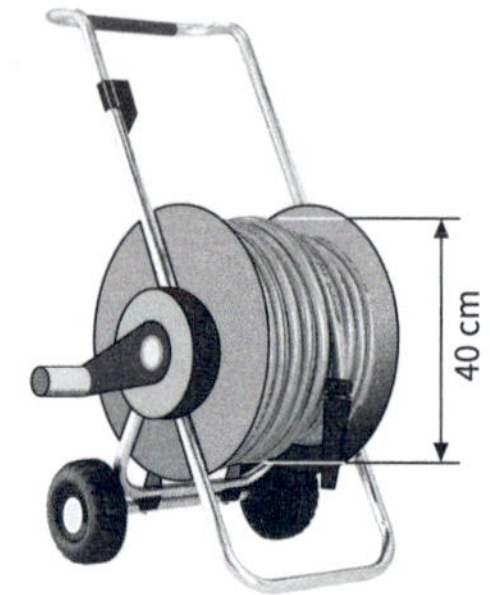

Hinweis: Die Abbildung dient nur der Veranschaulichung.

1 P

9. In einer Schule wurde ein Sporttag geplant. Die 200 Schülerinnen und Schüler konnten sich für unterschiedliche Aktivitäten anmelden.

Sportart	Schwimmen	Klettern	Fußball	Volleyball	Badminton
Anmeldungen	35	50	50	20	45

Kreuze an, welches Diagramm den Sachverhalt am genauesten darstellt:

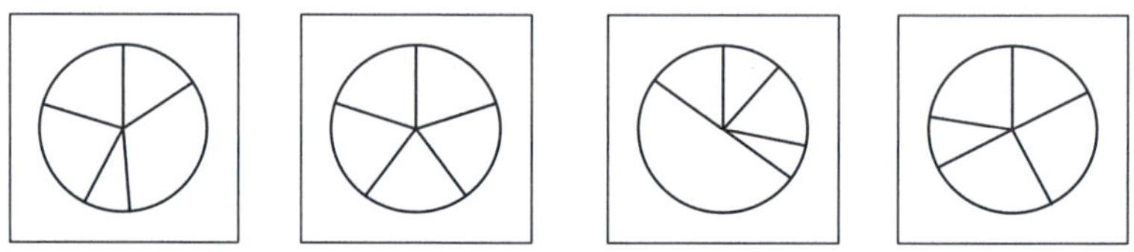

☐ ☐ ☐ ☐

1 P

10. Bestimme den Flächeninhalt des grau gefärbten Pfeils in cm².

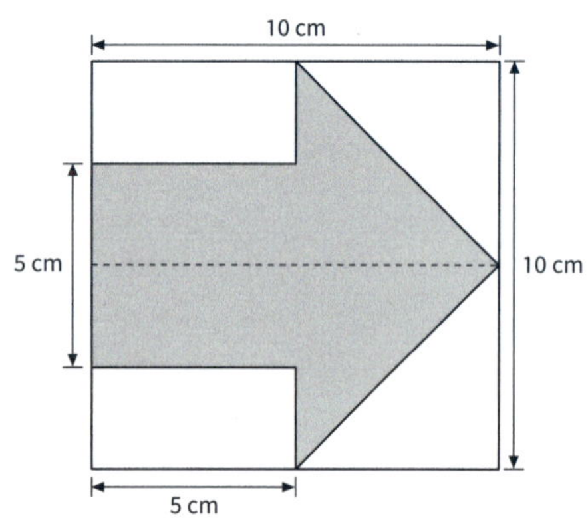

1 P

11. Rechne in die jeweils angegebenen Einheiten um.

a) 12,34 t = __________ kg

b) 1 735 mm = __________ m

c) 7,5 m³ = __________ Liter

d) 100 Stunden = __________ Tage __________ Stunden

2 P

12. Furkan berechnet den Flächeninhalt des abgebildeten Dreiecks. Bei den Überlegungen zur Lösung ist ihm ein Fehler unterlaufen.

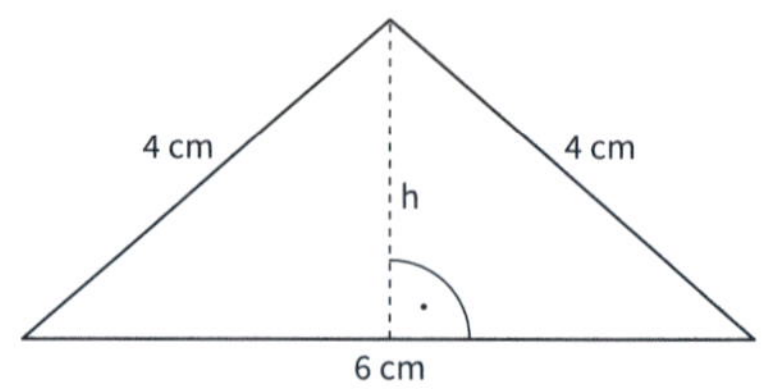

Furkans Lösung: $(4\text{ cm})^2 + (3\text{ cm})^2 = h^2$

$16\text{ cm}^2 + 9\text{ cm}^2 = h^2$

$25\text{ cm}^2 = h^2$

$5\text{ cm} = h \qquad A = \frac{5\text{ cm} \cdot 6\text{ cm}}{2} = 15\text{ cm}^2$

Erkläre, welchen Fehler Furkan gemacht hat.

1 P

Bei **Teil B** sind Taschenrechner und Formelsammlung zugelassen. Jeder Schüler muss die zwei von der Feststellungskommission ausgewählten Aufgabengruppen bearbeiten.
Bearbeitungszeit: 70 Minuten

Teil B – Aufgabengruppe I 2019

1. Löse folgende Gleichung. $\frac{6 \cdot (2x+3)}{3} - 2{,}5 \cdot (3x+4) = \frac{5x}{2} - x - 14$ **4 P**

2. An einer Stufe wird eine Rampe angebracht (siehe Skizze).
Die beiden schraffierten Flächen der Rampe sollen mit Leuchtfarbe besprüht werden.
Wie viele Dosen Leuchtfarbe müssen eingekauft werden, wenn eine Dose für 1,2 m² reicht?

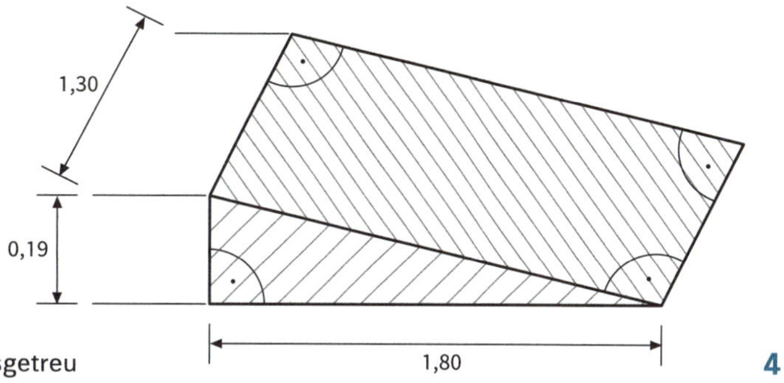

Maße in m Hinweis: Skizze nicht maßstabsgetreu **4 P**

3. a) Zeichne die Strecke [AC] mit einer Länge von 8,5 cm und darüber einen Halbkreis.
b) Berechne den Flächeninhalt des Halbkreises.
c) Die schon gezeichnete Strecke [AC] ist eine Diagonale des Drachenvierecks ABCD. Die Seiten des Drachenvierecks sind 4 cm und 7,5 cm lang. Zeichne dieses Drachenviereck ABCD.
d) Die Winkel β und δ sind jeweils 90° groß. Berechne den Flächeninhalt des Drachenvierecks ABCD. **4 P**

4. Im Schaubild ist die Stromerzeugung durch erneuerbare Energien in Deutschland in Terawattstunden (TWh) dargestellt.

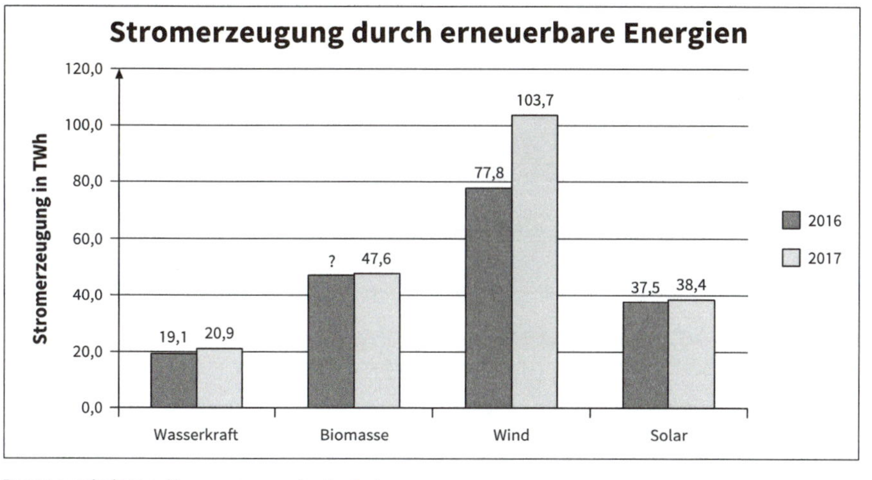

Daten nach: https://www.nergy-charts.de/

a) Berechne den prozentualen Anstieg der Stromerzeugung durch Wind von 2016 auf 2017.

b) Im Jahr 2017 wurden 1,3 % mehr Strom durch Biomasse erzeugt als im Jahr 2016. Ermittle rechnerisch, wie viel Strom (in TWh) im Jahr 2016 durch Biomasse produziert wurde.

c) Im Jahr 2017 wurden durch Wind und Solar 25,9% des gesamten Stroms erzeugt. Bestimme, wie viel Strom 2017 (TWh) insgesamt erzeugt wurde. **4 P**

Teil B – Aufgabengruppe II 2019

1. Sabine und Klaus machten mit ihren zwei Kindern Campingurlaub und bezahlten bei Abreise 844 € für folgende Leistungen:
- Der Stellplatz für ihr Wohnmobil kostete 30,50 € pro Tag.
- Außerdem wurden täglich pro Person 9,50 € verlangt.
- Während ihres Urlaubs nutzte die Familie viermal die Waschmaschine für 5,50 € pro Waschgang.

Ermittle, wie viele Tage die Familie auf dem Campingplatz verbrachte. **4 P**

2. Ein Werkstück besteht aus einem regelmäßigen sechseckigen Prisma und einer aufgesetzten Pyramide (siehe Abbildung).

Berechne das Volumen des Werkstücks.

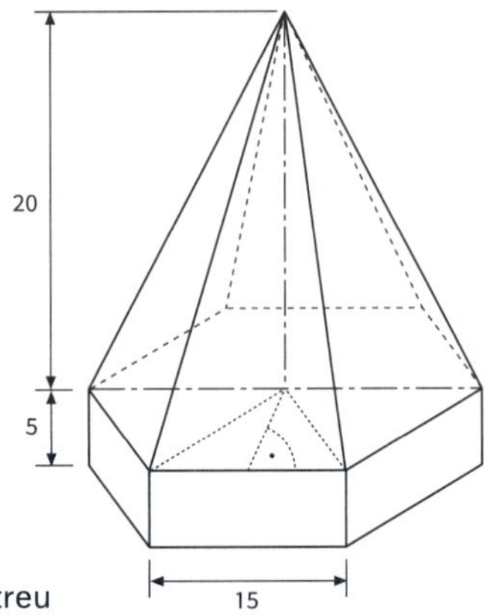

Maße in m

Hinweis: Skizze nicht maßstabsgetreu **4 P**

3. Die Handballjugend eines Vereins fährt mit 40 Personen in ihr jährliches Trainingslager. In diesem Jahr kostet der Bus 714 € einschließlich Mehrwertsteuer (19 %).

a) Berechne die in den diesjährigen Buskosten enthaltene Mehrwertsteuer in €.

b) Im Vorjahr betrugen die Buskosten einschließlich Mehrwertsteuer 16,30 € pro Person. Ermittle die Preissteigerung gegenüber dem Vorjahr in Prozent.

c) Das Busunternehmen gewährt in diesem Jahr 2,5 % Rabatt, wenn der Verein innerhalb einer Woche bezahlt. Bestimme, wie viel der Verein in diesem Fall überweisen muss. **4 P**

4. Für Ferienwohnungen gibt es unterschiedliche Angebote:

Ferienwohnung A
Mietkosten pro Übernachtung: 60 € + Einmalige Gebühr: 50 €

Ferienwohnung B
Kosten pro Übernachtung: 67 €

a) Berechne die fehlenden Werte für das Angebot von Ferienwohnung A:

Anzahl Übernachtungen	3	5	?
Gesamtpreis in €	?	350	650

b) Stelle den Zusammenhang für die Ferienwohnung A in einem Koordinatensystem grafisch dar.

Rechtswertachse: 1 cm ≙ 1 Übernachtung
Hochwertachse: 1 cm ≙ 100 €

Hinweis zum Platzbedarf: Rechtswertachse 12 cm, Hochwertachse 8 cm

c) Max möchte mit zwei Freunden fünf Übernachtungen in einer gemeinsamen Ferienwohnung buchen.
Berechne, wie viele Euro jeder beim insgesamt günstigeren Angebot sparen kann. **4 P**

Teil B – Aufgabengruppe III 2019

1. Löse folgende Gleichung. $82 - (44{,}5 + 0{,}625x) : 0{,}25 = (-2) \cdot (-6{,}5x + 17)$ **4 P**

2. Ein Joghurt darf nur dann die Bezeichnung „Fruchtjoghurt" tragen, wenn er mindestens 6 % Früchte enthält.

a) Handelt es sich bei dem abgebildeten Joghurt um einen Fruchtjoghurt? Begründe mit Hilfe einer Rechnung.

b) Ein Joghurthersteller steigert den Fruchtanteil im Erdbeerjoghurt um 4 % und verwendet jetzt 26 g Erdbeeren für einen Becher Joghurt. Ermittle, wie viel Gramm Erdbeeren vorher in einem Becher Joghurt enthalten waren.

c) Vier Freunde bereiten gemeinsam Fruchtjoghurt mit einem Fruchtanteil von 30 % zu. Sie verwenden dazu 270 g Erdbeeren. Berechne, wie viel Gramm Fruchtjoghurt jeder der Freunde bei gleicher Verteilung bekommt. **4 P**

3. Eine Eisdiele lässt ein Logo für ihr Schaufenster anfertigen, das aus drei deckungsgleichen Figuren besteht. Berechne den Flächeninhalt dieses Logos.

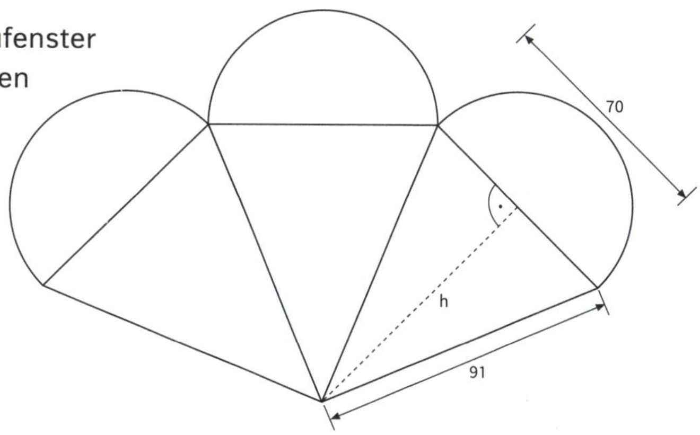

Maße in cm

Hinweis: Skizze nicht maßstabsgetreu **4 P**

4. Die folgende Tabelle zeigt Klimadaten aus Oberstdorf.

	Jan.	Febr.	März	Apr.	Mai	Juni	Juli	Aug.	Sept.	Okt.	Nov.	Dez.
Durchschnitts-temperatur (°C)	−2,9	−1,5	2,5	6,3	10,7	13,9	15,9	15,4	12,5	7,7	2,7	−1,7
Nieder-schlag (mm)	61	56	61	76	102	115	122	125	93	69	70	73
Tag Regentage	17	15	13	14	15	?	16	15	12	13	14	14

Daten nach: http://www.klima.org/ und http://de.climate-data.org/

a) Berechne den Unterschied zwischen den Durchschnittstemperaturen des wärmsten und kältesten Monats.

b) Ermittle den Durchschnitt der monatlichen Niederschlagsmenge.

c) Betrachtet man das ganze Jahr, regnet es durchschnittlich 14,5 Tage pro Monat. Berechne die Anzahl der Regentage im Juni.

d) Bestimme für den Monat April den prozentualen Anteil der Tage, an denen es nicht regnet. **4 P**

Qualifizierender Abschluss der Mittelschule Bayern 2018

Bei **Teil A** sind Taschenrechner und Formelsammlung nicht zugelassen.
Bearbeitungszeit: 30 Minuten

Teil A 2018

1. Welche beiden Aufgaben haben das gleiche Ergebnis? Kreuze die beiden Aufgaben an.

15 % von 400 €	20 % von 400 €	30 % von 200 €	30 % von 400 €
☐	☐	☐	☐

1 P

2. Ergänze die fehlenden Angaben zu den Temperaturänderungen:

☐ °C $\xrightarrow{+9\,°C}$ −18 °C $\xrightarrow{\boxed{\quad}\,°C}$ 12 °C

1 P

3. Richtig oder falsch? Kreuze entsprechend an:

	richtig	falsch
a) $1{,}1 \cdot 1{,}1 = 1{,}11$	☐	☐
b) $\sqrt{71}$ liegt zwischen 8 und 9	☐	☐
c) $0{,}825 + 0{,}085 = 0{,}91$	☐	☐
d) $8 \cdot x - 6 = 72$ $x = 12$	☐	☐

2 P

4. In dem Dreieck gilt $\alpha = \beta$. Berechne die Größe des Winkels γ.

Hinweis:
Skizze nicht maßstabsgetreu

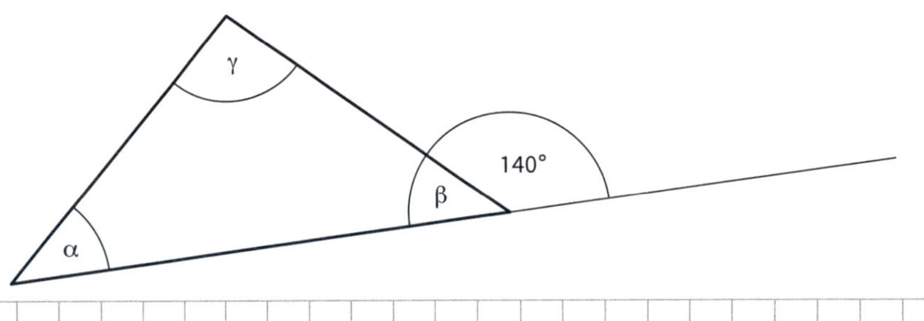

1 P

Quelle (Aufgaben): Bayerisches Staatsministerium für Bildung und Kultus, Wissenschaft und Kunst, München 2018

5. In einem Supermarkt werden Chips in verschiedenen Packungsgrößen angeboten. Paul will für seine Party 1 kg Chips kaufen.
Bestimme jeweils den Preis für 1 kg und kreuze dann das günstigste Angebot an.

Packungsgröße	50 g 	200 g 	500 g 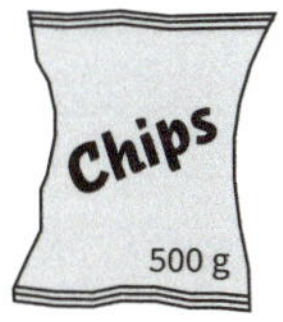
Packungspreis	0,65 €	2,30 €	6,00 €
Preis / kg	€	€	€
günstigstes Angebot	☐	☐	☐

2 P

6. Der Flächeninhalt des Rechtecks beträgt 96 cm².
Berechne den Umfang der gesamt Figur.

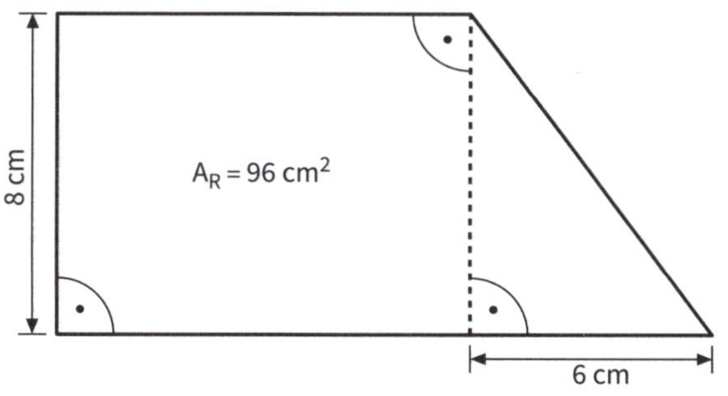

2 P

7. Setze jeweils eine der gegebenen Zahlen aus dem Kreis ein, sodass korrekte Aussagen entstehen.

a) 27 % > ☐

b) 0,58 < ☐

c) $\frac{4}{10}$ = ☐

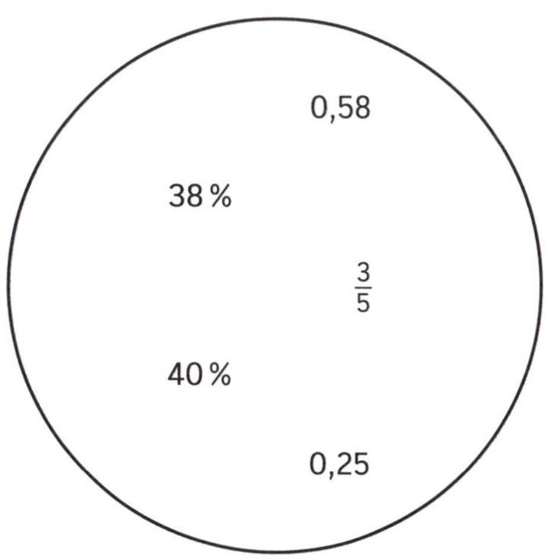

1,5 P

8. In jedes Gefäß werden 500 cm³ Wasser eingefüllt.
Ergänze die beiden Sätze zu einer wahren Aussage.

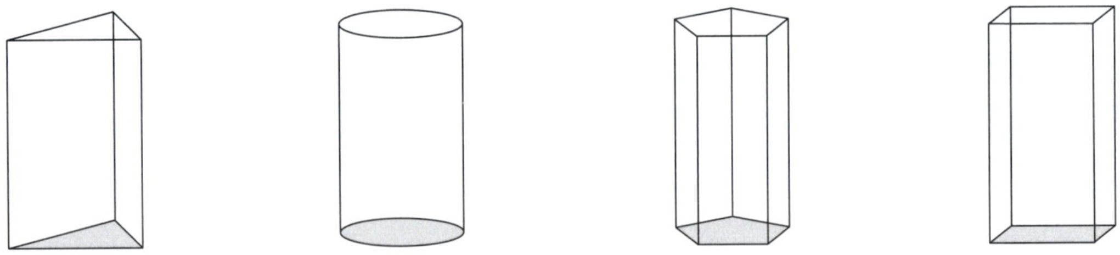

A	B	C	D
Grundfläche 50 cm²	Grundfläche 125 cm²	Grundfläche 80 cm²	Grundfläche 40 cm²

Im Gefäß ______ steht das Wasser am höchsten.

Im Gefäß ______ steht das Wasser am niedrigsten.

9. In einem Freibad gibt es unterschiedliche Preise für Kinder und Erwachsene. Drei Kinder bezahlen zusammen 10,20 €. Für zwei Erwachsene und ein Kind kostet der Eintritt insgesamt 18,40 €. Ergänze die Preisliste.

	Eintrittspreis
1 Kind	€
1 Erwachsener	€

1,5 P

10. Ein Regal mit zwei gleich hohen Fächern soll mit Schachteln befüllt werden (siehe Skizze).
Wie viele Schachteln mit den angegebenen Maßen passen maximal in das Regal?

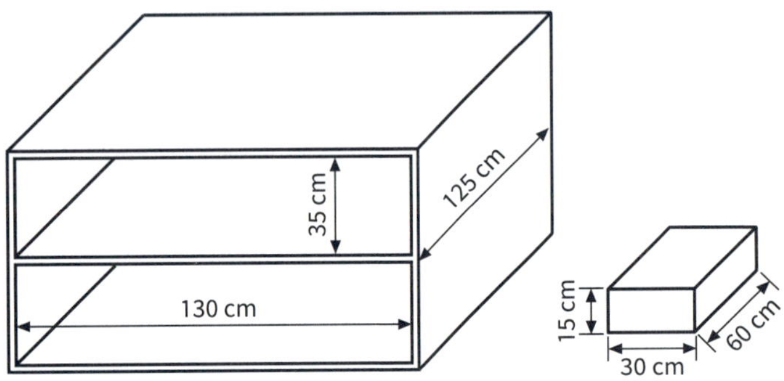

1,5 P

11. An der Ostsee steht der größte Strandkorb der Welt, auf dem mehrere Personen nebeneinander sitzen können (siehe Foto). Schätze die Breite des Strandkorbs ab. Beschreibe dein Vorgehen und begründe rechnerisch.

1,5 P

Bei **Teil B** sind Taschenrechner und Formelsammlung zugelassen. Jeder Schüler muss die zwei von der Feststellungskommission ausgewählten Aufgabengruppen bearbeiten.
Bearbeitungszeit: 70 Minuten

Teil B – Aufgabengruppe I 2018

1. Für den Unterricht im Fach Soziales werden gelbe, rote und blaue Schürzen bestellt. Insgesamt sind es 83 Schürzen. Von den gelben werden dreimal so viele bestellt wie von den roten. Er werden 20 blaue Schürzen mehr bestellt als gelbe.
Wie viele Schürzen werden von jeder Farbe bestellt?
Stelle deinen Lösungsweg nachvollziehbar dar. **4 P**

2. Die Abbildung zeigt ein Werkstück.
Die Vorder- und Rückseite sind deckungsgleiche gleichschenklige Dreiecke.
a) Berechne den Oberflächeninhalt des Werkstücks.
b) Ermittle das Volumen des Werkstücks. **4 P**

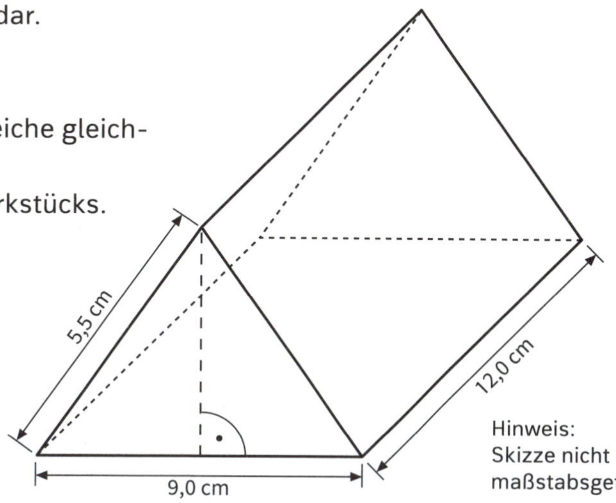

Hinweis:
Skizze nicht maßstabsgetreu

3. a) Zeichne in ein Koordinatensystem (Einheit 1 cm) die Punkte B (–0,5 | –1,5) und D (–3,5 | 2,5) ein und verbinde sie zur Strecke [BD].
Hinweis zum Platzbedarf: x-Achse von –7 bis 3, y-Achse von –3 bis 4
b) Verbinde die Punkte B und D mit dem Punkt A (–6 | –2,5) zu einem Dreieck. Gib an, welches besondere Dreieck dadurch entsteht.
c) Zeichne die Senkrechte zu [BD] durch den Punkt A.
d) Lege den Punkt C so fest, dass die Raute ABCD entsteht, und beschrifte die Eckpunkte der Raute. **4 P**

4. Die Tabelle zeigt, wie viel Gemüse jede Person in Deutschland durchschnittlich in einem Jahr isst.

Gemüse pro Person in einem Jahr in Deutschland		
Gemüse	**Menge**	**Anteil**
Tomaten	24,9 kg	?
Karotten	8,7 kg	9,4 %
Gurken	?	6,8 %
Weitere Gemüsesorten	?	?
Summe	**93 kg**	**100 %**

Nach: Bundesministerium für Ernährung, Landwirtschaft und Verbraucherschutz, 2016

a) Berechne, wie viele Kilogramm Gurken eine Person durchschnittlich in einem Jahr isst.
b) Ermittle den prozentualen Anteil der Tomaten am verzehrten Gemüse.
c) Berechne, wie viele Kilogramm Gemüse eine vierköpfige Familie im Monat durchschnittlich isst.
d) Der durchschnittliche Verzehr von Gemüse pro Person in Deutschland ist um 2,6 % höher als der in Bayern.
Ermittle, wie viele Kilogramm Gemüse jede Person in Bayern durchschnittlich pro Jahr isst. **4 P**

Stichwortverzeichnis